제2판

觀光法規

관광기본법, 관광진흥법, 관광진흥개발기금법, 국제회의산업 육성에 관한 법률

관광법규

공윤주 저

THE LAWS OF TOURISM

(주)백산출판사

관광(觀光)은 한 나라 또는 그 지역의 빛을 보는 것이다. 사람은 여행하면서 보고, 듣고, 먹고, 타고, 사고, 하고, 걷고, 만나고, 즐기고 등 아홉 가지 행위를 한다. 그 과정에서 현지 문화를 체험하고 이해하며, 나아가 현지 사람과 교류함으로써 문화가 번영하고 오랫동안 인류평화가 지속된다.

관광법규는 관광통역안내사, 국내여행안내사, 호텔경영사, 호텔관리사, 호텔서비스사 등 관광과 관련된 국가자격증 필기시험 과목 중 공통으로 지정된 것만큼 그 중요성은 두말할 필요도 없다. 관광법규는 관광기본법, 관광진흥법, 관광진흥개발기금법, 국제회의산업 육성에 관한 법률, 한국관광공사법 등의 관광과 직접적으로 관계된 법과 여권법, 출입국관리법, 관세법 등 간접적으로 영향을 주고받는 법률이 있다. 본서는 중요도가 높고 관광국가자격시험 과목 중에서 관광법규의 시험출제 범위에 해당하는 관광기본법, 관광진흥법, 관광진흥개발기금법, 국제회의산업 육성에 관한 법률 등 4개 법률에 대해서만 다루고자 한다.

이번 제2판 개정판 주요 내용은 관광기본법에서 지속가능한 관광의 용어 등장, 관광기본법이 모든 관광 관련 법률을 제정할 수 있는 법적 근거 마련, 관광진흥법에서 공유자가 소유자등으로, 유원시설업이 테마파크업으로, 유기시설 또는 유기기구가 테마파크시설로 명칭이 변경된 것, 흔히 워케이션(Workation)이라고 하는 일·휴양 연계 관광산업 육성의 신설 등이다.

2022년 8월 초판 발행 이후 관광법규가 개정된 내용을 구체적으로 살펴보면 다음과 같다.

관광기본법은 2024.1.23. 일부 개정하여 2024.7.24. 시행했다. 관광에 관한 다른 법률을 제정하거나 개정할 때 이 법의 목적에 맞게 하도록 명시하고, 관광진흥에 관한 기본계획에 포함되어야 할 사항으로 관광의 지속가능한 발전에 관한 사항, 관광산업 인력 양성과 근로실태조사 등 관광 종사자의 근무환경 개선을 위한 기반 조성에 관한 사항을 추가하며, 정부가 관광자원의 보호와 환경친화적 개발·이용, 고용 창출 및 지역경제 발전 등 현재와 미래의 경제적·사회적·환경적 영향을 충분히 고려하는 지속가능한 관광에 필요한 시책을 추진하도록 하는 등 현행 제도 운영상 나타난 일부 미비점을 개선·보완했다. 관광진흥법은 18회에 걸쳐 개정되었다. 2024. 10. 22. 개정, 2025. 10. 23. 시행, 2024. 3. 26. 개정, 2025. 8. 28. 시행, 2024. 2. 27. 개정, 2025. 8. 28. 시행, 2024. 10. 22. 개정, 2025. 4. 23. 시행, 2024. 2. 27., 2023. 10. 31., 2024. 2. 27., 2023. 8. 8., 2023. 7. 25., 2024. 1. 23., 2023. 6. 20., 2023. 3. 21., 2023. 8. 8., 2022. 12. 27., 2023. 3. 21., 2023. 5. 16., 2022. 5. 3., 2022. 9. 27. 등이다. 주요 내용은 외국인 단체관광객 유치 능력 등의 요건을 갖춘 여행업자를 '전담여행사'로 지정·관리할 수 있는 근거를 마련하고, 인구감소 지역에 기존 관광단지 외에 소규모 관광단지를 신설할 수 있도록 하여 지방 관광사업 활성화를 도모하며, 관광특구 시설요건을 각 시·도 또는 특례시의 조례로 정하도록 하여 각 지역의 특색 및 여건에 맞게 관광특구를 지정하고 지원할 수 있도록 했다. 문화체육관광부 장관과 지방자치단체의 장이 관광객 유치, 관광복지 증진 및 관광진흥을 위하여 추진할 수 있는 사업에 주민 주도의 지역관광 활성화 사업을 추가했다. 시·도지사가 지역별 관광협회 수행 사업에 대한 사업비를 예산의 범위에서 지원할 수 있도록 하고, 구체적인 사항은 해당 지방자치단체의 조례로 정하도록 하여 지역 관광산업 활성화의 토대를 마련하는 한편, 고령자의 여행 및 관광 활동 권리의 증진을 위하여 필요한 지원을 할 수 있도록 법적 근거를 마련했다. 또한, 국민이 법률을 더 알기 쉽게 만들기 위해 국회사무처·법제처 및 국립국어원이 공동으로 선정한 순화어를 법률에 반영했다.

　관광진흥개발기금법은 출국납부금 제외 대상자를 12세 미만 어린이로 확대하고 출국납부금을 1만 원에서 7천 원으로 인하했다. 국제회의산업 육성에 관한 법률은 국제회의산업의 범주를 명확히 하기 위하여 기업회의를 국제회의의 종류에 추가하고, 국제회의 관련 지원시설이 국제회의시설에 포함되도록 하는 한편, 지속가능한 산업생태계 조성과 기업지원 강화를 위하여 문화체육관광부 장관이 국제회의 기업 육성 및 서비스 연구개발 사업을 추진하도록 하고, 국제회의산업 발전에 기반이 되는 통계 수집 시 기업의 협조를 얻을 수 있는 근거를 명시하는 등 현행 제도 운영상 나타난 일부 미비점을 개선·보완했다.

관광법규는 관광산업 발전에 있어서 관광 활동이 원활하게 이루어지도록 관광과 관련되는 여러 가지 여건을 조성하고 관광자원의 효율적 개발을 촉진하며, 관광사업을 적극적으로 육성·지도함으로써 국민경제와 국민복지의 향상을 도모하고, 나아가 국제친선의 증진과 외래관광객의 유치 촉진 등 전반적인 관광진흥에 이바지함을 목적으로 하고 있다. 따라서 본서를 통해 관광법규가 추구하는 목적이 무엇인가를 체계적으로 학습하고 관광산업 최일선에서 관광객에게 서비스를 직접 제공하는 우수한 관광종사원의 능력을 키우는 데 조금이나마 도움이 되었으면 한다.

출판을 기꺼이 허락해 주신 백산출판사 진욱상 회장님과 임직원분들의 노고에 심심한 감사를 드리며, 끝으로 제게 은혜를 주신 분들에게는 고마움을 잊지 않겠으며, 미약하나마 제가 베푼 분들은 기억하지 않는 인생 가치를 평생 가슴에 품고, 관광(觀光)하는 마음으로 정진하겠습니다.

저자

Contents

I 관광법규의 이해

II 관광기본법

IV　관광진흥개발기금법

V　국제회의산업 육성에 관한 법률

I

관광법규의 이해

관광법규

1

관광법규의 개요

관광법규의 개요

1. 법의 개념과 체계

법이란 사람이 사회생활을 하는 데 있어서 스스로 준수해야 할 행위의 규칙으로 국가 권력에 의해 강제적으로 적용되는 사회규범이다. 이를 위반하면 일정한 불이익 또는 제재를 받게 된다. 법은 첫째, 내용이 명확해야 하고, 법조문은 문자만 해독할 수 있는 사람이면 누구나 그 뜻을 이해할 수 있도록 간결해야 한다. 둘째, 너무 쉽게, 자주 변경되어서도 안 된다. 셋째, 실행 가능한 것이어야 하며, 국민의 의식과 거리가 있는 법은 사회를 규율할 수 없다.

법은 국내법과 국제법으로 구분하는데 국내법은 공법(公法), 사법(私法), 사회법으로 나뉘며, 공법은 실체법과 절차법으로 세분된다. 공법은 행정 주체와 개인 사이의 관계 또는 행정 주체 상호 간의 관계를 규율하는 법이며 사법은 개인 상호 간의 법률관계를 규율하는 법이다. 법이 적용되는 범위에 따라 일반법과 특별법으로 나뉘는데 일반법은 사람, 장소, 사항에 관하여 일반적으로 넓은 효력 범위를 갖는 법이고, 특별법은 특수적인 좁은 효력 범위를 갖는 법으로 한국관광공사법, 평창동계올림픽지원법, 폐광지역 개발 지원에 관한 특별법(폐광지역법) 등이 있는데, 일반법에 우선한다. 예를 들면, 관광진흥법 제28조제1항제4호의 '카지노사업자의 준수 사항'에 내국인의 카지노 입장 행위를 금지하고 있으나 폐광지역법 제11조제3항에 따라 적용하지 않기 때문에 우리나라 국민이 강원랜드 카지노에 출입할 수 있게 된 것이다. 실체법은 권리·의무의 실체, 즉 권리·의무의 발생, 변경, 소멸, 성질, 내용 및 범위 등을 규율하는 법으로 헌법, 민법, 형법, 상법, 관광기본법 등이 여기에 속하며, 절차법은 권리·의무의 행사, 보전, 이행, 강제 등을 규율하는 법으로 형사소송법, 관광진흥법 등이 해당한다.

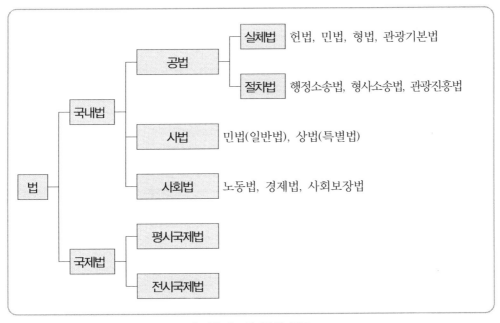

[그림 Ⅰ-1] 법의 구조

법의 연원을 줄여서 법원(法源)이라고 한다. 좁은 의미는 법의 존재 형식 즉, 법을 경험적으로 인식할 수 있는 자료라는 뜻이고, 넓은 의미는 법을 형성하는 원동력 또는 법의 타당 근거를 뜻한다. 성문법은 문자로 표현되고 문서의 형식을 갖춘 법이며, 입법기관에 의하여 특별한 절차를 거쳐 제정되는 것이기 때문에 제정법이라고도 한다. 헌법은 한 국가의 법체계의 기본이 되는 법이며, 법률은 국회에서 의결하고 대통령이 공포한법, 명령은 국회의 의결을 거치지 않고 다른 행정기관에 의해 제정된 법규로 대통령령, 문화체육관광부령 등이 있다. 국제법규는 일반적으로 승인된 국제법규와 국회 동의를 얻어 대통령이 비준한 조약이 있으며, 국내법과 같은 효력을 가진다. 규칙은 국가 기관이 그 소관 사무에 관해 법률에 저촉되지 않는 범위 내에서 내부 규율과 사무 처리에 관하여 제정하는 법규로 국회 규칙, 관광진흥법 시행규칙 등이 있다. 자치법규는 지방자치단체가 내부적으로 제정한 법규로 조례가 있다.

불문법은 성문법과 같이 일정한 절차와 형식에 의하여 제정되거나 공포되지 아니한 법으로 관습법, 판례법, 조리(條理) 등이 있다. 관습법은 사회의 오랜 관습이 법으로 구속력을 가지게 된 것이며, 판례법은 일정한 법률문제에 대해 판결이 되풀이됨으로써 사실상 법원을 구속하게 된 규범이고, 조리는 일반적인 사람의 건전한 상식으로 판단할 수 있는 사물·자연의 이치를 말하며, 어떤 구체적인 사건을 판단하기에 알맞은 법이 없을 때 사용한다.

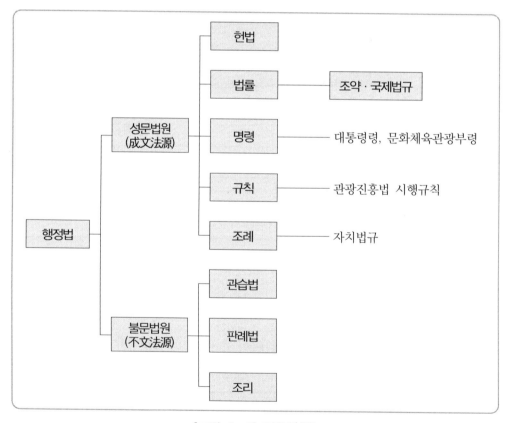

[그림 I-2] 법원(法源)

법조문 체계는 편(編, Part), 장(章, Chapter), 절(節, Section), 관(款, Sub-Section), 조(條, Article), 항(項, Paragraph), 호(號, Subparagraph), 목(目, Item), 총칙(總則, General Provisions), 통칙(通則, Common Provisions), 보칙(補則, Supplementary Provisions), 벌칙(罰則, Penalty Provisions), 부칙(附則, Addendum(Addenda)), 별표(別表, Attached Form), 별지서식(別紙書式, Form) 등으로 구성되어 있다. 법조문은 순서상 제 몇 조, 제 몇 항, 제 몇 호, 목의 순으로 읽어야 한다. 항은 ①,②,③,④ 등으로, 호는 1, 2, 3, 4 등, 목은 가, 나, 다, 라 등으로 표시한다. 그리고 하나의 조나 항 중의 문장이 둘로 구분될 때 두 번째 문장이 '그러나' 또는 '다만' 이하를 단서라 하고, 첫 문장의 규정을 본문이라고 한다. 또한, 법문의 한 문장이 두 개의 절로 구성되어 있을 때, 이때는 앞의 절을 전단, 뒤의 절을 후단이라고 읽는다.

2. 관광법규의 성격과 의의

관광법규는 "관광행정에 관한 국내 공법"에 해당한다. 관광행정은 관광 활동에 관한 질서유지와 권리·의무관계를 규율하며, 행정기관의 관광행정 행위에 관하여 규정한 법으로, 관광행정이 중심 개념이 된다. 관광행정 주체는 모든 관광행정을 관광법규에 근거하여 시행함으로써 행정권의 무원칙 행사를 기속(羈束)하고 그 자의(恣意)를 억제하게 한다. 국내법은 국내 관광행정법으로 내국인은 물론 국내에 체재하는 외국인 관광객, 외국인 관광사업자, 외국인 관광종사원 모두를 규율한다. 마지막으로 공법이란 의미는 국가와 지방자치단체 및 개인 간의 관계를 규율하며 공익 보호를 우선으로 하는 법으로, 관광행정 주체가 개인에 대해 우월한 지위에 서서 일방적으로 명령·강제하며 그 목적이 공공성을 지닌다는 점에서 사익을 보호하는 사법(私法)과 다르다.

관광법규는 관광과 여가 생활에 대한 국민의 관심이 증대함에 따라, 국가의 역할과 책임을 강조하는 관광복지의 개념 체계로 접근해야 하며, 관광이 안전하게 발전하려면 관광 관련 분야의 질서가 유지되어야 하고, 관광 생활과 관련되는 여러 현상을 규율하는 법이 필요하다. 관광법규는 좁은 의미와 넓은 의미로 해석된다. 협의의 관광법규는 인간의 기본권이며 자유권의 일종으로 볼 수 있는 관광 활동을 직접적으로 보호·촉진하는 데 필요한 법을 말하는데, 「관광기본법」, 「관광진흥법」, 「관광진흥개발기금법」, 「국제회의 산업 육성에 관한 법률」 등이 있으며, 광의의 관광법규는 관광 활동을 간접적으로 보호·촉진하는 데 필요한 관광과 관련되는 법규로 「여권법」, 「출입국관리법」, 「관세법」 등이 있다.

3. 관광법규의 발전 과정

우리나라에서 관광에 관한 실정 법제는 '관광위원회규정'이 그 시초로(1958년), 이는 형식적인 의미에서의 법률이 아니라 대통령령 형식을 취하고 있었으나 관광위원회의 설치 근거와 구성 및 기능 등에 관하여 규정하는 초보적인 형태의 관광 관련 법규였다. 관광행정은 1961년 8월 22일 「관광사업진흥법」이 제정·공포되면서 본격적으로 시작되었다. 이 법의 제정 이유는 관광객의 유치와 접대, 관광시설과 홍보활동에 필요한 사항을 규정함으로써 관광사업의 진흥과 외화 획득의 촉진을 도모하려는 것으로, 관광사업에 관한 규제와 지원에 관한 사항들을 통합하여 규정하였다. 그러나 이 법률은 관광사업의 종류를 보다 세분하고, 현실에 맞는 법체계로 정비하고자 1975년 12월 31일에 발전적으로 폐지되고, 진흥, 조성 부분은 「관광기본법」으로, 규제 부분은 「관광사업법」으로 분리 제정되었다. 이 법은 관광사업의 육성과 규제에 관한 사항을 분리하여 이전의 잡다한 관광사업의 종류를 일부 통·폐합하며, 관광사업을 건전하게 지도·육성하기 위하여 필요한 사항을 규정하였고, 이후 「관광사업법」은 「관광단지개발촉진법」을 통합하여 「관광진흥법」이라는 이름으로 전부 개정하였다. 「한국관광공사법」은 관광진흥, 관광자원개발, 관광산업의 연구·개발 및 관광 관련 전문인력의 양성·훈련에 관한 사업을 수행하게 함으로써 국가 경제 발전과 국민복지 증진에 이바지함을 목적으로 1962년 4월 24일(법률 제1060호)에 제정되었다.

「관광진흥개발기금법」은 관광사업을 효율적으로 발전시키고 관광을 통한 외화 수입의 신장에 이바지하기 위하여 관광진흥개발기금을 설치하는 것을 목적으로 1972년 12월 29일 제정되었으며, 「관광기본법」은 국민복지를 향상하며 건전한 국민관광의 발전을 도모하는 것을 목적으로 하는데, 우리나라 관광법규의 모법(母法)이며 근본법의 성격을 갖느다. 「관광진흥법」은 관광 여건을 조성하고 관광자원을 개발하며 관광사업을 육성하여 관광진흥에 이바지하는 것을 목적으로 1986년 12월 31일 제정되었는데, 현재 우리나라 관광법규의 주요 내용이 이 법에 담겨있다고 할 만큼 방대한 내용(제1장 총칙, 제2장 관광사업, 제3장 관광사업자 단체, 제4장 관광의 진흥과 홍보, 제5장 관광지 등의 개발, 제6장 보칙, 제7장 벌칙)으로 구성된 법률로 우리나라 관광 법제에서 가장 중요한 법률이라고 할 수 있다. 「국제회의산업 육성에 관한 법률」은 국제회의의 유치를 촉진하고 원활한 개최를 지원하여 국제회의산업을 육성·진흥함으로써 관광산업의 발전과 국민경제의 향상에 이바지함을 목적으로 1996년 12월 30일(법률 제5210호)에 제정되었다. 우리나라 관광법규의 발자취를 그림으로 나타내면 다음과 같다.

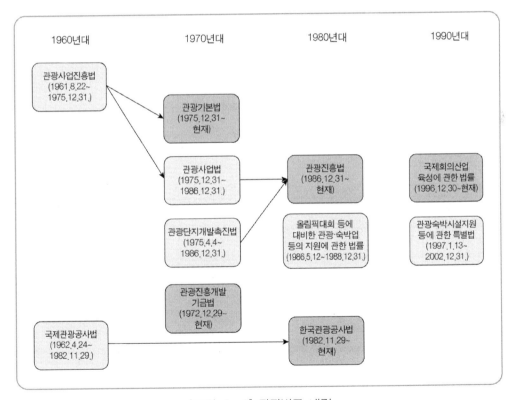

[그림 Ⅰ-3] 관광법규 내력

관광법규

2

관광행정과 관광정책

관광법규 제2장

관광행정과 관광정책

제1절 관광행정의 이해

1. 관광행정의 개념과 역할

관광행정이란 국가 또는 지방자치단체가 관광 발전을 위해서 관광 행동과 관광사업을 조성, 촉진, 지도, 감독, 규제하는 활동이다. 관광 발전을 목적으로 하며, 정부 또는 지방 정부가 주체가 되어 관광시장, 관광사업, 관광대상 등을 객체로 하여 행정 기능과 임무를 수행하고 인적, 물적, 정보 자원을 수단으로 하는 체계라고 할 수 있으며, 관광행정 조직의 개편, 관광예산의 확충, 관광법규를 기획하고 개정을 요구하는 것도 포함한다.

관광행정의 역할을 5가지 시각으로 구분하는데 정치, 경제, 사회, 문화, 생태 관점 등이 있다. 먼저 정치 관점에서는 관광행정이 정치적 이유와 관광에 대한 관심도에 따라 변화될 수가 있다. 1930년대 말에서 1980년대 중반까지 약 40년 동안 스페인을 지배했던 프랑코 정권은 정치 안정을 도모하고 국민통합과 민족의 자부심을 고양하기 위하여 관광 발전을 장려하는 정책을 시행했으며, 우리나라가 사드 배치 결정을 내리자 중국

정부는 중국인의 한국 여행 금지라는 이른바 한한령(限韓令)을 즉각 단행했던 사실들이 대표적인 사례이다.

경제 관점은 국가가 관광을 진흥시키고자 하는 이유는 관광산업이 경제발전에 이바지하기 때문이라는 논리이다. 국가 경제에서 중요도가 높고, 국민경제와 지역경제에 미치는 승수효과가 커서 여러 나라가 외국인 관광객 유치를 위해 노력하고 있다. 사회 관점은 관광을 발전시키기 위해서는 관광의 중요성을 인식하고 관광객과 지역주민을 보호해야 하는 사실을 확대해야 하는데, 그 이유는 공정관광, 오버투어리즘(Over Tourism), 역사교훈관광(Dark Tourism), 무장애관광(BFT, Barrier Free Tourism) 등 사회적 이슈와 관련된 관광이 주목받고 있는 시대이기 때문이다. 문화 관점은 지방화와 지역화의 문화를 촉진하기 위한 지방정부의 역할이 중요한 흐름이 되었다는 시각이다. 관광은 국가 간의 문화를 교류함으로써 세계화, 국제화 시대에 부응할 수 있으며 관광객은 민간외교관의 역할을 하기도 한다. 마지막으로 생태 관점은 환경보호에 관한 인식이 퍼지면서 무분별한 개발은 오히려 관광 발전을 저해할 수 있으며, 무책임한 관광개발과 관광객의 이용이 증가함에 따라 관광자원이 훼손되는 부정적인 시각도 존재한다는 것을 인지하게 되었다. 이제는 관광이 자연환경을 보호하고 기후변화에 대응하는 환경친화적인 관광상품을 개발해야 생존하는 세상이다.

2. 관광행정의 체계와 조직

관광행정 체계는 NTA(National Tourism Administration), NTO(National Tourism Organization), NTRD(National Tourism Research and Development), RTA(Regional Tourism Administration), RTO(Regional Tourism Organization), LTA(Local Tourism Administration), LTO(Local Tourism Organization), 관광사업자단체 등으로 구성되어 있다. NTA는 관광행정을 담당하는 정부 기관으로서 문화체육관광부, NTO는 한 나라의 관광청으로 관광 홍보와 마케팅을 담당하는 한국관광공사(KTO, Korea Tourism Organization), NTRD는 관광정책을 개발하고 조사·연구하여 체계적인 정책 대안을 제시하는 한국문화관광연구원(KCTI, Korea Culture & Tourism Institute), 광역지방정부의 관광행정을 담

[그림 I-4] 문화체육관광부 조직도

당하는 RTA는 서울특별시의 관광체육국, 경기도의 문화체육관광국 등이 해당하며, RTO
는 광역자치단체 산하의 관광청 역할을 하는 기관으로 서울관광재단, 경기관광공사, 부

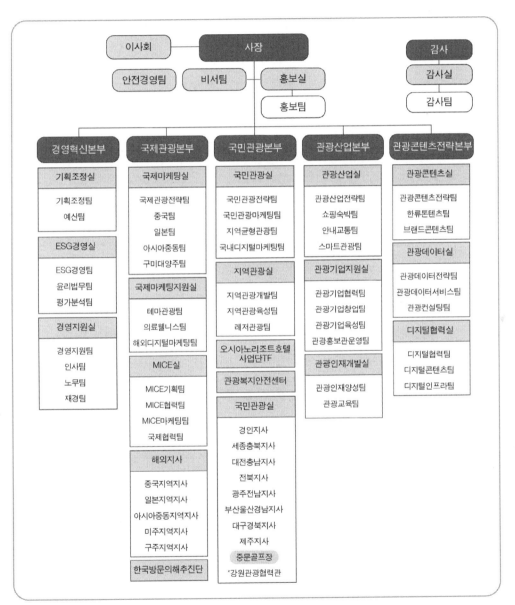

출처 : https://knto.or.kr/organizationChart

[그림 Ⅰ-5] 한국관광공사 조직도

산관광공사, 인천관광공사, 제주관광공사, 경남관광재단 등이 있다. LTA는 기초자치단체의 관광행정기관으로 서울특별시 마포구청 관광일자리국 관광과, 경기도 고양특례시 교육문화국 관광과, 경기도 파주시 문화교육국 관광과 등이며, LTO는 기관 특성상 개발사업 등 사업 확장성에는 다소 제한되는 점이 있지만, 공익성을 전제로 하는 재단은 민간을 지원하는 형태의 사업 추진이 쉽다는 이유로 최근에 많은 기초자치단체가 관광재단을 설립하고 있는데 강진군문화관광재단, 고창문화관광재단, 남해관광문화재단, 동해문화관광재단, 문경문화관광재단, 안동축제관광재단, 영덕문화관광재단, 영주문화관광재단, 익산문화관광재단, 청송문화관광재단 등이 있다. 관광사업자단체는 한국관광협회중앙회(KTA)와 한국여행업협회(KATA), 한국호텔업협회 등의 업종별 관광협회, 서울특별시 관광협회, 경기도 관광협회 등의 지역별 관광협회가 있다.

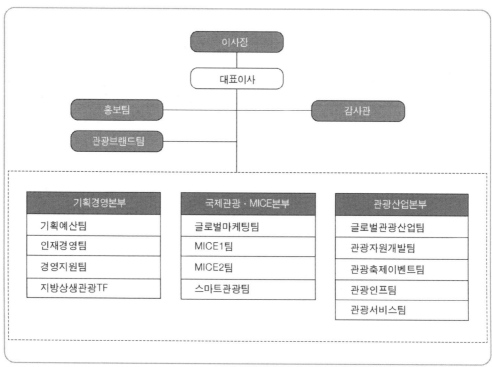

출처 : https://www.sto.or.kr/organ?organSn=297&name=%EA%B4%80%EA%B4%91%EC%82%B0%EC%97%85%EB%B3%B8%EB%B6%80&idx=3

[그림 Ⅰ-6] 서울관광재단 조직도

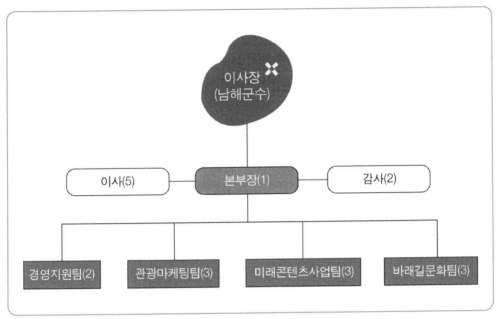

출처 : https://www.namhaetour.org/01239/01242.web

[그림 Ⅰ-7] 남해관광문화재단 조직도

1. 관광정책의 개념적 틀

관광정책이란 관광의 목적과 목표를 달성하기 위해 고안된 지침이나 결정이라고 할 수 있는데, 관광정책에 관한 학자들의 정의는 공통적으로 실시 범위와 목표 등에 따라 거시적(巨視的) 정의와 미시적(微視的) 정의로 구분할 수 있다. 거시적 관광정책은 관광 현상과 관련 있는 국가의 여러 가지 정책을 총체로서 파악하는 것이고, 미시적 관광정책은 국가의 경제적 이익을 전제로 한 관광산업의 진흥에 관한 모든 시책을 관광정책으로 인식하는 것이다.

2. 관광정책의 성격과 이념

관광정책은 현실적인 관광 기획으로 관광 가치와 관광객의 행동을 이해하고, 관광 현상의 변화에 대응하는 효과적인 접근이 필요하다. 관광정책의 성격은 규범성, 변동성, 인문성 등 3가지 특성으로 요약할 수 있다. 규범성은 관광정책이 단순한 미래의 예측이 아니라 과거와 현재의 규범적 범주 내에서 미래의 발전적인 개념으로 재해석할 수 있는 속성을 가진다. 변동성은 사회 현상의 변화에 따라 관광 현상도 변하고, 관광 현상의 변화는 필연적으로 관광정책 양질의 변화를 유발하는 특성이 있다. 마지막으로 인문성은 많은 사람은 정책에 관심을 가지며, 새로운 변화와 내용에 의미를 부여한다. 변화는 내용이 인본주의적 속성을 고려한 내용이 내포되고 함축되어야 한다.

관광정책의 이념은 공익성, 민주성, 효율성, 지역성, 형평성 등 5가지로 나타난다. 첫째, 공익성이란 공공의 이익을 위해 추구하는 이념으로서 관광정책의 기획자, 관광자원의 개발 과정 등 정책결정자의 도덕적 행위를 규정하는 최고의 규범이라고 할 수 있으며, 정치, 경제, 사회 등의 합리성이 요구된다. 둘째, 관광정책의 이념을 설정하고 목표에 도달하기 위해서는 민주적인 방법에 따라 실천해야 한다. 참여 주체, 참여 범위, 참여 방법, 참여 관계 등을 규정하고, 관광정책의 공개성, 투명성, 대응성 등이 요구된다. 셋째, 관광정책의 이념을 실현하기 위해서는 많은 시간과 비용이 소요되며, 갈등을 초래할 가능성이 매우 크므로 이러한 갈등에 대응하고 해소하기 위한 효과성과 능률성을 포함하는 효율성을 바탕으로 추진해야 한다. 넷째, 향후 지방분권화가 가속화되면 지역과의 연계가 반드시 필요하다. 지역주민들은 협동심이 강하고 지역을 사랑하는 정신적인 특성이 있지만, 지역의 이기주의와는 구별해야 한다. 관광정책을 실행하는 과정에서 주관하는 지역에 따른 차이는 있으나 지역의 자본이나 주민이 직간접적으로 참여하는 제도적인 장치를 개발하는 것이 필요하다. 다섯째, 형평성은 기회와 가치를 균등하게 배분하는 것을 의미한다. 관광정책의 이념도 경제, 사회 약자와 관광취약계층에 대한 배려가 있어야 한다.

3. 관광정책의 발전 과정

우리나라 관광정책의 발전 과정을 시대적으로 구분하면 1950년대, 1960년대, 1970년대, 1980년대, 1990년대, 2000년대, 2010년 이후 등 7개 시기로 나눌 수 있다.

1950년대는 관광행정의 태동기로서 1961년 「관광사업진흥법」이 제정될 수 있었던 기반이 되었다. 1948년 정부 수립 이후 교통부 육운국 관광과에서 관광행정을 담당해 왔고, 전쟁으로 파괴된 도로, 숙박시설 등 관광인프라를 복구하는 것이 최우선 과제였다. 1963년에 교통부 관광과는 관광국으로 승격되어 관광을 전담하는 행정부서가 되었으며, 1962년 국제관광공사(현 한국관광공사), 1963년 대한관광협회중앙회(현 한국관광협회중앙회)가 설립되었다. 1964년 도쿄 올림픽 개최와 일본의 해외여행 자유화 시행에 따라 우리나라 관광정책은 미국 중심의 관광 수요 시장에서 일본 중심의 시장구조로 전환되었다. 1965년 제14차 아시아·태평양관광협회(PATA) 총회와 워크숍이 우리나라에서 개최되어 한국의 관광사업을 국제 관광시장에 진출시키는 계기를 마련하였으며, 1967년 우리나라 최초의 국립공원인 지리산과 20개의 관광지가 지정되었다.

1970년대는 관광산업을 국가전략산업으로 지정하고 외래관광객 유치를 통한 외화 획득을 관광정책의 궁극적 목표로 삼았다. 최초의 도립공원인 금오산(1970년)과 추가로 13개의 관광지가 지정되었으며 관광단지의 개발을 위하여 「관광단지개발촉진법」(1975년)을 제정하여 경주보문관광단지, 제주중문관광단지를 완공하였다. 국민관광 여건을 조성하고 「관광기본법」과 「관광진흥개발기금법」 등 관광법규를 정비하였으며, 이때 최초로 외래관광객 100만 명이 넘었다. 1980년대는 기존의 외래관광객 유치에서 국민관광과 국제관광의 조화로운 발전에 역점을 두었다. 여행업 설립이 허가제에서 등록제로 전환되었고, 1989년 국외여행의 전면 자유화가 시행되었으며, 특히 규제 완화와 행정권한이 시·도와 민간으로 이양되었다. 1990년대에 들어와서는 문민정부가 탄생하여 관광행정 조직의 변화가 있었다. 관광행정업무를 교통부에서 문화체육부로 이관했다가 김대중 정부(1998~2003)가 문화관광부로 명칭을 변경하면서 관광의 위상이 한층 더 높아졌다. 제1차 관광개발기본계획 수립(1992~2001)과 시대적 흐름에 대응하기 위해 경제 행정 규제의 완화로 다양한 관광사업의 업종이 도입되었다. 2000년대는 한국문화의 세계화라는 한류관광의 해가 선포된 단계로 평가받고 있다. 제2차 관광진흥5개년계획(2004~2008)과 제2차 관광개발기본계획(2002~2011) 등 관광정책 방향을 설정하기 위한 계획을 수립하고 추진하였다. 2010년대는 제3차 관광진흥5개년계획(2009~2013), 제4차 관광진흥5개년계획(2014~2018), 제3차 관광개발기본계획(2012~2021) 등을 통해 한국 관광의 매력성 발전, 한국 관광시장의 규모 확대, 관광산업의 경쟁력 강화와 국가 경제 기여도 제고, 관광을 통한 국민 행복 증진, 관광자원의 보존과 재생을 유도하는 녹색관광(Green Tourism), 국민의 생활 속에 스며드는 생활관광과 일상관광, 책임과 참여로 정의로운 사회를 실천하는 공정관광, 지역주민과 지역을 살리는 지역관광 혁신 등 다양한 주제와 지속가능한 관광을 달성하는 정책을 수립하였다.

제4차 관광개발기본계획(2022~2031)은 공급자에서 수요자 중심으로, 관광자원의 개발 중심에서 개발과 활용의 균형으로 정책 방향성을 전환하였고, 국민참여 누리집과 청년참여단 운영, 정부 부처 및 지방자치단체 의견수렴 등을 통해 다양한 관광 주체들과의 소통 기회를 확대하였으며, 국토계획평가, 전략환경영향평가 등 다른 분야 정부계획과의 정합성을 높였다.

Ⅱ

관광기본법

관 광 법 규

1

관광기본법의 제정 목적

관광법규 제**1**장

관광기본법의 제정 목적

제1조(목적) 이 법은 관광진흥의 방향과 시책에 관한 사항을 규정함으로써 국제친선을 증진하고 국민경제와 국민복지를 향상시키며 건전하고 지속가능한 국민관광의 발전을 도모하는 것을 목적으로 한다. <개정 2024.1.23.> [전문개정 2007.12.21.]

1. 제정 배경

1950년 한국전쟁을 거친 후 전 세계 최빈국 중의 하나인 대한민국을 방문한 외국인 관광객은 1961년 11,000명에 외화획득액은 130만 달러에 불과했다. 1965년 한일국교 정상화로 국제관광 부문에서 일본인 관광객이 폭발적으로 증가하여 1978년에 외래관광객 100만 명을 달성하였다. 이러한 흐름에 따라 정부는 관광산업의 중요성을 깊이 인식하고 국가전략산업으로 격상하여 관광 외화획득으로 경제발전의 기틀을 다지고자 관광진흥에 힘쓰기 시작하였다. 정부가 관광진흥을 위하여 조치해야 할 제반 시책을 펴도록 정부의 관광에 대한 책임과 임무 및 법제상의 조치 등을 포함한 선언적 의미의 「관광기본법」을 1975년 12월 31일 법률 제2877호로 제정 공포하였다.

2. 발자취

1961년 제정된 「관광사업진흥법」은 우리나라 관광법의 효시가 되었고 외래관광객 유치를 위한 관광산업의 단기간 육성에 필요한 내용과 국제관광을 우선 진흥하는 정책을 추진하였다. 그러나, 관광 발전을 위한 장기적인 기본정책 방향을 제시하지 못하고 국민관광 발전에 소극적이었다. 1970년대에 들어와서 국민관광의 중요성과 함께 각 부처의 통일된 방침의 필요성을 느꼈고 관광이 외화 획득 및 고용 창출 등 경제적 효과에 크게 이바지할 것으로 기대함으로써 관광산업이 1975년 국가 주요 전략산업으로 지정되어 금융, 세제, 행정 등의 지원과 종합적인 관광진흥 기본정책 추진을 위한 제도적 보완이 요청되었다. 따라서 「관광사업진흥법」을 폐지하고 관광에 관한 기본적인 사항을 규정하는 「관광기본법」과 관광산업의 육성과 관광질서 유지 차원의 규제 사항이 강화된 「관광사업법」을 1975년 12월 31일에 제정하였다.

「관광기본법」은 2000년, 2007년, 2017년, 2018년, 2021년 개정되었는데 국가가 관광을 국민의 기본권(관광권)으로 인식하여 국민복지의 향상을 추가하였으며 관광기본법 제15조에서 규정한 국무총리 소속의 관광정책심의위원회를 폐지하였다. 그러나 관광산업을 진두지휘할 콘트롤 타워 부재와 관광의 독립청 설립 등 지속적인 시대적 부응에 맞추고자 관광진흥의 방향과 관광정책 수립, 조정 등에 관한 사항을 심의하고 조정하기 위해 국무총리 소속으로 과거 관광정책심의위원회에 해당하는 "국가관광전략회의"를 2017년에 다시 설치하였다. 2020년 세계적 팬데믹 상황(코로나19)에 관광 안전의 중요성이 대두되면서 관광시설의 감염병 등에 대한 안전, 위생, 방역 관리에 관한 사항을 관광진흥계획 수립에 포함했다.

2024년에는 "지속가능한 관광" 용어를 제1조 목적에 추가하여 시대적 요청에 부응했으며, 관광기본법이 모든 관광 관련 법률을 제정할 수 있는 법적 근거를 확고히 하기 위해 제2조의2에서 관광에 관한 다른 법률을 제정하거나 개정할 때 이 법의 목적에 맞도록 해야 하는 내용을 추가했다. 또한, 관광인력의 중요성을 고취하고자 관광 종사자의 근무환경을 개선하기 위한 기반 조성에 관한 사항을 관광진흥 기본계획에 새롭게 포함했다.

3. 성격

「관광기본법」의 성격은 모법(母法), 행정주체의 규제대상, 선언적 의미, 조성법 등 4가지가 있다.

먼저, 「관광기본법」은 관광법규의 모법으로 관광진흥 정책을 시행하는 데 필요한 모든 관련 법률을 제정할 수 있는 법적 근거를 제공하며, 다른 관광법률보다 우월한 법적지위를 가지며, 새롭게 제정되는 관광 관련 법률은 「관광기본법」에 저촉되지 않아야 한다. 사회 여건의 변화와 해당 분야에 관한 정책의 기본방향이 변하여 「관광기본법」의 내용에 저촉되는 개별 법률의 내용을 정하고자 할 때는 먼저 「관광기본법」의 해당 조문을 개정한 후 개별 법률을 정하는 것이 「관광기본법」 제정의 기본 취지에 어긋나지 않는 입법 기술이다.

둘째, 「관광기본법」은 행정주체가 규제대상이다. 국가, 정부, 지방자치단체의 의무와 책임을 다루고 있으며 공익을 도모하고 우선하는 법이며, 사회보장법의 성격을 가진다. 「관광기본법」은 관광에 관한 국민의 권리나 의무에 관한 법률이 아니라 관광행정의 주체가 관광진흥을 위하여 해야 할 책무나 의무 등 정부에게 임무를 부여한 법률이다. 정부가 능동적으로 국민 생활의 기본적 욕구와 관광 수요를 충족시킴으로써 정의 사회의 구현과 함께 균형 있는 국민경제 발전을 위하여 필요한 활동을 하도록 책임과 임무를 부여하고 있다.

셋째, 「관광기본법」은 선언적 의미가 내포되어 있다. 관광진흥을 위한 정부의 임무와 책임을 추상적이고 선언적으로 규정하고 있으며 「관광기본법」의 내용을 구체화하여 시행하기 위해서는 별개의 법률 제정이 필요함을 규정하고 있다.

마지막으로 「관광기본법」은 조성법의 성격을 띤다. 관광환경의 더 나은 조성을 위하여 정부의 책무를 정하는 한편, 외국인 관광객 유치를 촉진하기 위하여 관광진흥을 위한 여건 조성에 정부가 적극적으로 노력하도록 규정하고 있다. 또한 인간의 사회적, 문화적 영역을 확대하여 국민의 복지를 증진함으로써 복지행정을 조성하는 법률이기도 하다.

4. 제정 목적

「관광기본법」 제1조에서는 "이 법은 관광진흥의 방향과 시책에 관한 사항을 규정함으로써 국제친선을 증진하고 국민경제와 국민복지를 향상시키며 건전하고 지속가능한 국민관광의 발전을 도모하는 것을 목적으로 한다."라고 명시하고 있다. 정부, 국가, 지방자치단체는 「관광기본법」의 제정 목적을 위해 국제친선, 국민경제, 국민복지 등의 향상, 건전하고 지속가능한 국민관광의 발전 도모 등 4가지 목표를 달성하기 위해 관광진흥의 방향과 시책에 관한 사항을 규정하고 있다.

1) 국제친선의 증진

국제친선은 국가와 국가 간의 교류나 국제기구와의 상호교류, 또는 국민과 외국인 사이에 경제, 사회, 문화 등의 교류를 통해 상호이해를 증진하고 협력하는 체제를 구축함으로써 우호 증진을 꾀하고 이를 통해 세계평화에 이바지하는 것을 말한다(신동숙·박순영, 2015).

2) 국민경제 향상

오늘날 관광산업은 경제와 직결되어 있으며, 국가와 지역 경제 활성화에 막대한 영향을 미치고 이바지한다. 국내 경기와 경제를 부양하기 위해 관광산업을 활용하는 것은 어느 국가나 마찬가지다. 임시공휴일, 연휴, 대체공휴일 등 휴일 하루 증가에 따른 직접적인 경제 가치는 국내여행 지출액과 국외여행 시 국내 지출액을 합친 432억 2,000만 원으로 추산되며 다른 산업에 미치는 파급효과도 크기 때문에 재화나 서비스 생산 활동에 영향을 미치는 '생산유발효과'가 714억에 이른다. 국외여행비 지출은 국외뿐만 아니라 국내에서 여행상품이나 여행준비물 구매에도 사용되기 때문에 국내에서의 씀씀이 비중은 21.6%였다(한국문화관광연구원, 2017).

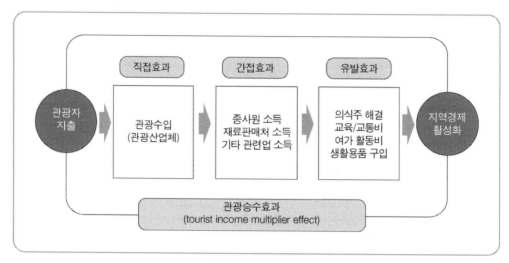

[그림 II-1] 관광 효과

3) 국민복지 향상

제2차 세계대전 이후 1950년대부터 1980년대까지 미국과 유럽을 중심으로 약 30년 동안 관광산업은 양적으로 크게 증가하였다. 국제관광객은 1960년 6,900만 명에서 1980년 에는 2억 8천만 명으로 20년에 걸쳐 3배 이상 증가하였고 국제관광 수입은 1960년 70억 달러에서 1980년 1,040억 달러로 10배 이상 확대되었다(공윤주, 2020). 이러한 양적 증 가로 세계는 대중대량관광으로 발전하였다. 많은 사람이 관광의 혜택을 누리고 있으나 경제, 사회, 신체, 정신으로부터 소외된 계층은 아직도 관광과 동떨어진 삶을 사는 것도 사실이다. 이에 유럽을 중심으로 관광선진국들은 관광소외계층을 위한 복지관광(Social Tourism, 사회적 관광) 정책을 쏟아내고 있다. 여행바우처를 통한 여행경비 제공, 신체 적 약자를 위한 무장애관광 실현, 스위스의 여행금고(REKA), 국가의 숙박시설 운영, 기 업의 사회적 책임(CSR) 등 관광을 통한 국민복지를 향상하고자 하는 노력은 계속 진행 하고 있다.

4) 건전하고 지속가능한 국민관광의 발전 도모

국민관광은 관광 주체인 한 나라의 국민이 어느 한 공간으로 이동하는 관광 현상이다. 관광공간과 관광대상자를 구분하여 내국인의 국내관광(Intrabound Tour)과 내국인의 국외관광(Outbound Tour) 등 2개 영역을 포함한다. 1970년대 이후 경제 성장과 여가 증대로 국내관광이 시작되었으며, 1980년대부터는 대중대량관광이 우리나라에서도 시작하여 1986년 서울아시안게임과 1988년 서울올림픽을 통해 대한민국이 세계 무대에 등장함으로써 1989년 1월 1일부터 국민의 국외여행이 전면 자유화되었다. 이후 국민관광이 기하급수적으로 증가하여 세계 곳곳에서 관광 예절에 어긋난 행동을 하는 '꼴불견 한국 관광객(Ugly Korean)' 용어까지 등장하였다. 싹쓸이 쇼핑, 현지인 하대, 관광지 훼손, 현지 문화의 몰이해 등 1990년대 국외여행 초기의 모습이 지금까지 이어지고 있다. 정부는 이러한 문제를 해결하기 위해 지속적이고 일관된 관광캠페인을 통해서 국민이 건전하고 성숙한 관광문화를 이루도록 법적, 제도적으로 뒷받침하고 있다.

2024년 개정한 관광기본법 제1조 목적에서 "지속가능한 관광"의 중요성을 재확인했다. 세계관광기구(UNWTO)는 "미래 세대의 관광기회를 보호하고 증진하는 동시에 현 세대의 관광객과 지역사회의 필요를 충족하는 것으로 문화 보존, 생태관광, 생물 다양성, 생물 지원체계를 유지하는 동시에 경제, 사회, 심미성을 충족하도록 모든 자원으로 관리하는 것"으로 정의하고 있다.

관광진흥법 제48조의3에서도 지속가능한 관광활성화를 위한 정부의 필요한 조치를 요구하고 있다. 자세한 내용은 관광진흥법에서 다루기로 한다.

관 광 법 규

2

관광기본법의 현황 분석

관광법규

제2장

관광기본법의 현황 분석

「관광기본법」은 제1조 목적에서 시작하여 제16조 국가관광전략회의까지 총 16개 조로 구성되어 있다. 제2조 정부의 시책, 제3조 관광진흥계획의 수립, 제4조 연차보고, 제5조 법제상의 조치, 제6조 지방자치단체의 협조, 제7조 외국 관광객의 유치, 제8조 관광여건의 조성, 제9조 관광자원의 보호 등, 제10조 관광사업의 지도·육성, 제11조 관광종사자의 자질 향상, 제12조 관광지의 지정 및 개발, 제13조 국민관광의 발전, 제14조 관광진흥개발기금, 제15조는 2000년에 삭제된 조문 등이다.

1. 정부의 시책

제2조(정부의 시책) 정부는 이 법의 목적을 달성하기 위하여 관광진흥에 관한 기본적이고 종합적인 시책을 강구하여야 한다. [전문개정 2007.12.21.]

제2조의2(다른 법률과의 관계) 관광에 관한 다른 법률을 제정하거나 개정할 때에는 이 법의 목적에 맞도록 하여야 한다. [본조신설 2024.1.23.]

정부가 국제친선의 증진, 국민경제와 국민복지의 향상, 건전하고 지속가능한 국민관광의 발전 도모 등「관광기본법」제정 목적을 달성하도록 그 책임과 의무를 부여하여 관광정책의 수립과 집행에 관해 법적 근거를 마련하고 있다. 관광 부흥을 위해 정치, 경제, 사회, 문화 등 다방면에 걸쳐 바람직한 기본방향을 설정하고 이를 달성하기 위한 구체적인 목표로 종합적, 효율적, 지속적, 일관적 행동계획을 수립해야 한다.

2. 관광진흥계획의 수립

제3조(관광진흥계획의 수립) ① 정부는 관광진흥의 기반을 조성하고 관광산업의 경쟁력을 강화하기 위하여 관광진흥에 관한 기본계획(이하 "기본계획"이라 한다)을 5년마다 수립·시행하여야 한다.

② 기본계획에는 다음 각 호의 사항이 포함되어야 한다. <개정 2020.12.22., 2024.1.23.>

1. 관광진흥을 위한 정책의 기본방향

1의2. 관광의 지속가능한 발전에 관한 사항

2. 국내외 관광여건과 관광 동향에 관한 사항

3. 관광진흥을 위한 기반 조성에 관한 사항

4. 관광진흥을 위한 관광사업의 부문별 정책에 관한 사항

5. 관광진흥을 위한 재원 확보 및 배분에 관한 사항

6. 관광진흥을 위한 제도 개선에 관한 사항

6의2. 관광산업 인력 양성과 근로실태조사 등 관광종사자의 근무환경 개선을 위한 기반 조성에 관한 사항

7. 관광진흥과 관련된 중앙행정기관의 역할 분담에 관한 사항

8. 관광시설의 감염병 등에 대한 안전·위생·방역 관리에 관한 사항

9. 그 밖에 관광진흥을 위하여 필요한 사항

③ 기본계획은 제16조제1항에 따른 국가관광전략회의의 심의를 거쳐 확정한다.

④ 정부는 기본계획에 따라 매년 시행계획을 수립·시행하고 그 추진실적을 평가하여 기본계획에 반영하여야 한다. [전문개정 2017.11.28.]

관광진흥5개년계획은 1999년 1차 계획을 시작으로 지금까지 총 6회에 걸쳐 진행되었으며, 당시 국내외 관광환경 여건 등을 종합적으로 반영하여 신규 관광정책을 수립하고 이를 바탕으로 추진됐다. 회차별 관광진흥기본계획의 비전을 살펴보면 제1차(1999년 김대중 정부)는 "21세기 관광대국, 새로운 위상 확립", 제2차(2004년 노무현 정부)는 "창의적이고 매력적인 관광한국", 제3차(2009년 이명박 정부)는 "동북아 지역의 매력적인 관광부국", 제4차(2014년 박근혜 정부)는 "관광으로 행복한 국민, 융성하는 대한민국", 제5차(2018년 문재인 정부)는 "쉼표가 있는 삶, 사람이 있는 관광", 제6차(2023년 윤석열 정부)는 "K-컬처와 함께하는 관광매력국가" 등이다.

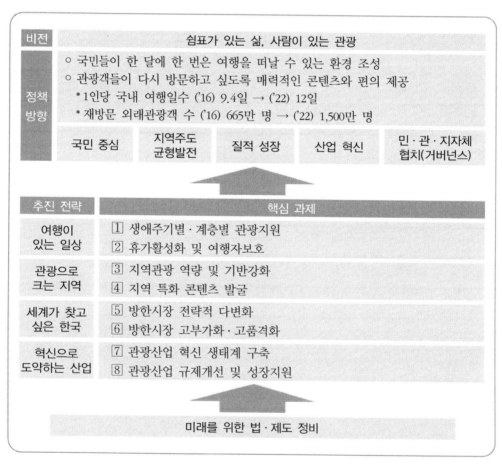

[그림 Ⅱ-2] 제5차 관광진흥계획 비전, 전략 및 과제

비전	"K-컬처와 함께하는 관광매력국가"

방향	○ '관광은 한국' K-관광의 **국제관광 주도** ○ 헝클어진 관광생태계 회복과 확장을 통한 **관광산업 혁신** ○ 누구나 어디든 여행할 수 있는 환경 조성으로 **국내여행 촉진** ○ 독창적이고 매력적인 스토리텔링 기반 **지역관광자원 발굴**

목표	○ 외국인 관광객 수 '19년 : 1,750만 명 → '27년 : 3,000만 명 ○ 관광수입 '19년 : 207억 불 → '27년 : 300억 불 ○ 1인당 국내 여행 일수 '19년 : 12.9일 → '27년 : 15일 ○ 국내여행 지출액 '19년 : 44.2조 원 → '27년 : 50조 원

전략	추진 과제
1. 세계인이 찾는 관광매력국가 실현	1. K-관광 매력의 대대적 확산으로 시장 다변화 2. 관광과 K-컬처의 독보적·매력적 융합 3. 입국부터 출국까지 편리한 서비스 제공
2. 현장과 함께 만드는 관광산업 혁신	1. 규제 혁신을 통한 재도약 지원 2. 미래 관광산업 선도기반 구축 3. 고성장 융복합 시장으로 영역 확장
3. 국민과 함께 성장하는 국내관광	1. 국내여행 수요 촉진 2. 누구나 누리는 지속가능한 관광환경 조성 3. 안심하고 즐길 수 있는 관광안전 확립
4. 더 자주 더 오래 머무는 지역관광시대 구현	1. 체류형 관광모델 개발로 지역경제 활력 강화 2. 독창적 매력이 있는 지역 관광자원 개발 3. 다양하고 특색 있는 관광콘텐츠 확충

[그림 Ⅱ-3] 제6차 관광진흥계획 비전, 전략 및 과제

제5차 관광진흥기본계획은 계획수립의 범위를 확장하여 다른 부처 간 연계 사업을 적극적으로 발굴하며, 국민과 관광업계 의견을 적극적으로 수렴하는 절차를 거쳐 참여형 정책계획으로서 기존 계획과 차별하여 정책 범위의 확장과 적극적인 참여를 추구하고 있다. 제6차 관광진흥기본계획은 코로나19이후 관광시장의 점진적 회복을 거치면서 한

국문화와 함께하는 관광매력국가 실현을 위한 관광정책의 방향을 제시했다(문화체육관광부, 2022).

3. 연차 보고

> **제4조(연차보고)** 정부는 매년 관광진흥에 관한 시책과 동향에 대한 보고서를 정기 국회가 시작하기 전까지 국회에 제출하여야 한다. [전문개정 2007.12.21.]

정기국회는 「국회법」에 따라 매년 9월 1일 열리며 회기는 100일 이내이다. 정기국회는 국회가 국정 전반에 대해 국정감사를 실시하고 다음 연도의 예산안을 심의·확정한다. 국정에 관한 교섭단체 대표 연설과 대정부 질문을 시행하고 당해연도에 처리해야 할 법안심사를 마무리한다는 데 큰 의미가 있다. 이 법적 근거에 따라 문화체육관광부는 매년 9월 1일 이전까지 국회에 2008년부터 기준연도를 제시하여 국회에 제출하고 있다. 2021년 8월에 '2020년 기준 관광 동향에 관한 연차보고서'를 제출하였으며 그 내용은 전년도 주요 관광정책 성과, 관광환경 변화와 동향, 국민관광의 진흥, 국제관광의 진흥, 관광자원 개발, 관광산업 육성, 관광교통 발전, 관광 관련 기구와 활동, 지방자치단체 관광진흥 등으로 구성되어 있다.

4. 법제상의 조치

> **제5조(법제상의 조치)** 국가는 제2조에 따른 시책을 실시하기 위하여 법제상·재정상의 조치와 그 밖에 필요한 행정상의 조치를 강구하여야 한다. [전문개정 2007.12.21.]

제5조 법제상의 조치는 정부가 아니라 국가에 의무를 부과하고 있다. 관광진흥에 관한 기본적이고 종합적인 시책을 실시하기 위해서는 관련 법을 제정하거나 관광예산을

확보하고 그 예산을 의결하는 과정이 어느 하나의 부서가 단독으로 처리하기보다는 입법부(국회), 사법부(법원), 행정부(정부) 등이 각각의 역할과 기능들을 포괄하는 국가로 봐야 하는 것이 타당하다.

5. 지방자치단체의 협조

> 제6조(지방자치단체의 협조) 지방자치단체는 관광에 관한 국가시책에 필요한 시책을 강구하여야 한다. [전문개정 2007.12.21.]

국가의 관광정책을 효율적으로 추진하기 위해서는 지방자치단체의 협조가 없으면 불가능한 일이다. 중앙정부의 권한을 지방자치단체에 위임하고 지방분권화를 실현하는 것이 세계적 현상이라는 점을 고려한다면 관광정책 결정과 집행 과정에서 지역주민의 직접 참여는 필수 불가결의 요소가 되었다. 문화체육관광부 장관의 권한 일부를 「관광진흥법」의 개정을 통해 서울특별시장, 광역시장, 도지사 등 광역단체장에게 위임하는 사례를 더 많이 만들어나가야 한다.

6. 외국 관광객의 유치

> 제7조(외국 관광객의 유치) 정부는 외국 관광객의 유치를 촉진하기 위하여 해외 홍보를 강화하고 출입국 절차를 개선하며 그 밖에 필요한 시책을 강구하여야 한다. [전문개정 2007.12.21.]

외국인 관광객의 유치를 촉진하기 위해서는 관광마케팅을 강화하고 출입국 절차를 개선하는 것이 가장 중요하다. 외국인 관광객의 유치 현황을 살펴보면 1996년 360만 명, 2000년 530만 명, 2005년 600만 명, 2009년 780만 명, 2010년 879만 명, 2011년 970만 명, 2012년 1,100만 명 이후 2019년 1,750만 명이 우리나라를 방문하였다. 특히 2009년 이후 2015년 메르스 전염병, 2017년 중국의 한한령 등을 제외하면 매년 평균 약 10%p 이상 증가율을 보인다. 우리나라의 국외 관광마케팅은 한국관광공사 국제관광본부 국제관광실 내 국제관광전략팀, 동북아팀, 동남아중동팀, 구미대양주팀, 전략사업추진팀, 일본, 중국, 미주, 아시아중동, 구주 등 32개 국외지사와 관광디지털본부의 디지털마케팅실 내 해외디지털마케팅팀 및 문화체육관광부 소관의 비영리재단인 한국방문위원회가 중추적인 역할을 하고 있다. 한국방문위원회는 '2010~2012 한국방문의 해', '2016~2018 한국방문의 해' 캠페인 활동과 코리아그랜드세일, 코리아세일페스타, 코리아투어카드, 스마트헬프데스크 등 쇼핑과 관광수용태세 개선을 위한 사업을 진행하고 있다.

출입국 절차 보완은 비자 제도의 개선과 출입국심사 간소화로 축약할 수 있다. 먼저 비자 제도 개선은 법무부가 방한 관광객 비자 발급 편의 제고를 위한 지역별·국가별 맞춤형 제도 개선과 비자 제도 완화에 따른 부작용 완화 방안 마련 등이 있다. 비자 발급 편의 제고에 관한 내용은 동남아시아 국가의 기업직원에 대한 인센티브 관광 또는 재외공관장 선정 유명대학 재학생에 대한 신청서류 간소화, OECD국 방문경력자에 대한 복수비자 발급, 동남아시아 국가 교수와 변호사 등 전문직업군에 대해 10년 복수비자(체류 기간 90일) 발급 및 중국인 크루즈 개별관광객 무사증 관광상륙허가 허용, 동남아시아 국가(인도네시아, 베트남, 필리핀) 국민에 대한 단체전자비자 제도와 인도 국민에 대한 단체비자제도 도입 검토 등이며, 비자 제도 완화에 따른 부작용 완화 방안은 불법체류자 단속인력 확대 등 단속 강화, 과다한 불법체류 유발 여행사에 대한 제재 등 엄격 관리 시행, 관광객 유치 확대와 체류 질서를 종합적으로 고려한 제도 개선 방향 모색 등이 있다.

출입국심사 간소화는 자동출입국심사대 확대를 통한 출입국심사 절차를 간소화하며 입국심사 방식의 간편을 통한 출입국 승객 편의 제공 등이 있다.

7. 관광 여건의 조성

> 제8조(관광 여건의 조성) 정부는 관광 여건 조성을 위하여 관광객이 이용할 숙박·교통·휴식시설 등의 개선 및 확충, 휴일·휴가에 대한 제도 개선 등에 필요한 시책을 마련하여야 한다. <개정 2018.12.24.> [전문개정 2007.12.21.] [제목개정 2018.12.24.]

관광객이 더 나은 환경에서 더 편리하게 관광하기 위해서는 숙박, 교통, 휴식시설 등의 개선과 확충은 선행조건이다. 관광의 기본은 먹고, 자고, 놀고, 타는 시설 등이 먼저 해결되어야 한다. 상류층 관광객을 위한 최고급 호텔이 있는가 하면 합리적인 소비를 하는 관광객을 위한 게스트하우스도 있어야 하며, 맛있고 다양한 음식을 먹을 수 있는 환경이 조성되어야 하고, 항공기부터 자전거, 걸을 수 있는 관광 도보 길 등 관광목적지까지 안전하게 도착할 수 있는 관광교통체계도 잘 갖춰져 있어야 한다.

우리나라는 법정 근로시간이 주 68시간에서 주 52시간 근무제가 2018년 7월부터 공공기관과 공기업 및 300인 이상 민간 사업장을 대상으로 시행되었으며 2021년 7월부터 5인 이상 50인 미만의 사업체에도 적용되고 있다. 2018년 OECD 회원국 기준으로 우리나라 임금노동자의 노동시간은 연간 1,967시간으로 멕시코, 코스타리카, 칠레, 러시아에 이어 다섯 번째로 많다. 주 52시간 근무제가 시행되어 노동시간이 많이 단축되었지만, 독일, 일본, 미국 등의 연간 노동시간은 각각 1,305시간, 1,706시간, 1,792시간으로 아직도 선진국과는 격차가 많이 난다. 관광을 위해서는 여유가 있어야 하는데 시간 여유와 경제 여유로 나눌 수 있다. 시간 여유는 노동이나 생명 유지에 필수적인 시간(수면, 식사, 세면 등) 이외의 자유로운 시간으로 흔히 여가(Leisure)라고 하며 우리나라는 계속 증가하고 있다. 「근로기준법」에 따르면 법정 휴가는 "사용자는 1년간 80% 이상 출근한 근로자에게 유급휴가를 주어야 하며, 계속하여 근로한 기간이 1년 미만인 근로자 또는 1년간 80% 미만 출근한 근로자에게도 1개월 개근 시 1일의 유급휴가를 주어야 한다." 1년 이상 근무한 노동자는 최소 15일에서 최대 25일까지 연차를 사용할 수 있다. 법정 공휴일, 주 5일, 주 52시간 근무제 등을 합치면 휴일의 수는 대략 연 110일 정도가 된다.

개인 휴가일 수와 합치면 1년에 120일, 1년에 1/3 정도 시간적 여유가 생긴다. 흔히 황금연휴라고 표현되는 임시공휴일을 지정하거나 겹치는 공휴일을 대체공휴일로 지정하면 여행 기간이 순증가한다. 한국문화관광연구원(2017)의 보고서에 의하면 설과 추석 연휴가 포함된 월에는 국내 당일 여행 일수가 많이 증가하고, 월별 휴일이 하루 더 늘면 월별 국내 숙박여행 일수가 증가한다고 한다. 또한, 설과 추석 연휴가 포함된 월에는 국내 당일 여행 지출액이 매우 증가하고 있다. 월별 휴일이 하루 더 늘면 1인당 월별 평균 국내 숙박여행 지출액이 약 789원 증가하며, 당일 여행보다 약 6배 정도 더 증가하며, 설 연휴가 포함된 월에는 약 2만 원 증가하는 것으로 나타났다.

경제적 여유는 소득을 말하는데 가구당 평균 소득은 계속해서 늘어나고 있다. 우리나라 1인당 실질 국민총소득(GNI)은 2010년 2,808만 원에서 2019년 3,521만 원으로 나타났다. 물가상승을 고려한 구매력 기준의 1인당 실질 GNI는 2000년 1,972만 원에서 2019년 3,521만 원으로 78.5% 증가하였고, 이 기간에 연평균 3.1% 늘어났다. 한국의 1인당 GNI는 2000년과 2017년 사이 미국 대비 50.1%에서 67.6%로 증가하였고, 2017년 현재 OECD 평균 대비 94.1% 수준에 와 있다(https://www.index.go.kr/unify/idx-info.do?idxCd=4221).

이렇듯 양질의 경제적, 시간적 여유가 증가하고 개선되고 있어 정부가 국민이 이용할 숙박·교통·휴식 시설 등의 보완과 확충, 휴일·휴가 제도 향상 등에 필요한 시책을 마련하여 관광 여건을 조성해야 하는 것은 당연한 책무이다.

8. 지속가능한 관광

제9조(지속가능한 관광 시책의 추진) 정부는 관광자원의 보호와 환경친화적 개발·이용, 고용 창출 및 지역경제 발전 등 현재와 미래의 경제적·사회적·환경적 영향을 충분히 고려하는 지속가능한 관광에 필요한 시책을 추진하여야 한다.
[전문개정 2024.1.23.]

관광자원은 관광객의 관광 동기를 충족시킬 수 있는 유무형의 모든 대상을 포함하며 산, 바다, 강, 호수, 계곡, 동굴, 폭포, 온천, 동식물 등 자연적 관광자원과 인간이 만들어 낸 기술, 건축물, 제도, 체계 등 문화적 관광자원으로 나눌 수 있다. 관광과 환경은 대립하는 것이 아니라 양립한다는 관점으로 접근해야 한다. 무조건 보호와 개발을 의미하는 것이 아니라 관광자원으로서 가치를 발견하고 재해석하기 위해서는 보호(保護), 보전(保全)을 넘어 보존(保存)까지 아우를 수 있어야 한다. 관광자원의 개념이 광범위하고 다양하므로 문화체육관광부를 비롯하여 국토교통부, 해양수산부, 환경부, 농림축산식품부, 산업통상자원부 등 다른 부처와의 협력과 유기적인 통합관리가 필요하다.

9. 관광사업의 지도·육성

> 제10조(관광사업의 지도 · 육성) 정부는 관광사업을 육성하기 위하여 관광사업을 지도 · 감독하고 그 밖에 필요한 시책을 강구하여야 한다. [전문개정 2007.12.21.]

관광사업은 관광 서비스를 생산하는 기업을 말한다. 「관광진흥법」 제2조제1호에 의하면 "관광사업이란 관광객을 위하여 운송 · 숙박 · 음식 · 운동 · 오락 · 휴양 또는 용역을 제공하거나 그 밖에 관광에 딸린 시설을 갖추어 이를 이용하게 하는 업"으로 정의하고 있으며 「관광진흥법」 제3조에 의하면 여행업, 관광숙박업, 관광객 이용시설업, 국제회의업, 카지노업, 유원시설업, 관광 편의시설업 등 7가지 종류로 구분하고 있다. 관광사업은 정치, 경제, 사회, 문화 등 외부 환경의 영향을 많이 받기 때문에 기업의 영리사업 차원을 넘어 공공성과 공익성이 강조될 뿐만 아니라 우리나라 국민과 외국인이 관광객이 되기 때문에 국제교류를 통한 민간외교의 역할도 무시할 수 없다. 정부는 법률을 위반한 관광사업자에게 관광진흥법 제7장 벌칙을 통해 행정지도 하며, 관광진흥 시책의 수립 · 집행과 법의 시행을 위해서 관광사업자 단체 또는 관광사업자에게 보고를 하게 하거나 서류를 제출하도록 명할 수 있고, 소속 공무원에게 관광사업자 단체 또는 관광사업자의 사무소 · 사업장 또는 영업소 등에 출입하여 장부 · 서류나 그 밖의 물건을 검사하게 할 수 있도록 법제화하여 감독하고 있다.

10. 관광종사자의 자질 향상

제11조(관광 종사자의 자질 향상) 정부는 관광에 종사하는 자의 자질을 향상시키기 위하여 교육훈련과 그 밖에 필요한 시책을 강구하여야 한다. [전문개정 2007.12.21.]

관광종사자는 국외여행인솔자, 관광통역안내사, 국내여행안내사, 문화관광해설사, 호텔경영사, 호텔관리사, 호텔서비스사 등으로 「관광진흥법」에서 규정하고 있다. 「관광진흥법」 제38조에 의하면 관광종사원의 자격을 가진 자가 종사하도록 해당 관광사업자에게 권고할 수 있고, 외국인 관광객을 대상으로 하는 여행업자는 관광통역안내의 자격을 가진 사람을 관광 안내에 종사하도록 하고 있으며 제39조에 따르며 문화체육관광부 장관 또는 시·도지사는 관광종사원과 그 밖에 관광 업무에 종사하는 자의 업무능력 향상을 위한 교육에 필요한 지원을 할 수가 있다. 한국관광공사는 관광전문인력 양성 지원을 위해 포털사이트(https://academy.visitkorea.or.kr)를 운영하고 있으며 관광종사원의 경쟁력 강화를 위한 다양한 지원 업무를 수행하고 있다. 관광통역안내, 문화관광해설, 국내외여행, 관광호텔, 의료관광, 관광공무원, MICE 등에 관한 연간 교육 운영뿐만 아니라 관광 일자리 정보, 관광취업 컨설팅, 관광 자격증 소개 및 발급 등에 관한 업무를 한다.

11. 관광지의 지정과 개발

제12조(관광지의 지정 및 개발) 정부는 관광에 적합한 지역을 관광지로 지정하여 필요한 개발을 하여야 한다. [전문개정 2007.12.21.]

관광지는 「관광진흥법」 제2조제6호에서 정의하고 있다. 즉, "관광지란 자연적 또는 문화적 관광자원을 갖추고 관광객을 위한 기본적인 편의시설을 설치하는 지역으로서 이 법에 따라 지정된 곳"을 말한다. 관광지는 관광자원이 풍부하고 관광객의 접근이 쉬우며

개발 제한요소가 적어 개발이 가능한 지역과 관광 정책상 관광지로 개발하는 것이 필요하다고 판단되는 지역을 대상으로 한다. 이곳에 관광객의 관광 활동에 필수적인 진입도로, 주차장, 상·하수도, 식·음료대, 공중화장실, 오수처리시설, 관리사무소, 관광지 안내도 등 기반시설과 야영장, 어린이 놀이시설, 청소년수련시설, 체력단련장, 샤워·탈의장, 물품보관소 등 편익 시설을 공공사업으로 추진하고 그 외 이용관광객의 편의를 위한 운동·오락시설, 휴양·문화시설, 숙박시설, 상가시설 등은 민간자본을 유치하여 개발하는 사업이다(문화체육관광부, 2020). 관광지는 시장·군수·구청장의 신청에 따라 시·도지사가 지정하며 2021년 1월 기준 총 228개소가 지정되어 있다.

12. 국민관광의 발전

> **제13조(국민관광의 발전)** 정부는 관광에 대한 국민의 이해를 촉구하여 건전한 국민관광을 발전시키는 데에 필요한 시책을 강구하여야 한다. [전문개정 2007.12.21.]

국민관광(National Tourism)은 국민이 국내외를 관광하는 것으로 공간적 의미로는 내국인의 국내관광(intrabound)과 내국인의 국외관광(Outbound Tourism)을 포함한다. 지금까지 관광정책은 국내관광을 중심으로 진행해 왔다. 관광에 대한 국민의 이해를 촉구하는 것뿐만 아니라 관광업계, 관광학계, 관광정부 등도 국외관광에 대한 이해도를 높이고 국내관광과 균형이 있는 정책과 예산이 필요하다. 건전한 국민관광의 관광문화 정착을 위해 관광캠페인, 강연, 세미나, 홍보, 교육 등 다양한 관점에서 접근해야 할 필요성도 제기되고 있다.

13. 관광진흥개발기금

> 제14조(관광진흥개발기금) 정부는 관광진흥을 위하여 관광진흥개발기금을 설치하
> 여야 한다. [전문개정 2007.12.21.]

많은 관광사업체가 영세하지만, 시설을 기반으로 하는 관광숙박업, 국제회의시설업, 종합휴양업, 카지노업, 관광객이용시설업 등은 막대한 자본이 필요하며 정부가 관광진흥을 위해 정책과 시책을 마련하기 위해서도 많은 관광예산이 필요하다. 이에 따라 정부는 1972년 12월 29일 「관광진흥개발기금법」을 제정하여 관광자금을 확보하기 위한 법률적 근거를 마련했다.

14. 국가관광전략회의

> 제16조(국가관광전략회의) ① 관광진흥의 방향 및 주요 시책에 대한 수립·조정,
> 관광진흥계획의 수립 등에 관한 사항을 심의·조정하기 위하여 국무총리 소속
> 으로 국가관광전략회의를 둔다.
> ② 국가관광전략회의의 구성 및 운영 등에 필요한 사항은 대통령령으로 정한다.
> [본조신설 2017.11.28.]

국가관광전략회의의 구성 및 운영 등에 필요한 사항은 대통령령 제30186호의 '국가관광전략회의의 구성 및 운영에 관한 규정'에 따라 제1조 목적에서부터 제10조 운영세칙으로 이루어져 있다. 이 전략회의는 관광진흥의 방향과 주요 시책의 수립 및 조정, 「관광기본법」 제3조1항에 따른 관광진흥에 관한 기본계획의 수립, 관광 분야에 관한 관련 부처 간의 쟁점 사항 등을 심의·조정한다. 전략회의의 의장은 국무총리이며, 문화체육관광부 장관, 기획재정부 장관, 교육부 장관, 외교부 장관, 법무부 장관, 행정안전부 장관,

농림축산식품부 장관, 보건복지부 장관, 환경부 장관, 국토교통부 장관, 해양수산부 장관, 중소벤처기업부 장관 및 국무조정실장으로 구성된다. 연 2회, 반기에 1회씩 개최하는 것을 원칙으로 하며, 문화체육관광부 제2차관이 전략회의의 사무를 처리하기 위해 간사가 되어 회의록을 작성한다. 상세한 국가관광전략회의의 구성 및 운영에 관한 규정은 다음과 같다.

국가관광전략회의의 구성 및 운영에 관한 규정
[시행 2019.11.5.] [대통령령 제30186호, 2019.11.5., 일부개정]

제1조(목적) 이 영은 「관광기본법」 제16조에 따른 국가관광전략회의의 구성 및 운영에 필요한 사항을 규정함을 목적으로 한다.

제2조(기능) 「관광기본법」 제16조에 따른 국가관광전략회의(이하 "전략회의"라 한다)는 다음 각 호의 사항을 심의·조정한다.

1. 관광진흥의 방향 및 주요 시책의 수립·조정
2. 「관광기본법」 제3조제1항에 따른 관광진흥에 관한 기본계획의 수립
3. 관광 분야에 관한 관련 부처 간의 쟁점 사항
4. 그 밖에 전략회의의 의장이 필요하다고 인정하여 회의에 부치는 사항

제3조(의장) ① 전략회의의 의장(이하 "의장"이라 한다)은 국무총리가 된다.

② 의장은 전략회의에 상정할 안건을 선정하여 회의를 소집하고, 이를 주재한다.

③ 의장이 전략회의에 출석할 수 없을 때에는 전략회의의 구성원 중에서 의장이 미리 지정한 사람이 그 직무를 대행한다.

제4조(구성원) ① 전략회의는 의장 이외에 기획재정부장관, 교육부장관, 외교부장관, 법무부장관, 행정안전부장관, 문화체육관광부장관, 농림축산식품부장관, 보건복지부장관, 환경부장관, 국토교통부장관, 해양수산부장관, 중소벤처기업부장관 및 국무조정실장으로 구성한다. <개정 2019.11.5.>

② 의장은 전략회의에 상정되는 안건과 관련하여 필요하다고 인정할 때에는 전략회의의 구성원이 아닌 관련 부처의 장을 회의에 출석시켜 발언하게 할 수 있다.

③ 의장은 필요하다고 인정할 때에는 안건과 관련된 부처의 장과 협의하여 전략회의의 구성원이 아닌 사람을 회의에 출석시켜 발언하게 할 수 있다.

제5조(의사정족수 및 의결정족수) 전략회의는 구성원 과반수의 출석으로 개의(開議)하고, 출석 구성원 과반수의 찬성으로 의결한다.

제6조(회의의 개최) 전략회의는 연 2회, 반기에 1회씩 개최하는 것을 원칙으로 하되, 의장은 필요에 따라 그 개최 시기를 조정할 수 있다.

제7조(간사) ① 전략회의의 사무를 처리하기 위하여 간사 1명을 두며, 간사는 문화체육관광부 제2차관이 된다. <개정 2019.11.5.>

② 간사는 회의록을 작성한다.

제8조(의안 제출) 전략회의에 안건을 상정하려는 부처의 장은 회의 개최 3일 전까지 문화체육관광부장관에게 해당 안건을 제출하여야 한다. 다만, 긴급한 경우에는 그러하지 아니하다.

제9조(차관조정회의) ① 의장은 전략회의의 효율적 운영을 위하여 전략회의 전에 차관조정회의를 거치도록 할 수 있다.

② 차관조정회의는 다음 각 호의 사항을 협의·조정한다.

1. 전략회의의 상정 안건과 관련하여 전략회의가 위임한 사항

2. 그 밖에 의장이 관련 부처 간에 사전 협의가 필요하다고 인정하는 사항

③ 차관조정회의의 의장은 문화체육관광부 제2차관이 되며, 구성원은 해당 안건과 관련되는 부처의 차관급 공무원이 된다. <개정 2019.11.5.>

제10조(운영세칙) 이 영에 규정된 사항 외에 전략회의의 운영에 필요한 사항은 전략회의의 의결을 거쳐 의장이 정한다.

III

관광진흥법

관광법규

1

총칙

제1절 관광진흥법 제정 목적과 용어 정의

관광법규 제**1**장

총칙

제1절 관광진흥법 제정 목적과 용어 정의

1. 제정 목적

> **제1조(목적)** 이 법은 관광 여건을 조성하고 관광자원을 개발하며 관광사업을 육성하여 관광 진흥에 이바지하는 것을 목적으로 한다.

관광 진흥에 이바지하기 위해서는 관광 여건의 조성, 관광자원의 개발, 관광사업의 육성 등 구체적인 목표 3가지를 달성해야 가능한 일이다. 관광 여건의 조성은 관광 주체인 관광자(객), 관광 객체인 관광자원, 관광 매체인 관광사업, 관광환경 등 관광의 4요소가 유기적으로 결합해야 함을 의미한다. 관광자원을 잘 개발할 뿐만 아니라 관광사업을 지도하고 감독해야 하며, 빠르게 변하고 있는 내외적 환경에 대응할 수 있는 체계가 갖춰져 있어야 한다. 또한 관광자는 관광의 의미를 바르게 인식하여 다른 지역과 나라 등의 문화를 존중하고 이해하려는 열린 마음을 가지고 관광해야 한다. 문화우월주의, 타문화 배척, 국수주의, 민족주의 등은 관광에서 위험한 용어이며 다름을 인정하고 수용할 수 있는 태도가 중요하다.

2. 용어 정의

관광사업은 타고(운송), 자고(숙박), 먹고(음식), 놀고(운동), 즐기고(오락), 쉬고(휴양), 서비스(용역) 등을 관광객에게 제공하고 기타 관광에 필요한 시설을 갖추어 이용하게 하는 관광기업이다. 이런 관광회사는 해당 행정기관장에게 등록, 허가, 지정, 신고 등을 해야 하며, 4가지 행위를 한 사람을 '관광사업자'로 규정하고 있다. 여행사가 미리 단체 여행상품으로 만든 것을 '패키지(Package)'라고 하는데 「관광진흥법」에서는 '기획여행'으로 명명했다. 호텔업, 휴양콘도미니엄업, 관광객이용시설업 중 제2종 종합휴양업 등의 관광사업자는 회원, 공유자, 분양과 관련된 것으로 회원은 3개 업종에 적용되지만, 공유 자와 분양은 휴양콘도미니엄업에만 해당한다. 관광지, 관광단지, 관광특구 등은 관광지 로 분류하며, 관광지보다는 관광단지가 규모가 크고 기능은 다양하다. 관광특구는 외국 인 관광객을 유치하기 위해 규제를 완화하여 특별히 지정한 곳이다.

조성계획, 민간개발자, 지원시설 등은 관광지 또는 관광단지의 개발, 보호, 이용증진, 관리, 운영 등과 관련된 용어이며, 관광복지의 실현을 위해 프랑스의 체크바캉스, 스위스 의 REKA 등을 벤치마킹한 한국형 여행바우처라고 할 수 있는 여행이용권도 주목해야 할 관광용어이다. 지방분권화, 공익성, 관광안내사 등 3개 항목을 한꺼번에 아우를 수 있는 문화관광해설사는 2001년 '문화유산해설사'로 시작하여 2005년 지금의 명칭으로 변경됐으며, 2019년 말 기준으로 전국에 3,228명이 왕성하게 활동하고 있다.

> **제2조(정의)** 이 법에서 사용하는 용어의 뜻은 다음과 같다. <개정 2007.7.19., 2011.4.5., 2014.5.28., 2023.8.8.>
>
> 1. "관광사업"이란 관광객을 위하여 운송·숙박·음식·운동·오락·휴양 또는 용역을 제공하거나 그 밖에 관광에 딸린 시설을 갖추어 이를 이용하게 하는

업(業)을 말한다.

2. "관광사업자"란 관광사업을 경영하기 위하여 등록·허가 또는 지정(이하 "등록등"이라 한다)을 받거나 신고를 한 자를 말한다.

3. "기획여행"이란 여행업을 경영하는 자가 국외여행을 하려는 여행자를 위하여 여행의 목적지·일정, 여행자가 제공받을 운송 또는 숙박 등의 서비스 내용과 그 요금 등에 관한 사항을 미리 정하고 이에 참가하는 여행자를 모집하여 실시하는 여행을 말한다.

4. "회원"이란 관광사업의 시설을 일반 이용자보다 우선적으로 이용하거나 유리한 조건으로 이용하기로 해당 관광사업자(제15조제1항 및 제2항에 따른 사업계획의 승인을 받은 자를 포함한다)와 약정한 자를 말한다.

5. "소유자등"이란 단독 소유나 공유(共有)의 형식으로 관광사업의 일부 시설을 관광사업자(제15조제1항 및 제2항에 따른 사업계획의 승인을 받은 자를 포함한다)로부터 분양받은 자를 말한다.

6. "관광지"란 자연적 또는 문화적 관광자원을 갖추고 관광객을 위한 기본적인 편의시설을 설치하는 지역으로서 이 법에 따라 지정된 곳을 말한다.

7. "관광단지"란 관광객의 다양한 관광 및 휴양을 위하여 각종 관광시설을 종합적으로 개발하는 관광 거점 지역으로서 이 법에 따라 지정된 곳을 말한다.

8. "민간개발자"란 관광단지를 개발하려는 개인이나 「상법」 또는 「민법」에 따라 설립된 법인을 말한다.

9. "조성계획"이란 관광지나 관광단지의 보호 및 이용을 증진하기 위하여 필요한 관광시설의 조성과 관리에 관한 계획을 말한다.

10. "지원시설"이란 관광지나 관광단지의 관리·운영 및 기능 활성화에 필요한 관광지 및 관광단지 안팎의 시설을 말한다.

11. "관광특구"란 외국인 관광객의 유치 촉진 등을 위하여 관광 활동과 관련된 관계 법령의 적용이 배제되거나 완화되고, 관광 활동과 관련된 서비스·안내 체계 및 홍보 등 관광 여건을 집중적으로 조성할 필요가 있는 지역으로 이 법에 따라 지정된 곳을 말한다.

11의2. "여행이용권"이란 관광취약계층이 관광 활동을 영위할 수 있도록 금액이나 수량이 기재(전자적 또는 자기적 방법에 의한 기록을 포함한다. 이하 같다)된 증표를 말한다.

12. "문화관광해설사"란 관광객의 이해와 감상, 체험 기회를 제고하기 위하여 역사·문화·예술·자연 등 관광자원 전반에 대한 전문적인 해설을 제공하는 자를 말한다.

관 광 법 규

2

관광사업

관광법규　제**2**장

관광사업

제1절　총칙

1. 관광사업의 종류

　관광사업은 크게 7개로 나뉜다. 여행업, 관광숙박업, 관광객 이용시설업, 국제회의업, 카지노업, 유원시설업, 관광 편의시설업 등이며, 카지노업을 제외한 나머지 6개 업종은 세분되어 있다.

　여행업은 여행자와 여행과 관련된 시설업자를 위해 존재하며 이용 알선, 계약 체결 대리, 여행안내, 기타 여행 편의를 제공하는 관광기업이다. 관광숙박업은 호텔업과 휴양 콘도미니엄업으로 나뉘는데 가장 큰 차이점은 호텔은 취사 시설과 공유자를 사용할 수 없다. 관광객 이용시설업은 관광숙박업과도 조금 다른 시설을 갖춰야 한다. 공통점은 음식 · 운동 · 오락 · 휴양 목적의 시설이지만 관광숙박업은 공연 · 연수에 적합한 시설, 관광객 이용시설업은 문화 · 예술 · 레저 등에 적합한 시설을 갖추어야 한다. 국제회의업은 국제회의(세미나 · 토론 · 전시 등)와 관련된 시설의 설치와 운영을 담당하는 국제회의시설업과 국제회의의 계획·준비·진행 등의 업무를 위탁받아 대행하는 국제회의기획업으로 양분한다. 카지노업은 전문 영업장을 갖추고 주사위·트럼프·슬롯머신 등 특정한 기구를 이용하여 우연의 결과에 따라 특정인에게 재산상의 이익을 주고 다른 참가자에게 손실을 주는 행위 등을 하는 업이다.

유원시설업(遊園施設業)은 유기시설(遊技施設)이나 유기기구(遊技機具)를 갖추어 이를 관광객에게 이용하게 하는 업으로 흔히 놀이기구가 있는 테마파크인데 다른 영업을 경영하면서 관광객의 유치 또는 광고 등을 목적으로 이를 설치하는 경우도 포함되며 종합유원시설업, 일반유원시설업, 기타유원시설업 등으로 나뉜다. 관광 편의시설업은 위에서 언급한 6개 업종 외에 관광진흥에 이바지할 수 있다고 인정되는 사업이나 시설 등을 운영하는 관광기업으로 관광유흥음식점업, 관광극장유흥업, 외국인전용 유흥음식점업, 관광식당업, 관광순환버스업, 관광사진업, 여객자동차터미널시설업, 관광펜션업, 관광궤도업, 관광면세업, 관광지원서비스업 등 11개 세부 업종이 있다.

제3조(관광사업의 종류) ① 관광사업의 종류는 다음 각 호와 같다. <개정 2007.7.19., 2015.2.3., 2002.9.27., 2023.8.8.>

1. 여행업 : 여행자 또는 운송시설·숙박시설, 그 밖에 여행에 딸리는 시설의 경영자 등을 위하여 그 시설 이용 알선이나 계약 체결의 대리, 여행에 관한 안내, 그 밖의 여행 편의를 제공하는 업

2. 관광숙박업 : 다음 각 목에서 규정하는 업

　가. 호텔업 : 관광객의 숙박에 적합한 시설을 갖추어 이를 관광객에게 제공하거나 숙박에 딸리는 음식·운동·오락·휴양·공연 또는 연수에 적합한 시설 등을 함께 갖추어 이를 이용하게 하는 업

　나. 휴양 콘도미니엄업 : 관광객의 숙박과 취사에 적합한 시설을 갖추어 이를 그 시설의 회원이나 소유자등, 그 밖의 관광객에게 제공하거나 숙박에 딸리는 음식·운동·오락·휴양·공연 또는 연수에 적합한 시설 등을 함께 갖추어 이를 이용하게 하는 업

3. 관광객 이용시설업 : 다음 각 목에서 규정하는 업

가. 관광객을 위하여 음식·운동·오락·휴양·문화·예술 또는 레저 등에 적합한 시설을 갖추어 이를 관광객에게 이용하게 하는 업

나. 대통령령으로 정하는 2종 이상의 시설과 관광숙박업의 시설(이하 "관광숙박시설"이라 한다) 등을 함께 갖추어 이를 회원이나 그 밖의 관광객에게 이용하게 하는 업

다. 야영장업: 야영에 적합한 시설 및 설비 등을 갖추고 야영편의를 제공하는 시설(「청소년활동 진흥법」 제10조제1호마목에 따른 청소년야영장은 제외한다)을 관광객에게 이용하게 하는 업

4. 국제회의업 : 대규모 관광 수요를 유발하는 국제회의(세미나·토론회·전시회 등을 포함한다. 이하 같다)를 개최할 수 있는 시설을 설치·운영하거나 국제회의의 계획·준비·진행 등의 업무를 위탁받아 대행하는 업

5. 카지노업 : 전문 영업장을 갖추고 주사위·트럼프·슬롯머신 등 특정한 기구 등을 이용하여 우연의 결과에 따라 특정인에게 재산상의 이익을 주고 다른 참가자에게 손실을 주는 행위 등을 하는 업

6. 테마파크업 : 테마파크시설을 갖추어 이를 관광객에게 이용하게 하는 업(다른 영업을 경영하면서 관광객의 유치 또는 광고 등을 목적으로 테마파크시설을 설치하여 이를 이용하게 하는 경우를 포함한다)

7. 관광 편의시설업 : 제1호부터 제6호까지의 규정에 따른 관광사업 외에 관광진흥에 이바지할 수 있다고 인정되는 사업이나 시설 등을 운영하는 업

② 제1항제1호부터 제4호까지, 제6호 및 제7호에 따른 관광사업은 대통령령으로 정하는 바에 따라 세분할 수 있다.

[시행일 : 2025.8.28.] 제3조

〈표 Ⅲ-1〉 관광사업의 종류

순번	대분류	중분류	세분류	방법	해당 기관
1	여행업	종합여행업	-	등록	특별자치시장, 특별자치도지사, 시장, 군수, 구청장
		국내외여행업			
		국내여행업			
2	관광숙박업	호텔업	관광호텔업	등록	
			수상관광호텔업		
			한국전통호텔업		
			가족호텔업		
			호스텔업		
			소형호텔업		
			의료관광호텔업		
		휴양 콘도미니엄업	-		
3	관광객 이용시설업	전문휴양업	-	등록	
		종합휴양업	제1종 종합휴양업		
			제2종 종합휴양업		
		야영장업	일반야영장업		
			자동차야영장업		
		관광유람선업	일반관광유람선업		
			크루즈업		
		관광공연장업	-		
		외국인관광 도시민박업			
		한옥체험업			
4	국제회의업	국제회의시설업	-	등록	
		국제회의기획업			
5	카지노업	-	-	허가	문화체육관광부장관
6	테마파크업	종합유원시설업	-	허가	특별자치시장, 특별자치도지사, 시장, 군수, 구청장
		일반유원시설업			
		기타유원시설업	-	신고	
7	관광 편의시설업	관광유흥음식점업	-	지정	특별시장, 광역시장, 도지사, 특별자치시장, 특별자치도지사 또는 시장, 군수, 구청장
		관광극장유흥업			
		외국인전용 유흥음식점업			
		관광순환버스업			
		관광펜션업			
		관광궤도업			
		관광면세업			
		관광지원서비스업			
		관광식당업	-		지역별 관광협회
		관광사진업			
		여객자동차터미널시설업			

자료: 저자 작성

2. 관광사업의 등록·허가·신고·지정

「관광진흥법」 제2조(정의)제2호에서 관광사업자는 관광사업을 경영하기 위하여 등록·허가 또는 지정을 받거나 신고를 한 자로 규정하고 있다. 즉 관광사업자는 「관광진흥법」이 정한 규정에 따라 해당 행정관청에 등록 또는 신고를 하거나 허가나 지정을 받아야 한다.

1) 등록

제4조(등록) ① 제3조제1항제1호부터 제4호까지의 규정에 따른 여행업, 관광숙박업, 관광객 이용시설업 및 국제회의업을 경영하려는 자는 특별자치시장·특별자치도지사·시장·군수·구청장(자치구의 구청장을 말한다. 이하 같다)에게 등록하여야 한다. <개정 2009.3.25., 2018.6.12.>

② 삭제 <2009.3.25.>

③ 제1항에 따른 등록을 하려는 자는 대통령령으로 정하는 자본금(법인인 경우에는 납입자본금을 말하고, 개인인 경우에는 등록하려는 사업에 제공되는 자산의 평가액을 말한다)·시설 및 설비 등을 갖추어야 한다. <신설 2007.7.19., 2009.3.25., 2023.8.8.>

④ 제1항에 따라 등록한 사항 중 대통령령으로 정하는 중요 사항을 변경하려면 변경등록을 하여야 한다. <개정 2007.7.19., 2009.3.25.>

⑤ 제1항 및 제4항에 따른 등록 또는 변경등록의 절차 등에 필요한 사항은 문화체육관광부령으로 정한다. <개정 2007.7.19., 2008.2.29., 2009.3.25.>

등록(登錄)은 일정한 법률 사실이나 법률관계를 공증하기 위하여 행정 관서나 공공기관 따위에 비치한 법정(法定)의 공부(公簿)에 기재하는 일(https://stdict.korean.go.kr)로서 등록관청인 특별자치도지사, 특별자치시장, 시장, 군수, 구청장이 등록을 수리할 것인가 또는 거부할 것인가에 대하여 재량의 여지가 없는 것이 원칙이며(정희천, 2016), 행정관청에 등록하고자 하는 관광사업자가 등록의 조건을 갖추고 있으면 등록시켜야 한다는 의미이다.

등록대상 업종은 앞서 설명한 관광사업의 대분류 7개 업종 중 여행업, 관광숙박업, 관광객 이용시설업, 국제회의업이며, 등록관청은 특별자치시장, 특별자치도지사, 시장, 군수, 구청장이다. 예를 들면 서울특별시 서초구 방배동에서 국내여행업으로 여행사를 운영하기 위해서는 서초구청장에게, 서귀포시에서 종합여행업으로 회사를 창업하려면 제주특별자치도지사에게 등록해야 한다.

2) 허가와 신고

　　허가(許可)는 법령에 따라 일반적으로 금지된 행위를 행정기관이 특정하였으면 해제하고 적법하게 이를 행할 수 있게 하는 일이다(https://stdict.korean.go.kr). 즉, 법령에 따라 일반적으로 금지된 행위를 특정의 경우에 특정인에 대하여 그 금지를 해제하는 행정처분으로 허가관청의 판단에 따라 허가를 거부할 수 있다. 관광사업 중 카지노업을 경영하는 자는 전용 영업장 등 문화체육관광부령으로 정하는 시설과 기구를 갖추어 문화체육관광부 장관의 허가를 받아야 하며, 테마파크업 중 대통령령으로 정하는 테마파크업을 경영하는 자는 문화체육관광부령으로 정하는 시설과 설비를 갖추어 특별자치시장, 특별자치도지사, 시장, 군수, 구청장의 허가를 받아야 한다.

　　신고(申告)란 국민이 법령에 따라 행정청에 일정한 사실을 진술·보고하는 행위를 뜻한다(https://stdict.korean.go.kr). 행정청의 수리가 필요하지 않은 신고는 수리 여부와 관계없이 신고서가 접수기관에 도달된 때에 신고 의무가 이행된 것으로 본다. 행정청은 요건을 갖추지 못한 신고서가 제출되었을 때 바로 상당한 기간을 정하여 보완을 요구하여야 한다. 카지노업과 유원시설업의 허가와 신고에 관한 내용은 Ⅲ. 관광진흥법 제2장 관광사업 제6절 카지노업과 제7절 유원시설업에서 상세하게 다루기로 한다.

> **제5조(허가와 신고)** ① 제3조제1항제5호에 따른 카지노업을 경영하려는 자는 전용영업장 등 문화체육관광부령으로 정하는 시설과 기구를 갖추어 문화체육관광부장관의 허가를 받아야 한다. <개정 2008.2.29.>
>
> ② 제3조제1항제6호에 따른 테마파크업 중 대통령령으로 정하는 테마파크업을

경영하려는 자는 문화체육관광부령으로 정하는 시설과 설비를 갖추어 특별자치
시장·특별자치도지사·시장·군수·구청장의 허가를 받아야 한다. <개정 2008.2.29.,
2008.6.5., 2018.6.12., 2024.2.27.>

③ 제1항과 제2항에 따라 허가받은 사항 중 문화체육관광부령으로 정하는 중
요 사항을 변경하려면 변경허가를 받아야 한다. 다만, 경미한 사항을 변경하려
면 변경신고를 하여야 한다. <개정 2008.2.29.>

④ 제2항에 따라 대통령령으로 정하는 테마파크업 외의 테마파크업을 경영하
려는 자는 문화체육관광부령으로 정하는 시설과 설비를 갖추어 특별자치시장·
특별자치도지사·시장·군수·구청장에게 신고하여야 한다. 신고한 사항 중 문
화체육관광부령으로 정하는 중요 사항을 변경하려는 경우에도 또한 같다.
<개정 2008.2.29., 2008.6.5., 2018.6.12., 2024.2.27.>

⑤ 문화체육관광부장관 또는 특별자치시장·특별자치도지사·시장·군수·구
청장은 제3항 단서에 따른 변경신고나 제4항에 따른 신고 또는 변경신고를 받
은 경우 그 내용을 검토하여 이 법에 적합하면 신고를 수리하여야 한다.
<신설 2018.6.12.>

⑥ 제1항부터 제5항까지의 규정에 따른 허가 및 신고의 절차 등에 필요한 사항
은 문화체육관광부령으로 정한다. <개정 2008.2.29., 2018.6.12.>

[시행일 : 2025.8.28.] 제5조

3) 지정

관광사업의 종류 중 관광 편의시설업에 해당하는 관광유흥음식점업, 관광극장유흥업,
외국인전용 유흥음식점업, 관광식당업, 관광순환버스업, 관광사진업, 여객자동차터미널
시설업, 관광펜션업, 관광궤도업, 관광면세업, 관광지원서비스업 등 11개 세부 업종은
등록보다 더 간소한 절차에 따라 해당 행정관청 또는 지역별 관광협회로부터 지정을
받는다.

제6조(지정) ① 제3조제1항제7호에 따른 관광 편의시설업을 경영하려는 자는 문화체육관광부령으로 정하는 바에 따라 특별시장·광역시장·특별자치시장·도지사·특별자치도지사(이하 "시·도지사"라 한다) 또는 시장·군수·구청장의 지정을 받아야 한다. <개정 2007.7.19., 2008.2.29., 2009.3.25., 2017.11.28., 2018.6.12.>

② 제1항에 따른 관광 편의시설업으로 지정을 받으려는 자는 관광객이 이용하기 적합한 시설이나 외국어 안내서비스 등 문화체육관광부령으로 정하는 기준을 갖추어야 한다. <신설 2017.11.28.>

3. 결격사유

피성년후견인(被成年後見人)과 피한정후견인(被限定後見人)은 관광사업의 등록을 받거나 신고를 할 수 없고, 사업계획의 승인도 받을 수 없다. 피성년후견인과 피한정후견인은 질병, 장애, 고령 등의 이유로 정신적 제약에 있어 자신의 사무(재산관리, 신상 결정)를 온전히 처리하지 못하는 사람을 말한다. 피성년후견인은 정신적 제약 정도가 심해서 사무를 처리할 능력이 없는 사람이며, 피한정후견인은 정신적 제약이 다소 있어 사무 처리 능력이 부족한 사람을 말한다. 예를 들면, 피성년후견인은 교통사고로 의식이 없거나, 중증 치매로 대소변을 못 가릴 정도가 되었거나, 심한 지적장애로 정상적인 생활이 불가능한 사람이며, 피한정후견인은 치매가 있지만 의사소통할 수 있거나, 정신질환이 있으나 어느 정도 판단 능력이 있는 사람을 말한다.

제7조(결격사유) ① 다음 각 호의 어느 하나에 해당하는 자는 관광사업의 등록 등을 받거나 신고를 할 수 없고, 제15조제1항 및 제2항에 따른 사업계획의 승인을 받을 수 없다. 법인의 경우 그 임원 중에 다음 각 호의 어느 하나에 해당하는 자가 있는 경우에도 또한 같다. <개정 2017.3.21., 2024.1.23., 2024.2.27.>

1. 피성년후견인·피한정후견인

2. 파산선고를 받고 복권되지 아니한 자

3. 이 법에 따라 등록등 또는 사업계획의 승인이 취소되거나 제36조제1항에 따라 영업소가 폐쇄된 후 2년이 지나지 아니한 자. 다만, 제1호 또는 제2호에 해당하여 제2항에 따라 등록등 또는 사업계획의 승인이 취소되거나 영업소가 폐쇄된 경우는 제외한다.

4. 이 법을 위반하여 징역 이상의 실형을 선고받고 그 집행이 끝나거나 집행을 받지 아니하기로 확정된 후 2년이 지나지 아니한 자 또는 형의 집행유예 기간 중에 있는 자

② 관광사업의 등록 등을 받거나 신고를 한 자 또는 사업계획의 승인을 받은 자가 제1항 각 호의 어느 하나에 해당하면 문화체육관광부장관, 시·도지사 또는 시장·군수·구청장(이하 "등록기관 등의 장"이라 한다)은 3개월 이내에 그 등록 등 또는 사업계획의 승인을 취소하거나 영업소를 폐쇄하여야 한다. 다만, 법인의 임원 중 그 사유에 해당하는 자가 있는 경우 3개월 이내에 그 임원을 바꾸어 임명한 때에는 그러하지 아니하다. <개정 2008.2.29.>

제2절 여행업

1. 여행업의 개념

1) 여행업의 정의

「관광진흥법」 제3조제1항제1호에 여행업이란 "여행자 또는 운송시설·숙박시설, 그 밖에 여행에 딸리는 시설의 경영자 등을 위하여 그 시설 이용 알선이나 계약 체결의 대리, 여행에 관한 안내, 그 밖의 여행 편의를 제공하는 업"으로 정의하고 있다. 즉 여행업

은 여행객과 여행공급업자와의 사이에서 중개 역할을 하며 관광객에게 여행안내와 여행 편의를 제공하는 기업이다.

2) 여행업의 종류

2021년 9월 24일 시행된 「관광진흥법 시행령」 제2조제1항제1호에서 여행업의 종류를 종합여행업, 국내외여행업, 국내여행업으로 구분하고 있다. 이는 1987년 「관광진흥법 시행령」 개정으로 여행업을 일반여행업, 국외여행업, 국내여행업으로 세분한 지 34년 만에 명칭을 변경하였다.

관광진흥법 시행령

제2조(관광사업의 종류) ① 「관광진흥법」(이하 "법"이라 한다) 제3조제2항에 따라 관광사업의 종류를 다음 각 호와 같이 세분한다. <개정 2008.2.29., 2008.8.26., 2009.1.20., 2009.8.6., 2009.10.7., 2009.11.2., 2011.12.30., 2013.11.29., 2014.7.16., 2014.10.28., 2014.11.28., 2016.3.22., 2019.4.9., 2020.4.28., 2021.3.23.>

  1. 여행업의 종류
    가. 종합여행업: 국내외를 여행하는 내국인 및 외국인을 대상으로 하는 여 행업(사증(査證)을 받는 절차를 대행하는 행위를 포함한다)
    나. 국내외여행업: 국내외를 여행하는 내국인을 대상으로 하는 여행업(사증 을 받는 절차를 대행하는 행위를 포함한다)
    다. 국내여행업 : 국내를 여행하는 내국인을 대상으로 하는 여행업

과거 일반여행업이라는 명칭에서 "일반"이라는 단어 자체가 어떤 의미와 내용을 말하는지 정확하게 파악하기 어렵다는 학계와 업계의 주장에 따라 "종합"으로 변경하였으며, 여행사가 국외여행(outbound) 업무와 국내여행(intrabound) 업무를 동시에 하는 경우가 많은데 관광진흥법상 국외여행업과 국내여행업 2개 업종을 별개로 등록해야 했던 규제를 완화하여 "국내외여행업"으로 개정하여 동시에 두 종류 업무를 할 수 있게 되었다.

3) 여행업의 등록기준

여행업의 등록기준은 자본금(개인의 경우에는 자산평가액)과 사무실 등 2가지로 규정하고 있다. 과거 일반여행업의 자본금은 3억 5천만 원이었으나 계속하여 감소하여 현재 5천만 원까지 규제를 완화하였다. 여행업 종류별 등록기준은 다음 표와 같다.

〈표 Ⅲ-2〉 여행업 등록기준

구분 \ 종류	자본금	사무실
종합여행업	5천만 원 이상일 것	소유권이나 사용권이 있을 것
국내외여행업	3천만 원 이상일 것	소유권이나 사용권이 있을 것
국내여행업	1천500만 원 이상일 것*	소유권이나 사용권이 있을 것

자료: 관광진흥법 시행령 [별표 1]
*다만, 2024년 7월 1일부터 2026년 6월 30일까지 제3조제1항에 따라 등록 신청하는 경우에는 750만 원 이상으로 한다.

4) 여행업의 결격사유

관광사업자가 그 사업의 전부 또는 일부를 휴업하거나 폐업한 때에는 담당 등록기관 등의 장에게 알려야(관광진흥법 제8조(관광사업의 양수 등) 제8항) 했는데도 폐업 사실을 세무서장에게만 신고하고 담당 등록기관의 장에게 알리지 않는 사례가 있으므로 이를 제도적으로 보완하고, 여행계약 위반과 계약 금액 편취 등으로부터 관광객의 피해를 예방하기 위하여 관광사업 영위와 관련하여 형법상 사기, 횡령, 배임 등으로 실형을 받았으면 일정 기간 여행업 등록을 못 하도록 관광진흥법을 개정하였다.

> **제11조의2(결격사유)** ① 관광사업의 영위와 관련하여 「형법」 제347조, 제347조의2, 제348조, 제355조 또는 제356조에 따라 금고 이상의 실형을 선고받고 그 집행이 끝나거나(집행이 끝난 것으로 보는 경우를 포함한다) 집행을 받지 아니하기로 확정된 후 2년이 지나지 아니한 자 또는 형의 집행유예 기간 중에 있는 자는 여행업의 등록을 할 수 없다. <개정 2024.1.23.>
> ② 특별자치시장·특별자치도지사·시장·군수·구청장은 여행업자가 제1항에 해당하면 3개월 이내에 그 등록을 취소하여야 한다. 다만, 법인의 임원 중 그

> 사유에 해당하는 자가 있는 경우 3개월 이내에 그 임원을 바꾸어 임명한 때에
> 는 그러하지 아니하다. [본조신설 2020.12.22.]

또한, 「관광진흥법」 제8조 제9항과 제10항을 신설하여 관광사업자가 스스로 알려야 할
의무를 하지 않으면 담당 등록기관 등의 장이 직권말소 또는 직권취소를 가능하게 하였다.

> **제8조(관광사업의 양수 등)** ⑨ 관할 등록기관등의 장은 관광사업자가 「부가가치
> 세법」 제8조에 따라 관할 세무서장에게 폐업신고를 하거나 관할 세무서장이 사
> 업자등록을 말소한 경우에는 등록등 또는 신고 사항을 직권으로 말소하거나 취
> 소할 수 있다. 다만, 카지노업에 대해서는 그러하지 아니하다. <신설 2020.12.22.>
> ⑩ 관할 등록기관등의 장은 제9항에 따른 직권말소 또는 직권취소를 위하여 필요
> 한 경우 관할 세무서장에게 관광사업자의 폐업 여부에 대한 정보를 제공하도록
> 요청할 수 있다. 이 경우 요청을 받은 관할 세무서장은 「전자정부법」 제36조제1항
> 에 따라 관광사업자의 폐업 여부에 대한 정보를 제공하여야 한다. <신설 2020.12.22.>

2. 기획여행

1) 기획여행의 실시와 보험 가입

「관광진흥법」 제2조(정의) 3호에서 "기획여행"이란 '여행업을 경영하는 자가 국외여행
을 하려는 여행자를 위하여 여행의 목적지·일정, 여행자가 제공받을 운송 또는 숙박
등의 서비스 내용과 그 요금 등에 관한 사항을 미리 정하고 이에 참가하는 여행자를 모
집하여 실시하는 여행을 말한다.'라고 정의하고 있다. 여행업자가 기획여행을 실시하기
위해서는 문화체육관광부령「관광진흥법 시행규칙」 제18조(보험의 가입 등)에 따라 그
사업을 시작하기 전에 여행계약의 이행과 관련한 사고로 인하여 관광객에게 피해를 주
었으면 그 손해를 배상할 것을 내용으로 하는 보증보험 또는 공제에 가입하거나 영업보

증금을 예치해야 한다.

> **제9조(보험 가입 등)** 관광사업자는 해당 사업과 관련하여 사고가 발생하거나 관광객에게 손해가 발생하면 문화체육관광부령으로 정하는 바에 따라 피해자에게 보험금을 지급할 것을 내용으로 하는 보험 또는 공제에 가입하거나 영업보증금을 예치(이하 "보험 가입 등"이라 한다)하여야 한다. <개정 2008.2.29., 2015.5.18.>

■ 관광진흥법 시행규칙 [별표 3] 〈개정 2021.9.24.〉

보증보험등 가입금액(영업보증금 예치금액) 기준(제18조제3항 관련)

(단위: 천원)

직전 사업연도 매출액 ＼ 여행업의 종류 (기획여행 포함)	국내여행업	국내외여행업	종합여행업	국내외여행업의 기획여행	종합여행업의 기획여행
1억원 미만	20,000	30,000	50,000	200,000	200,000
1억원 이상 5억원 미만	30,000	40,000	65,000		
5억원 이상 10억원 미만	45,000	55,000	85,000		
10억원 이상 50억원 미만	85,000	100,000	150,000		
50억원 이상 100억원 미만	140,000	180,000	250,000	300,000	300,000
100억원 이상 1,000억원 미만	450,000	750,000	1,000,000	500,000	500,000
1000억원 이상	750,000	1,250,000	1,510,000	700,000	700,000

(비고)
1. 국내외여행업 또는 종합여행업을 하는 여행업자 중에서 기획여행을 실시하려는 자는 국내외여행업 또는 종합여행업에 따른 보증보험등에 가입하거나 영업보증금을 예치하고 유지하는 것 외에 추가로 기획여행에 따른 보증보험등에 가입하거나 영업보증금을 예치하고 유지하여야 한다.
2. 「소득세법」 제160조제3항 및 같은 법 시행령 제208조제5항에 따른 간편장부대상자(손익계산서를 작성하지 아니한 자만 해당한다)의 경우에는 보증보험등 가입금액 또는 영업보증금 예치금액을 직전 사업연도 매출액이 1억원 미만인 경우에 해당하는 금액으로 한다.
3. 직전 사업연도의 매출액이 없는 사업개시 연도의 경우에는 보증보험등 가입금액 또는 영업보증금 예치금액을 직전 사업연도 매출액이 1억원 미만인 경우에 해당하는 금액으로 한다. 직전 사업연도의 매출액이 없는 기획여행의 사업개시 연도의 경우에도 또한 같다.
4. 여행업과 함께 다른 사업을 병행하는 여행업자인 경우에는 직전 사업연도 매출액을 산정할 때에 여행업에서 발생한 매출액만으로 산정하여야 한다.
5. 종합여행업의 경우 직전 사업연도 매출액을 산정할 때에, 「부가가치세법 시행령」 제33조제2항제7호에 따라 외국인관광객에게 공급하는 관광알선용역으로서 그 대가를 받은 금액은 매출액에서 제외한다.

> **제12조(기획여행의 실시)** 제4조제1항에 따라 여행업의 등록을 한 자(이하 "여행업자"라 한다)는 문화체육관광부령으로 정하는 요건을 갖추어 문화체육관광부령으로 정하는 바에 따라 기획여행을 실시할 수 있다. <개정 2008.2.29.>

기획여행의 실시를 위해 문화체육관광부령이 정하는 요건은 「관광진흥법 시행규칙」 제18조(보험의 가입 등) 1항부터 5항, 9항을 말하며, 문화체육관광부령으로 정하는 바는 "여행업 보증보험·공제 및 영업보증금 운영 규정"을 뜻한다.

> **관광진흥법 시행규칙**
>
> **제18조(보험의 가입 등)** ① 여행업의 등록을 한 자(이하 "여행업자"라 한다)는 법 제9조에 따라 그 사업을 시작하기 전에 여행계약의 이행과 관련한 사고로 인하여 관광객에게 피해를 준 경우 그 손해를 배상할 것을 내용으로 하는 보증보험 또는 영 제39조에 따른 공제(이하 "보증보험등"이라 한다)에 가입하거나 법 제45조에 따른 업종별 관광협회(업종별 관광협회가 구성되지 않은 경우에는 법 제45조에 따른 지역별 관광협회, 지역별 관광협회가 구성되지 않은 경우에는 법 제48조의9에 따른 광역 단위의 지역관광협의회)에 영업보증금을 예치하고 그 사업을 하는 동안(휴업기간을 포함한다) 계속하여 이를 유지해야 한다.
> <개정 2008.8.26., 2017.2.28., 2021.4.19.>
>
> ② 여행업자 중에서 법 제12조에 따라 기획여행을 실시하려는 자는 그 기획여행 사업을 시작하기 전에 제1항에 따라 보증보험등에 가입하거나 영업보증금을 예치하고 유지하는 것 외에 추가로 기획여행과 관련한 사고로 인하여 관광객에게 피해를 준 경우 그 손해를 배상할 것을 내용으로 하는 보증보험등에 가입하거나 법 제45조에 따른 업종별 관광협회(업종별 관광협회가 구성되지 아니한 경우에는 법 제45조에 따른 지역별 관광협회, 지역별 관광협회가 구성되지 아니한 경우에는 법 제48조의9에 따른 광역 단위의 지역관광협의회)에 영업보증금을 예치하고 그 기획여행 사업을 하는 동안(기획여행 휴업기간을 포함한다)

계속하여 이를 유지하여야 한다. <개정 2010.8.17., 2017.2.28.>

③ 제1항 및 제2항에 따라 여행업자가 가입하거나 예치하고 유지하여야 할 보증보험등의 가입금액 또는 영업보증금의 예치금액은 직전 사업연도의 매출액(손익계산서에 표시된 매출액을 말한다) 규모에 따라 별표 3과 같이 한다. <개정 2010.8.17.>

④ 제1항부터 제3항까지의 규정에 따라 보증보험등에 가입하거나 영업보증금을 예치한 자는 그 사실을 증명하는 서류를 지체 없이 특별자치시장·특별자치도지사·시장·군수·구청장에게 제출하여야 한다. <개정 2009.10.22., 2019.4.25.>

⑤ 제1항부터 제3항까지의 규정에 따른 보증보험등의 가입, 영업보증금의 예치 및 그 배상금의 지급에 관한 절차 등은 문화체육관광부장관이 정하여 고시한다. 〈개정 2008.3.6.〉

⑥⑦⑧ 생략

⑨ 특별자치시장·특별자치도지사·시장·군수·구청장은 여행업자가 가입한 보증보험등의 기간 만료 전에 여행업자에게 별지 제47호서식의 여행업 보증보험·공제 갱신 안내서를 발송할 수 있다. <신설 2021.4.19.>

여행업 보증보험·공제 및 영업보증금 운영규정
[문화체육관광부고시 제2017-8호]

제1장 총칙

제1조(목적) 이 규정은 관광진흥법 제9조 및 동법시행규칙(이하 "시행규칙"이라 한다) 제18조의 규정에 의한 여행업자가 가입 또는 예치하여야 하는 보증보험·공제(이하 "보증보험 등"이라 한다) 및 영업보증금의 운영에 필요한 사항을 정함을 목적으로 한다.

제2조(정의) 이 규정에서 사용하는 용어의 정의는 다음과 같다.

1. "보증보험금 등"이라 함은 여행업자가 시행규칙 제18조의 규정에 의하여 보증보험회사 또는 한국관광협회중앙회여행공제회에 가입한 금액을 말한다.

2. "영업보증금"이라 함은 여행업자가 시행규칙 제18조의 규정에 의하여 업종별 관광협회(업종별 관광협회가 구성되지 아니한 경우에는 "지역별관광협회", 지역별관광협회가 구성되지 아니한 경우 "광역 단위의 지역관광협의회"를 말한다. 이하 "업종·지역별협회·광역 단위의 지역관광협의회"라 한다)에 예치한 금액을 말한다.

제3조(적용범위) 이 규정은 여행업자가 여행알선과 관련한 사고로 인하여 여행자에게 피해를 준 경우 보증보험 등의 가입 또는 영업보증금의 예치기간 내에 발생한 변상금의 청구에 한하여 적용한다.

제2장 가입 및 해약

제4조(보증보험 등에의 가입 등) ① 여행업을 등록한 자가 시행규칙 제18조의 규정에 의하여 보증보험 등에 가입하거나 영업보증금을 예치하여야 하는 경우 그 피보험자는 업종·지역별 협회장·광역 단위의 지역관광협의회장으로 하여야 하며, 보증보험 등의 가입 또는 영업보증금의 예치를 위한 단위기간은 1년 이상으로 한다.

② 보증보험 등에 가입하거나 영업보증금을 예치하려는 자는 관광진흥법 시행규칙 제18조제3항에 따른 보증보험 등 가입금액(영업보증금 예치금액)의 기준이 되는 증빙자료(직전 사업연도 매출액 등)를 보험회사 등에 제출하여야 한다.

③ 보증보험 등에 가입하거나 영업보증금을 예치한 자는 보험증서, 공제증서 또는 예치증서 원본을 업종·지역별 협회장·광역 단위의 지역관광협의회장에게 제출하여야 한다.

④ 제3항의 규정에 따른 피보험자는 여행업자가 보증보험 등의 가입 또는 영업

보증금의 예치 후 기간만료 30일 전에 기간만료 예정 사실을 여행업자 및 관할 등록기관의 장에게 사전 통보하여야 한다.

제5조(보험회사 등의 조치) ① 문화체육관광부장관은 제4조의 규정에 의하여 여행업자로부터 보증보험 등의 가입 또는 영업보증금의 예치를 받는 보증보험회사·여행공제회 또는 업종·지역별 협회장·광역 단위의 지역관광협의회장(이하 "보험회사 등"이라 한다)에 다음 각 호의 사항이 포함된 보증보험 등 또는 영업보증금의 운영에 필요한 사항을 정한 약관 또는 요령의 마련을 요청할 수 있다.

1. 보증보험 등의 가입·영업보증금의 예치에 관한 세부절차
2. 변상금의 청구·지불 및 환급에 관한 제반내용

② 문화체육관광부장관, 시·도지사, 한국관광협회중앙회장, 한국여행업협회장 및 지역별관광협회장·광역 단위의 지역관광협의회장은 제1항의 규정에 의하여 약관 또는 요령을 마련한 보험회사 등에게 그 약관 또는 요령의 제출을 요청할 수 있다.

제6조(해약 및 환급) ① 보험회사 등은 여행업의 등록이 취소되거나 폐업 또는 도산을 한 경우(기획여행의 경우 계획하였다가 기획여행을 실시하지 아니하게 된 경우)를 제외하고는 여행업자가 가입 또는 예치한 보증보험 등 또는 영업보증금을 해약하거나 환급하여서는 아니된다.

② 영업보증금을 관리하는 업종·지역별 협회장·광역 단위의 지역관광협의회장이 여행업자로부터 영업보증금의 환급을 청구 받은 때에는 최고 고시를 통하여 영업보증금에서 변상할 사항이 없음을 확인하고 환급하여야 한다.

제3장 피해변상

제7조(피해변상 신청) 여행알선과 관련한 사고로 인하여 피해를 입은 여행자는 당해 여행업자로부터 피해변상을 받을 수 없을 경우에 피해변상을 신청할 수 있

으며, 이 경우 보증보험 등 또는 영업보증금의 피보험자 또는 변상금 수령자로 되어있는 업종·지역별협회장·광역 단위의 지역관광협의회장에게 하여야 한다.

제8조(변상금 청구) ① 제7조의 규정에 의하여 피해여행자로부터 변상금 지불신청을 받은 업종·지역별협회장·광역단위의 지역관광협의회장은 신청자외의 다른 피해자가 있는지 여부를 확인할 수 있도록 지체없이 일간지에 공고하되 60일 이상 접수할 수 있도록 해야 한다.

② 변상금 신청을 받은 업종·지역별협회장·광역 단위의 지역관광협의회장은 피해변상 신청내용과 관련한 증빙자료 등을 검토·확인하고, 변상청구액을 정하여 보험회사 등에 청구하여야 하며, 청구 후 지체없이 피해여행자에게 관련 진행상황을 통보하여야 한다.

③ 제1항의 규정에 의한 변상금 청구의 적정을 기하기 위하여 각 업종·지역별협회장·광역 단위의 지역관광협의회장은 관계 전문가를 포함한 자체 심사기구를 설치·운영할 수 있다.

제9조(변상금 지불) ① 업종·지역별협회장·광역 단위의 지역관광협의회장으로부터 변상금 지불청구를 받은 보험회사 등은 특별한 사유가 없는 한 변상금 지불청구를 받은 날로부터 15일 이내에 변상금 전액을 지불하여야 한다.

② 보험회사 등은 변상금을 업종·지역별협회장·광역 단위의 지역관광협의회장에게 지불하거나 정당한 채권자에게 직접 지급할 수 있다.

③ 보험회사 등으로부터 변상금을 수령한 업종·지역별협회장·광역 단위의 지역관광협의회장은 지체 없이 이를 정당한 채권자에게 지불하여야 한다.

제10조(초과변상금) 보험회사 등은 변상금의 총액이 보증보험금 등 또는 영업보증금을 초과하는 경우에는 다른 법률에서 별도로 정한 경우가 아니면 피해자별 변상금액에 비례 균분하여 각각 변상하여야 하며, 그 순위에 차별을 두지 아니한다.

제4장 보칙

제11조(영업보증금의 충당) 영업보증금에서 변상을 함으로써 그 예치잔액이 시행 규칙 제18조의 규정에서 정한 금액에 미달할 경우 당해 여행업자는 1월 이내에 그 부족액을 전액 충당하여야 하며, 이를 관리하는 협회장은 이에 필요한 조치 를 하여야 한다.

제12조(장부 등의 비치) 보험회사 등은 보증보험금 등 또는 영업보증금의 가입 · 예치 및 변상금의 지불 등에 관한 사항을 기록 · 관리하는 장부 및 증빙자료 등 을 비치하여야 한다.

제13조(재검토기한) 「훈령 · 예규 등의 발령 및 관리에 관한 규정」에 따라 이 고시 에 대하여 2017년 3월 1일을 기준으로 매년 3년이 되는 시점(매 3년째의 2월 28일까지를 말한다.) 마다 그 타당성을 검토하여 개선 등의 조치를 하여야 한다.

2) 기획여행의 광고

기획여행을 광고하기 위해서는 「관광진흥법 시행규칙」 제21조에 따라 8가지 사항을 표시해야 한다. 즉, 여행업의 등록번호, 상호, 소재지 및 등록관청, 기획여행명과 여행일 정 및 주요 여행지, 여행경비, 교통과 숙박 및 식사 등 여행자가 받을 서비스의 내용, 최저 여행 인원, 보증보험이나 공제 가입 또는 영업보증금의 예치 내용, 여행자의 사전 동의 규정, 여행목적지(국가와 지역)의 여행경보단계 등이다.

관광진흥법 시행규칙

제21조(기획여행의 광고) 법 제12조에 따라 기획여행을 실시하는 자가 광고를 하 려는 경우에는 다음 각 호의 사항을 표시하여야 한다. 다만, 2 이상의 기획여행 을 동시에 광고하는 경우에는 다음 각 호의 사항 중 내용이 동일한 것은 공통 으로 표시할 수 있다. <개정 2008.8.26., 2009.10.22., 2010.8.17., 2014.9.16.>

1. 여행업의 등록번호, 상호, 소재지 및 등록관청
2. 기획여행명·여행일정 및 주요 여행지
3. 여행경비
4. 교통·숙박 및 식사 등 여행자가 제공받을 서비스의 내용
5. 최저 여행인원
6. 제18조제2항에 따른 보증보험등의 가입 또는 영업보증금의 예치 내용
7. 여행일정 변경 시 여행자의 사전 동의 규정
8. 제22조의4제1항제2호에 따른 여행목적지(국가 및 지역)의 여행경보단계

관광진흥법 시행규칙

제22조의4(여행지 안전정보 등) ① 법 제14조제1항에 따른 안전정보는 다음 각
호와 같다. <개정 2013.3.23., 2015.8.4.>

1. 「여권법」 제17조에 따라 여권의 사용을 제한하거나 방문·체류를 금지하는
   국가 목록 및 같은 법 제26조제3호에 따른 벌칙
2. 외교부 해외안전여행 인터넷홈페이지에 게재된 여행목적지(국가 및 지역)의
   여행경보단계 및 국가별 안전정보(긴급연락처를 포함한다)
3. 해외여행자 인터넷 등록 제도에 관한 안내

3. 의료관광 활성화

「관광진흥법」 제12조의2제1항에서 '의료관광'이란 "국내 의료기관의 진료, 치료, 수술
등 의료서비스를 받는 환자와 그 동반자가 의료서비스와 병행하여 관광하는 것"이라고
정의하고 있다. 문화체육관광부 장관은 외국인 의료관광을 활성화하기 위하여 「관광진
흥법 시행령」 제8조의2(외국인 의료관광 유치·지원 관련 기관)에 의해 「의료 해외진출
및 외국인환자 유치 지원에 관한 법률」 제6조제1항에 따라 등록한 외국인 환자 유치 의
료기관 또는 같은 조 제2항에 따라 등록한 외국인 환자 유치업자, 한국관광공사, 의료관

광의 활성화를 위한 사업의 추진실적이 있는 보건·의료·관광 관련 기관 중 문화체육
관광부 장관이 고시하는 기관 등에 「관광진흥개발기금법」에 따른 관광진흥개발기금을
대여하거나 보조할 수 있으며, 외국인 의료관광 전문인력을 양성하는 전문교육기관 중
에서 우수 전문교육기관이나 우수 교육과정을 선정하여 지원할 수 있고, 외국인 의료관
광 안내에 관한 편의를 제공하기 위하여 국내외에 외국인 의료관광 유치 안내센터를 설
치·운영할 수 있으며, 의료관광의 활성화를 위하여 지방자치단체의 장이나 외국인 환
자 유치 의료기관 또는 유치업자와 공동으로 해외 마케팅사업을 추진할 수 있다.

의료관광과 관련된 국가 자격증은 '국제의료관광코디네이터(International Medical Tour
Coordinator)'가 있는데 그 직무는 세계 의료시장에서 외국인 환자를 유치하고 관리하기
위한 구체적인 진료 서비스지원, 관광 지원, 국내외 의료기관의 국가 간 진출을 지원할
수 있는 의료관광 마케팅, 의료관광 상담, 리스크관리 및 행정업무 등으로 우리나라의
글로벌 헬스케어산업의 발전과 대외 경쟁력을 향상하는 것이다. 매년 2회 시험이 있으
며, 필기시험과 실기시험으로 구성되어 있는데 필기시험은 보건의료관광행정, 보건의료
서비스지원관리, 보건의료관광마케팅, 관광서비스지원관리, 의학용어 및 질환의 이해 등
5과목으로 객관식 4지 택일형이며 실기시험은 보건의료관광실무 1과목으로 필답형이다.

제12조의2(의료관광 활성화) ① 문화체육관광부장관은 외국인 의료관광(의료관광
이란 국내 의료기관의 진료, 치료, 수술 등 의료서비스를 받는 환자와 그 동반
자가 의료서비스와 병행하여 관광하는 것을 말한다. 이하 같다)의 활성화를 위
하여 대통령령으로 정하는 기준을 충족하는 외국인 의료관광 유치·지원 관련
기관에 「관광진흥개발기금법」에 따른 관광진흥개발기금을 대여하거나 보조할
수 있다.

② 제1항에 규정된 사항 외에 외국인 의료관광 지원에 필요한 사항에 대하여
대통령령으로 정할 수 있다. [본조신설 2009.3.25.]

4. 전담여행사 지정

전담여행사는 우리나라와 중국의 관광교류 확대를 위해 2000년부터 시행하고 있는 중국단체관광객 유치를 전담하고 있는 여행사를 말한다. 문화체육관광부가 전담여행사를 지정하는데 2024년 12월 현재 중국 단체관광객 유치 전담여행사는 170개 여행사가 지정되어 있다. 종합여행업 중에서 재정 건전성, 여행상품 기획유치 능력, 과거 법·규정 위반사항 등을 고려하여 전담여행사로서의 자격이 있다고 판단되는 여행사와 광역자치단체의 장(서울특별시장 제외)이 해당 지역의 중국인 관광객 유치 확대를 통한 지방관광 활성화를 위하여 문화체육관광부장관에게 추천하는 여행사를 새로운 전담여행사로 지정할 수 있다.

신규 지정 평가기준은 서류평가 70점, 현장평가 30점이며, 서류평가는 경영 안전성 20점(자기자본비율, 직원 보유 현황, 대표자 여행업 경력, 인바운드 실적), 시장이해도 20점(마케팅 유치 계획, 무단이탈·안전사고 대응 계획), 여행상품 기획력 30점(참신성, 실행가능성, 가격합리성), 현장평가는 영업장 현황 5점, 대표자 인터뷰 25점(제도·규정 이해도, 서류제출사항 확인)으로 구성되어 있다. 시정명령, 과징금·영업정지 등의 행정처분을 받은 이력이 있으면 각각 -2점, -5점 감점받는다.

제12조의3(전담여행사 지정 등) ① 문화체육관광부장관은 관광과 관련한 우리나라와 외국정부 간 양해각서·협정 등이 체결되어 있는 국가의 단체관광객 유치를 위하여 외국인 단체관광객 유치능력 등 문화체육관광부령으로 정한 요건을 갖춘 여행업자를 전담여행사(이하 "전담여행사"라 한다)로 지정·관리할 수 있다.
② 제1항에 따른 전담여행사 지정의 유효기간은 문화체육관광부령으로 정하고, 유효기간이 만료된 후에도 계속해서 전담여행사의 업무를 수행하려는 경우에는 그 유효기간이 만료되기 전에 문화체육관광부령으로 정하는 바에 따라 그 지정을 갱신하여야 한다.
③ 문화체육관광부장관은 제1항에 따른 전담여행사가 다음 각 호의 어느 하나에 해당하는 경우 지정을 취소할 수 있다. 다만, 제1호에 해당하는 경우에는

지정을 취소하여야 한다.

1. 거짓이나 그 밖에 부정한 방법으로 지정받은 경우

2. 제1항에 따른 전담여행사의 지정 요건에 적합하지 아니하게 된 경우

3. 고의나 공모로 관광객 이탈사고를 일으킨 경우

4. 그 밖에 여행업 질서를 현저하게 해치는 등 문화체육관광부장관이 전담여행 사로서 부적합하다고 인정하는 경우

④ 그 밖에 전담여행사의 지정·갱신·지정취소 및 전담여행사에 대한 관리·감독 등에 필요한 사항은 문화체육관광부령으로 정한다.

[본조신설 2024.10.22.]

[시행일: 2025.4.23.] 제12조의3

5. 국외여행인솔자

국외여행인솔자(Tour Conductor)는 여행사가 기획하고 주최하는 국외 단체관광객의 안전과 편의를 위하여 관광객들과 동행하여 쾌적하고 보람 있는 관광을 할 수 있도록 도와주는 관광안내사이다. 여행업자가 국외여행인솔자를 둘 때는 문화체육관광부령으로 정하는 자격요건을 갖추어야 하며, 국외여행 인솔자의 등록 및 자격증 발급, 재발급에 관한 사항 등은 시행규칙으로 규정하고 있다.

국외여행인솔자의 자격요건은 3가지 방법이 있는데, 관광통역안내사 자격 취득, 여행 업체에서 6개월 이상 근무하고 국외여행 경험이 있는 자로서 문화체육관광부 장관이 지정하는 교육기관에서 15시간 이상 소양 교육, 문화체육관광부 장관이 지정하는 교육기관에서 관광 관련 고등학교 또는 대학에서 70시간 이상 양성 교육을 이수하면 된다. 발급받은 자격증은 다른 사람에게 알선, 빌려주거나 빌려서도 안 되며, 자격증을 빌려준 사람에 대하여 그 자격은 취소된다.

제13조(국외여행 인솔자) ① 여행업자가 내국인의 국외여행을 실시할 경우 여행자의 안전 및 편의 제공을 위하여 그 여행을 인솔하는 사람을 둘 때에는 문화체육관광부령으로 정하는 자격요건에 맞는 자를 두어야 한다. <개정 2008.2.29., 2011.4.5., 2023.8.8.>

② 제1항에 따른 국외여행 인솔자의 자격요건을 갖춘 사람이 내국인의 국외여행을 인솔하려면 문화체육관광부장관에게 등록하여야 한다. <신설 2011.4.5., 2023.8.8.>

③ 문화체육관광부장관은 제2항에 따라 등록한 사람에게 국외여행 인솔자 자격증을 발급하여야 한다. <신설 2011.4.5., 2023.8.8.>

④ 제3항에 따라 발급받은 자격증은 다른 사람에게 빌려주거나 빌려서는 아니되며, 이를 알선해서도 아니된다. <신설 2019.12.3.>

⑤ 제2항 및 제3항에 따른 등록의 절차 및 방법, 자격증의 발급 등에 필요한 사항은 문화체육관광부령으로 정한다. <신설 2011.4.5., 2019.12.3.>

제13조의2(자격취소) 문화체육관광부장관은 제13조제4항을 위반하여 다른 사람에게 국외여행 인솔자 자격증을 빌려준 사람에 대하여 그 자격을 취소하여야 한다. [본조신설 2019.12.3.]

관광진흥법 시행규칙

제22조(국외여행 인솔자의 자격요건) ① 법 제13조제1항에 따라 국외여행을 인솔하는 자는 다음 각 호의 어느 하나에 해당하는 자격요건을 갖추어야 한다. <개정 2008.3.6., 2008.8.26., 2009.10.22., 2011.10.6.>

1. 관광통역안내사 자격을 취득할 것
2. 여행업체에서 6개월 이상 근무하고 국외여행 경험이 있는 자로서 문화체육관광부장관이 정하는 소양교육을 이수할 것
3. 문화체육관광부장관이 지정하는 교육기관에서 국외여행 인솔에 필요한 양성교육을 이수할 것

② 문화체육관광부장관은 제1항제2호 및 제3호에 따른 교육내용·교육기관의 지정기준 및 절차, 그 밖에 지정에 필요한 사항을 정하여 고시하여야 한다. <개정 2008.3.6.>

제22조의2(국외여행 인솔자의 등록 및 자격증 발급) ① 법 제13조제2항에 따라 국외여행 인솔자로 등록하려는 사람은 별지 제24호의2서식의 국외여행 인솔자 등록 신청서에 다음 각 호의 어느 하나에 해당하는 서류 및 사진(최근 6개월 이내에 모자를 쓰지 않고 촬영한 상반신 반명함판) 2매를 첨부하여 관련 업종별 관광협회에 제출하여야 한다. <개정 2019.10.7.>

1. 관광통역안내사 자격증

2. 제22조제1항제2호 또는 제3호에 따른 자격요건을 갖추었음을 증명하는 서류

② 관련 업종별 관광협회는 제1항에 따른 등록 신청을 받으면 제22조제1항에 따른 자격요건에 적합하다고 인정되는 경우에는 별지 제24호의3서식의 국외여행 인솔자 자격증을 발급하여야 한다. [본조신설 2011.10.6.]

제22조의3(국외여행 인솔자 자격증의 재발급) 제22조의2에 따라 발급받은 국외여행 인솔자 자격증을 잃어버리거나 헐어 못 쓰게 되어 자격증을 재발급받으려는 사람은 별지 제24호의2 서식의 국외여행 인솔자 자격증 재발급 신청서에 자격증(자격증이 헐어 못 쓰게 된 경우만 해당한다) 및 사진(최근 6개월 이내에 모자를 쓰지 않고 촬영한 상반신 반명함판) 2매를 첨부하여 관련 업종별 관광협회에 제출하여야 한다. <개정 2019.10.7.> [본조신설 2011.10.6.]

6. 여행계약

관례상 관광객이 여행상품을 이용하기 위해서는 여행비용의 10%에 해당하는 금액을 여행사에 지급해야 계약이 발생하며 잔금은 여행출발일 기준 7일 이내에 완납한다. 여행업자가 여행자와 계약을 체결할 때는 여행지 안전 정보의 서면 제공, 여행계약서, 여

행일정표, 여행약관, 보험가입 증명서 등을 내줘야 한다. 여행지 안전 정보는 여권의 사용을 제한하거나 방문·체류를 금지하는 국가 목록과 방문·체류가 금지된 국가나 지역으로 고시된 사정을 알면서도 허가를 받지 않고 해당 국가나 지역에서 여권 등을 사용하거나 해당 국가나 지역을 방문하거나 체류한 사람은 1년 이하의 징역 또는 1천만 원 이하의 벌금, 외교부 해외안전여행 인터넷홈페이지(https://www.0404.go.kr)에 게재된 여행목적지(국가 및 지역)의 여행경보단계 및 국가별 안전 정보(긴급연락처 포함), 해외여행자 인터넷 등록 제도에 관한 안내 등이다.

여행업자는 여행계약서에 명시된 숙식, 항공 등 여행 일정(선택관광 포함)을 변경할 때 해당 날짜의 일정을 시작하기 전에 여행자로부터 서면으로 동의를 받아야 한다. 서면 동의서에는 변경일시, 변경내용, 변경으로 발생하는 비용과 여행자 또는 단체의 대표자가 일정 변경에 동의한다는 의사를 표시하는 자필서명이 포함되어야 한다.

제14조(여행계약 등) ① 여행업자는 여행자와 계약을 체결할 때에는 여행자를 보호하기 위하여 문화체육관광부령으로 정하는 바에 따라 해당 여행지에 대한 안전정보를 서면으로 제공하여야 한다. 해당 여행지에 대한 안전정보가 변경된 경우에도 또한 같다. <개정 2011.4.5., 2015.2.3.>

② 여행업자는 여행자와 여행계약을 체결하였을 때에는 그 서비스에 관한 내용을 적은 여행계약서(여행일정표 및 약관을 포함한다. 이하 같다) 및 보험 가입 등을 증명할 수 있는 서류를 여행자에게 내주어야 한다. <개정 2015.5.18.>

③ 여행업자는 여행일정(선택관광 일정을 포함한다)을 변경하려면 문화체육관광부령으로 정하는 바에 따라 여행자의 사전 동의를 받아야 한다. [전문개정 2009.3.25.]

관광진흥법 시행규칙

제22조의4(여행지 안전정보 등)

② 법 제14조제3항에 따라 여행업자는 여행계약서(여행일정표 및 약관을 포함한다)에 명시된 숙식, 항공 등 여행일정(선택관광 일정을 포함한다)을 변경하는

경우 해당 날짜의 일정을 시작하기 전에 여행자로부터 서면으로 동의를 받아야 한다.

③ 제2항에 따른 서면동의서에는 변경일시, 변경내용, 변경으로 발생하는 비용 및 여행자 또는 단체의 대표자가 일정변경에 동의한다는 의사를 표시하는 자필 서명이 포함되어야 한다.

④ 여행업자는 천재지변, 사고, 납치 등 긴급한 사유가 발생하여 여행자로부터 사전에 일정변경 동의를 받기 어렵다고 인정되는 경우에는 사전에 일정변경 동의서를 받지 아니할 수 있다. 다만, 여행업자는 사후에 서면으로 그 변경내용 등을 설명하여야 한다. [본조신설 2009.10.22.] [제21조의2에서 이동 <2011.10.6.>]

제3절 관광숙박업

관광숙박업은 호텔업과 휴양 콘도미니엄업으로 세분하고 있다. 「관광진흥법」 제3조 제1항제2호 가목에서 호텔업은 "관광객의 숙박에 적합한 시설을 갖추어 이를 관광객에게 제공하거나 숙박에 딸리는 음식·운동·오락·휴양·공연 또는 연수에 적합한 시설 등을 함께 갖추어 이를 이용하게 하는 업", 나목에서 휴양 콘도미니엄업은 "관광객의 숙박과 취사에 적합한 시설을 갖추어 이를 그 시설의 회원이나 공유자, 그 밖의 관광객에게 제공하거나 숙박에 딸리는 음식·운동·오락·휴양·공연 또는 연수에 적합한 시설 등을 함께 갖추어 이를 이용하게 하는 업"이라고 각각 정의하고 있다. 호텔업은 관광호텔업, 수상관광호텔업, 한국전통호텔업, 가족호텔업, 호스텔업, 소형호텔업, 의료관광호텔업 등 7개로 분류하고 있다.

1. 관광숙박업의 분류

1) 호텔업

(1) 관광호텔업

관광호텔업은 「관광진흥법 시행령」 제2조제1항제2호 가목에서 "관광객의 숙박에 적합한 시설을 갖추어 관광객에게 이용하게 하고 숙박에 딸린 음식 · 운동 · 오락 · 휴양 · 공연 또는 연수에 적합한 시설 등(이하 "부대시설"이라 한다)을 함께 갖추어 관광객에게 이용하게 하는 업(業)"으로 규정하고 있으며, 다음과 같다.

> ① 욕실이나 샤워시설을 갖춘 객실을 30실 이상 갖추고 있을 것
> ② 외국인에게 서비스를 제공할 수 있는 체제를 갖추고 있을 것
> ③ 대지 및 건물의 소유권 또는 사용권을 확보하고 있을 것. 다만, 회원을 모집하는 경우에는 소유권을 확보하여야 한다.

(2) 수상관광호텔업

수상관광호텔업은 「관광진흥법 시행령」 제2조제1항제2호 나목에서 "수상에 구조물 또는 선박을 고정하거나 매어 놓고 관광객의 숙박에 적합한 시설을 갖추거나 부대시설을 함께 갖추어 관광객에게 이용하게 하는 업"으로 규정하고 있으며 등록기준은 다음과 같다.

> ① 수상관광호텔이 위치하는 수면은 「공유수면 관리 및 매립에 관한 법률」 또는 「하천법」에 따라 관리청으로부터 점용허가를 받을 것
> ② 욕실이나 샤워시설을 갖춘 객실이 30실 이상일 것
> ③ 외국인에게 서비스를 제공할 수 있는 체제를 갖추고 있을 것
> ④ 수상오염을 방지하기 위한 오수 저장 · 처리시설과 폐기물처리시설을 갖추고

있을 것

⑤ 구조물 및 선박의 소유권 또는 사용권을 확보하고 있을 것. 다만, 회원을 모집하는 경우에는 소유권을 확보하여야 한다.

(3) 한국전통호텔업

한국전통호텔업은 「관광진흥법 시행령」 제2조제1항제2호 다목에서 "한국전통의 건축물에 관광객의 숙박에 적합한 시설을 갖추거나 부대시설을 함께 갖추어 관광객에게 이용하게 하는 업"으로 규정하고 있으며 등록기준은 다음과 같다.

① 건축물의 외관은 전통가옥의 형태를 갖추고 있을 것

② 이용자의 불편이 없도록 욕실이나 샤워시설을 갖추고 있을 것

③ 외국인에게 서비스를 제공할 수 있는 체제를 갖추고 있을 것

④ 대지 및 건물의 소유권 또는 사용권을 확보하고 있을 것. 다만, 회원을 모집하는 경우에는 소유권을 확보하여야 한다.

(4) 가족호텔업

가족호텔업은 「관광진흥법 시행령」 제2조제1항제2호 라목에서 "가족단위 관광객의 숙박에 적합한 시설 및 취사도구를 갖추어 관광객에게 이용하게 하거나 숙박에 딸린 음식·운동·휴양 또는 연수에 적합한 시설을 함께 갖추어 관광객에게 이용하게 하는 업"으로 규정하고 있으며 등록기준은 다음과 같다.

① 가족단위 관광객이 이용할 수 있는 취사시설이 객실별로 설치되어 있거나 층별로 공동취사장이 설치되어 있을 것

② 욕실이나 샤워시설을 갖춘 객실이 30실 이상일 것

③ 객실별 면적이 19제곱미터 이상일 것

④ 외국인에게 서비스를 제공할 수 있는 체제를 갖추고 있을 것

⑤ 대지 및 건물의 소유권 또는 사용권을 확보하고 있을 것. 다만, 회원을 모집하는 경우에는 소유권을 확보하여야 한다.

(5) 호스텔업

호스텔업은 「관광진흥법 시행령」 제2조제1항제2호 마목에서 "배낭여행객 등 개별 관광객의 숙박에 적합한 시설로서 샤워장, 취사장 등의 편의시설과 외국인 및 내국인 관광객을 위한 문화·정보 교류시설 등을 함께 갖추어 이용하게 하는 업"으로 규정하고 있으며 등록기준은 다음과 같다.

① 배낭여행객 등 개별 관광객의 숙박에 적합한 객실을 갖추고 있을 것

② 이용자의 불편이 없도록 화장실, 샤워장, 취사장 등의 편의시설을 갖추고 있을 것. 다만, 이러한 편의시설은 공동으로 이용하게 할 수 있다.

③ 외국인 및 내국인 관광객에게 서비스를 제공할 수 있는 문화·정보 교류시설을 갖추고 있을 것

④ 대지 및 건물의 소유권 또는 사용권을 확보하고 있을 것

(6) 소형호텔업

소형호텔업은 「관광진흥법 시행령」 제2조제1항제2호 바목에서 "관광객의 숙박에 적합한 시설을 소규모로 갖추고 숙박에 딸린 음식·운동·휴양 또는 연수에 적합한 시설을 함께 갖추어 관광객에게 이용하게 하는 업"으로 규정하고 있으며 등록기준은 다음과 같다.

① 욕실이나 샤워시설을 갖춘 객실을 20실 이상 30실 미만으로 갖추고 있을 것

② 부대시설의 면적 합계가 건축 연면적의 50퍼센트 이하일 것

③ 두 종류 이상의 부대시설을 갖출 것. 다만,「식품위생법 시행령」제21조제8호 다목에 따른 단란주점영업, 같은 호 라목에 따른 유흥주점영업 및「사행행위 등 규제 및 처벌 특례법」제2조제1호에 따른 사행행위를 위한 시설은 둘 수 없다.

④ 조식 제공, 외국어 구사인력 고용 등 외국인에게 서비스를 제공할 수 있는 체제를 갖추고 있을 것

⑤ 대지 및 건물의 소유권 또는 사용권을 확보하고 있을 것. 다만, 회원을 모집하는 경우에는 소유권을 확보하여야 한다.

(7) 의료관광호텔업

의료관광호텔업은「관광진흥법 시행령」제2조제1항제2호 사목에서 "의료관광객의 숙박에 적합한 시설 및 취사도구를 갖추거나 숙박에 딸린 음식·운동 또는 휴양에 적합한 시설을 함께 갖추어 주로 외국인 관광객에게 이용하게 하는 업"으로 규정하고 있으며 등록기준은 다음과 같다.

① 의료관광객이 이용할 수 있는 취사시설이 객실별로 설치되어 있거나 층별로 공동취사장이 설치되어 있을 것

② 욕실이나 샤워시설을 갖춘 객실이 20실 이상일 것

③ 객실별 면적이 19제곱미터 이상일 것

④「교육환경 보호에 관한 법률」제9조제13호·제22호·제23호 및 제26호에 따른 영업이 이루어지는 시설을 부대시설로 두지 않을 것

⑤ 의료관광객의 출입이 편리한 체계를 갖추고 있을 것

⑥ 외국어 구사인력 고용 등 외국인에게 서비스를 제공할 수 있는 체제를 갖추고 있을 것

⑦ 의료관광호텔 시설(의료관광호텔의 부대시설로「의료법」제3조제1항에 따른 의료기관을 설치할 경우에는 그 의료기관을 제외한 시설을 말한다)은 의료기관 시설과 분리될 것. 이 경우 분리에 관하여 필요한 사항은 문화체육관광부장관이

정하여 고시한다.

⑧ 대지 및 건물의 소유권 또는 사용권을 확보하고 있을 것

⑨ 의료관광호텔업을 등록하려는 자가 다음의 구분에 따른 요건을 충족하는 외국인환자 유치 의료기관의 개설자 또는 유치업자일 것

(가) 외국인환자 유치 의료기관의 개설자

1) 「의료 해외진출 및 외국인환자 유치 지원에 관한 법률」 제11조에 따라 보건복지부장관에게 보고한 사업실적에 근거하여 산정할 경우 전년도(등록신청일이 속한 연도의 전년도를 말한다. 이하 같다)의 연환자수(외국인환자 유치 의료기관이 2개 이상인 경우에는 각 외국인환자 유치 의료기관의 연환자수를 합산한 결과를 말한다. 이하 같다) 또는 등록신청일 기준으로 직전 1년간의 연환자수가 500명을 초과할 것. 다만 외국인환자 유치 의료기관 중 1개 이상이 서울특별시에 있는 경우에는 연환자수가 3,000명을 초과하여야 한다.

2) 「의료법」 제33조제2항제3호에 따른 의료법인인 경우에는 1)의 요건을 충족하면서 다른 외국인환자 유치 의료기관의 개설자 또는 유치업자와 공동으로 등록하지 아니할 것

3) 외국인환자 유치 의료기관의 개설자가 설립을 위한 출연재산의 100분의 30 이상을 출연한 경우로서 최다출연자가 되는 비영리법인(외국인환자 유치 의료기관의 개설자인 경우로 한정한다)이 1)의 기준을 충족하지 아니하는 경우에는 그 최다출연자인 외국인환자 유치 의료기관의 개설자가 1)의 기준을 충족할 것

(나) 유치업자

1) 「의료 해외진출 및 외국인환자 유치 지원에 관한 법률」 제11조에 따라 보건복지부장관에게 보고한 사업실적에 근거하여 산정할 경우 전년도의 실환자수(둘 이상의 유치업자가 공동으로 등록하는 경우에는 실환자수를 합산한 결과를 말한다. 이하 같다) 또는 등록신청일 기준으로 직전 1년간의 실환자수가 200명을 초과할 것

2) 외국인환자 유치 의료기관의 개설자가 100분의 30 이상의 지분 또는 주식을 보유하면서 최대출자자가 되는 법인(유치업자인 경우로 한정한다)이 1)의 기준을 충족하지 아니하는 경우에는 그 최대출자자인 외국인환자 유치 의료기관의 개설자가 (가)1)의 기준을 충족할 것

2) 휴양 콘도미니엄업

휴양 콘도미니엄업은 「관광진흥법」 제3조제1항제2호 나목에서 "관광객의 숙박과 취사에 적합한 시설을 갖추어 이를 그 시설의 회원이나 소유자등, 그 밖의 관광객에게 제공하거나 숙박에 딸리는 음식·운동·오락·휴양·공연 또는 연수에 적합한 시설 등을 함께 갖추어 이를 이용하게 하는 업"으로 있으며 등록기준은 다음과 같다.

가. 객실
① 같은 단지 안에 객실이 30실 이상일 것. 다만, 2016년 7월 1일부터 2018년 6월 30일까지 또는 2024년 7월 1일부터 2026년 6월 30일까지 제3조제1항에 따라 등록 신청하는 경우에는 20실 이상으로 한다.
② 관광객의 취사·체류 및 숙박에 필요한 설비를 갖추고 있을 것. 다만, 객실 밖에 관광객이 이용할 수 있는 공동취사장 등 취사시설을 갖춘 경우에는 총 객실의 30퍼센트(「국토의 계획 및 이용에 관한 법률」 제6조제1호에 따른 도시지역의 경우에는 총 객실의 30퍼센트 이하의 범위에서 조례로 정하는 비율이 있으면 그 비율을 말한다) 이하의 범위에서 객실에 취사시설을 갖추지 아니할 수 있다.
나. 매점 등
매점이나 간이매장이 있을 것. 다만, 여러 개의 동으로 단지를 구성할 경우에는 공동으로 설치할 수 있다.

다. 문화체육공간

공연장·전시관·미술관·박물관·수영장·테니스장·축구장·농구장, 그 밖에 관광객이 이용하기 적합한 문화체육공간을 1개소 이상 갖출 것. 다만, 수개의 동으로 단지를 구성할 경우에는 공동으로 설치할 수 있으며, 관광지·관광단지 또는 종합휴양업의 시설 안에 있는 휴양콘도미니엄의 경우에는 이를 설치하지 아니할 수 있다.

라. 대지 및 건물의 소유권 또는 사용권을 확보하고 있을 것. 다만, 분양 또는 회원을 모집하는 경우에는 소유권을 확보하여야 한다.

〈표 III-3〉 등록 관광숙박시설 현황

('23.12.31. 기준)

구분			서울	부산	대구	인천	광주	대전	울산	세종	경기	강원	충북	충남	전북	전남	경북	경남	제주	소계
관광호텔업	5성급 특1급	업체수	26	9	2	6	-	1	1	-	2	4	-	-	-	1	2	0	18	72
		객실수	10,717	2,993	515	3,759	-	171	200	-	1,258	1,329	-	-	-	311	754	0	6,881	28,888
	4성급 특2급	업체수	46	6	4	6	3	1	2	1	15	11	-	-	5	4	4	5	15	128
		객실수	12,760	2,005	535	1,531	420	306	403	281	3,640	2,053	-	-	664	537	1,027	830	2,396	29,388
	3성급 1등급	업체수	80	18	7	9	5	5	5	-	16	14	6	3	4	9	10	10	26	227
		객실수	15,151	2,580	399	1,148	382	470	1,162	-	2,499	1,104	850	536	444	657	774	1,052	2,180	31,388
	2성급 2등급	업체수	66	47	11	32	4	4	4	1	36	7	6	1	8	12	13	24	10	286
		객실수	5,328	3,840	762	2,461	220	199	496	31	2,313	384	448	52	387	603	648	1,102	482	19,756
	1성급 3등급	업체수	24	7	2	25	-	-	1	-	7	1	2	0	1	6	3	10	6	95
		객실수	1,166	279	114	1,322	-	-	44	-	376	35	96	0	65	287	118	498	436	4,836
	등급 없음	업체수	71	149	6	6	3	6	7	-	46	8	3	12	13	12	12	12	43	409
		객실수	7,395	3,198	510	517	205	643	468	-	3,509	683	197	875	832	1,055	666	644	3,146	24,543
	소계	업체수	313	236	32	84	15	17	20	2	122	45	17	16	31	44	44	61	118	1,217
		객실수	52,517	14,895	2,835	10,738	1,227	1,789	2,773	312	13,595	5,588	1,591	1,463	2,392	3,450	3,987	4,126	15,521	138,799
수상관광호텔업		업체수	-	-	-	-	-	-	-	-	-	-	-	-	-	-	-	-	-	0
		객실수	-	-	-	-	-	-	-	-	-	-	-	-	-	-	-	-	-	0
한국전통호텔업		업체수	-	-	-	2	-	-	-	-	1	2	-	-	1	2	1	-	1	10
		객실수	-	-	-	74	-	-	-	-	9	18	-	-	20	61	16	-	26	224
가족호텔업		업체수	19	-	-	2	-	1	-	-	15	15	2	4	7	10	3	10	61	149
		객실수	3,025	-	-	462	-	80	-	-	876	985	102	211	2,220	608	150	653	3,965	13,337
호스텔업		업체수	119	-	7	88	-	-	5	-	25	78	7	4	23	317	35	38	168	914
		객실수	3,756	-	129	975	-	-	33	-	895	662	108	26	315	3,476	493	496	4,268	15,632
소형호텔업		업체수	10	-	-	3	-	-	-	-	11	7	-	1	5	2	4	4	5	52
		객실수	256	-	-	69	-	-	-	-	275	170	-	23	102	55	95	94	115	1,254
의료관광호텔업		업체수	1	-	-	-	-	-	-	-	-	-	-	-	-	-	-	-	-	1
		객실수	40	-	-	-	-	-	-	-	-	-	-	-	-	-	-	-	-	40
소계 (관광호텔업 외)		업체수	149	0	7	95	0	1	5	0	52	102	9	9	36	331	43	52	235	1,126
		객실수	7,077	0	129	1,580	0	80	33	0	2,055	1,835	210	260	2,657	4,200	754	1,243	8,374	30,487
호텔업 소계		업체수	462	236	39	179	15	18	25	2	174	147	26	25	67	375	87	113	353	2,343
		객실수	59,594	14,895	2,964	12,318	1,227	1,869	2,806	312	15,650	7,423	1,801	1,723	5,049	7,650	4,741	5,369	23,895	169,286
휴양 콘도미니엄업		업체수	1	8	-	1	-	-	-	1	20	78	8	16	5	12	16	17	65	248
		객실수	334	1,960	-	184	-	-	-	55	3,430	21,163	2,125	2,892	637	1,659	3,302	2,805	9,351	49,897
총계		업체수	463	244	39	180	15	18	25	3	194	225	34	41	72	387	103	130	418	2,591
		객실수	59,928	16,855	2,964	12,502	1,227	1,869	2,806	367	19,080	28,586	3,926	4,615	5,686	9,309	8,043	8,174	33,246	219,183

2. 사업계획의 승인

여행업은 등록기준을 준수하여 특별자치시장, 특별자치도지사, 시장, 군수, 구청장에게 등록신청을 하면 되지만 관광객이 이용하는 시설을 갖춰야 하는 관광숙박업, 관광객 이용시설업 중 전문휴양업, 종합휴양업, 관광유람선업, 국제회의업 중 국제회의시설업 등은 등록하기 전에 행정관청으로부터 사업계획의 승인을 받아야 한다. 사업계획 승인 기준은 「관광진흥법 시행령」 제13조와 같다.

제15조(사업계획의 승인) ① 관광숙박업을 경영하려는 자는 제4조제1항에 따른 등록을 하기 전에 그 사업에 대한 사업계획을 작성하여 특별자치시장·특별자치도지사·시장·군수·구청장의 승인을 받아야 한다. 승인을 받은 사업계획 중 부지, 대지 면적, 건축 연면적의 일정 규모 이상의 변경 등 대통령령으로 정하는 사항을 변경하려는 경우에도 또한 같다. <개정 2008.6.5., 2009.3.25., 2018.6.12.>

② 대통령령으로 정하는 관광객 이용시설업이나 국제회의업을 경영하려는 자는 제4조제1항에 따른 등록을 하기 전에 그 사업에 대한 사업계획을 작성하여 특별자치시장·특별자치도지사·시장·군수·구청장의 승인을 받을 수 있다. 승인을 받은 사업계획 중 부지, 대지 면적, 건축 연면적의 일정 규모 이상의 변경 등 대통령령으로 정하는 사항을 변경하려는 경우에도 또한 같다.

<개정 2008.6.5., 2009.3.25., 2018.6.12.>

③ 제1항과 제2항에 따른 사업계획의 승인 또는 변경승인의 기준·절차 등에 필요한 사항은 대통령령으로 정한다.

관광진흥법 시행령

제13조(사업계획 승인기준) ① 법 제15조에 따른 사업계획의 승인 및 변경승인의 기준은 다음 각 호와 같다. <개정 2010.6.15., 2013.11.29., 2014.11.28., 2016.3.22., 2018.12.18., 2019.4.9.>

1. 사업계획의 내용이 관계 법령의 규정에 적합할 것

2. 사업계획의 시행에 필요한 자금을 조달할 능력 및 방안이 있을 것

3. 일반 주거지역의 관광숙박시설 및 그 시설 안의 위락시설은 주거환경을 보호하기 위하여 다음 각 목의 기준에 맞아야 하고, 준주거지역의 경우에는 다목의 기준에 맞을 것. 다만, 일반 주거지역에서의 사업계획의 변경승인(신축 또는 기존 건축물 전부를 철거하고 다시 축조하는 개축을 하는 경우는 포함하지 아니한다)의 경우에는 가목의 기준을 적용하지 아니하고, 일반 주거지역의 호스텔업의 시설의 경우에는 라목의 기준을 적용하지 아니한다.

   가. 다음의 구분에 따라 사람 또는 차량의 통행이 가능하도록 대지가 도로에 연접할 것. 다만, 특별자치시·특별자치도·시·군·구(자치구를 말한다. 이하 같다)는 주거환경을 보호하기 위하여 필요하면 지역 특성을 고려하여 조례로 이 기준을 강화할 수 있다.

      1) 관광호텔업, 수상관광호텔업, 한국전통호텔업, 가족호텔업, 의료관광호텔업 및 휴양 콘도미니엄업: 대지가 폭 12미터 이상의 도로에 4미터 이상 연접할 것

      2) 호스텔업 및 소형호텔업: 대지가 폭 8미터(관광객의 수, 관광특구와의 거리 등을 고려하여 특별자치시장·특별자치도지사·시장·군수·구청장이 지정하여 고시하는 지역에서 20실 이하의 객실을 갖추어 경영하는 호스텔업의 경우에는 4미터) 이상의 도로에 4미터 이상 연접할 것

   나. 건축물(관광숙박시설이 설치되는 건축물 전부를 말한다) 각 부분의 높이는 그 부분으로부터 인접대지를 조망할 수 있는 창이나 문 등의 개구부가 있는 벽면에서 직각 방향으로 인접된 대지의 경계선[대지와 대지 사이가 공원·광장·도로·하천이나 그 밖의 건축이 허용되지 아니하는 공지(空地)인 경우에는 그 인접된 대지의 반대편 경계선을 말한다]까지의 수평거리의 두 배를 초과하지 아니할 것

   다. 소음 공해를 유발하는 시설은 지하층에 설치하거나 그 밖의 방법으로

주변의 주거환경을 해치지 아니하도록 할 것

라. 대지 안의 조경은 대지면적의 15퍼센트 이상으로 하되, 대지 경계선 주위에는 다 자란 나무를 심어 인접 대지와 차단하는 수림대(樹林帶)를 조성할 것

4. 연간 내국인 투숙객 수가 객실의 연간 수용가능 총인원의 40퍼센트를 초과하지 아니할 것(의료관광호텔업만 해당한다)

② 특별자치시장·특별자치도지사·시장·군수·구청장은 휴양 콘도미니엄업의 규모를 축소하는 사업계획에 대한 변경승인신청을 받은 경우에는 다음 각 호의 어느 하나의 감소 비율이 당초 승인한 분양 및 회원 모집 계획상의 피분양자 및 회원(이하 이 항에서 "회원등"이라 한다) 총 수에 대한 사업계획 변경승인 예정일 현재 실제로 미분양 및 모집 미달이 되고 있는 잔여 회원등 총 수의 비율(이하 이 항에서 "미분양률"이라 한다)을 초과하지 아니하는 한도에서 그 변경승인을 하여야 한다. 다만, 사업자가 이미 분양받거나 회원권을 취득한 회원등에 대하여 그 대지면적 및 객실면적(전용 및 공유면적을 말하며, 이하 이 항에서 같다)의 감소분에 비례하여 분양가격 또는 회원 모집가격을 인하하여 해당 회원등에게 통보한 경우에는 미분양률을 초과하여 변경승인을 할 수 있다. <개정 2009.1.20., 2019.4.9.>

1. 당초계획(승인한 사업계획을 말한다. 이하 이 항에서 같다)상의 대지면적에 대한 변경계획상의 대지면적 감소비율

2. 당초계획상의 객실 수에 대한 변경계획상의 객실 수 감소비율

3. 당초계획상의 전체 객실면적에 대한 변경계획상의 전체 객실면적 감소비율

3. 등록심의위원회

등록심의 대상 관광사업은 사업계획의 승인 대상으로 관광숙박업, 관광객 이용시설업 중 전문휴양업, 종합휴양업, 관광유람선업, 국제회의업 중 국제회의시설업 등이다. 등록

심의위원회 위원장은 특별자치시·특별자치도·시·군·구의 부지사·부시장·부군수·부구청장이 되고, ① 해당 관광사업의 등록기준, ② 관계 법령상 신고 또는 인허가 등의 요건, ③「학교보건법」제6조제1항제13호를 적용받지 아니하고 관광숙박시설의 설치를 신청하면 제16조제7항 각 호(1. 관광숙박시설에서「학교보건법」제6조제1항제12호, 제14호부터 제16호까지 또는 제18호부터 제20호까지의 규정에 따른 행위 및 시설 중 어느 하나에 해당하는 행위 및 시설이 없을 것, 2. 관광숙박시설의 객실이 100실 이상일 것, 3. 대통령령으로 정하는 지역 내 위치할 것, 4. 대통령령으로 정하는 바에 따라 관광숙박시설 내 공용공간을 개방형 구조로 할 것, 5.「학교보건법」제2조에 따른 학교 출입문 또는 학교설립 예정지 출입문으로부터 직선거리로 75m 이상에 위치할 것)의 요건을 충족하는지에 관한 사항 등을 심의한다.

제17조(관광숙박업 등의 등록심의위원회) ① 제4조제1항에 따른 관광숙박업 및 대통령령으로 정하는 관광객 이용시설업이나 국제회의업의 등록(등록 사항의 변경을 포함한다. 이하 이 조에서 같다)에 관한 사항을 심의하기 위하여 특별자치시장·특별자치도지사·시장·군수·구청장(권한이 위임된 경우에는 그 위임을 받은 기관을 말한다. 이하 이 조 및 제18조에서 같다) 소속으로 관광숙박업 및 관광객 이용시설업 등록심의위원회(이하 "위원회"라 한다)를 둔다. <개정 2008.6.5., 2009.3.25., 2018.6.12.>

② 위원회는 위원장과 부위원장 각 1명을 포함한 위원 10명 이내로 구성하되, 위원장은 특별자치시·특별자치도·시·군·구(자치구만 해당한다. 이하 같다)의 부지사·부시장·부군수·부구청장이 되고, 부위원장은 위원 중에서 위원장이 지정하는 사람이 되며, 위원은 제18조제1항 각 호에 따른 신고 또는 인·허가 등의 소관 기관의 직원이 된다. <개정 2008.6.5., 2018.6.12., 2023.8.8.>

③ 위원회는 다음 각 호의 사항을 심의한다. <개정 2007.7.19., 2015.12.22.>

1. 관광숙박업 및 대통령령으로 정하는 관광객 이용시설업이나 국제회의업의 등록기준 등에 관한 사항

2. 제18조제1항 각 호에서 정한 사업이 관계 법령상 신고 또는 인·허가 등의

요건에 해당하는지에 관한 사항

3. 제15조제1항에 따라 사업계획 승인 또는 변경승인을 받고 관광사업 등록(제16조제7항에 따라「학교보건법」제6조제1항제13호를 적용받지 아니하고 관광숙박시설을 설치하려는 경우에 한정한다)을 신청한 경우 제16조제7항 각 호의 요건을 충족하는지에 관한 사항

④ 특별자치시장·특별자치도지사·시장·군수·구청장은 제1항에 따른 관광숙박업, 관광객 이용시설업, 국제회의업의 등록을 하려면 미리 위원회의 심의를 거쳐야 한다. 다만, 대통령령으로 정하는 경미한 사항의 변경에 관하여는 위원회의 심의를 거치지 아니할 수 있다. <개정 2008.6.5., 2018.6.12.>

⑤ 위원회의 회의는 재적위원 3분의 2 이상의 출석과 출석위원 3분의 2 이상의 찬성으로 의결한다. <신설 2018.12.11.>

⑥ 위원회의 구성·운영이나 그 밖에 위원회에 필요한 사항은 대통령령으로 정한다. <개정 2018.12.11.>

[법률 제13594호(2015. 12. 22.) 제17조제3항제3호의 개정규정은 같은 법 부칙 제2조의 규정에 의하여 2021년 3월 22일까지 유효함]

4. 관광숙박업자의 준수사항

관광숙박업으로 등록한 자는 「관광진흥법」제16조(사업계획 승인 시의 인·허가 의제 등)제7항에 따라 사업계획의 승인 또는 변경승인을 받으면 그 사업계획에 따른 관광숙박시설로서 같은 법 제18조의2(관광숙박업자의 준수사항)의 1호, 관광숙박시설의 객실 100실 이상, 서울특별시와 경기도에 위치, 투숙객이 차량 또는 도보 등을 통하여 해당 관광숙박시설에 드나들 수 있는 출입구, 주차장, 로비 등의 공용공간을 외부에서 조망할 수 있는 개방적인 구조, 「학교보건법」제2조에 따른 학교 출입문 또는 학교설립 예정지 출입문으로부터 직선거리로 75m 이상에 위치 등을 준수하면 「학교보건법」제6조제1항제13호(삭제)를 적용받지 않는다.

제18조의2(관광숙박업자의 준수사항) 제4조제1항에 따라 등록한 관광숙박업자 중 제16조제7항에 따라 「학교보건법」 제6조제1항제13호를 적용받지 아니하고 관광숙박시설을 설치한 자는 다음 각 호의 사항을 준수하여야 한다.

1. 관광숙박시설에서 「학교보건법」 제6조제1항제12호, 제14호부터 제16호까지 또는 제18호부터 제20호까지의 규정에 따른 행위 및 시설 중 어느 하나에 해당하는 행위 및 시설이 없을 것
2. 관광숙박시설의 객실이 100실 이상일 것
3. 대통령령으로 정하는 지역 내 위치할 것
4. 대통령령으로 정하는 바에 따라 관광숙박시설 내 공용공간을 개방형 구조로 할 것
5. 「학교보건법」 제2조에 따른 학교 출입문 또는 학교설립예정지 출입문으로부터 직선거리로 75미터 이상에 위치할 것 [본조신설 2015.12.22.]

관광진흥법 시행령

제21조의2(관광숙박업자의 준수사항) ① 법 제18조의2제3호에서 "대통령령으로 정하는 지역"이란 다음 각 호의 지역을 말한다.

1. 서울특별시
2. 경기도

② 법 제16조제7항에 따라 「학교보건법」 제6조제1항제13호를 적용받지 아니하고 관광숙박시설을 설치한 자는 법 제18조의2제4호에 따라 그 투숙객이 차량 또는 도보 등을 통하여 해당 관광숙박시설에 드나들 수 있는 출입구, 주차장, 로비 등의 공용공간을 외부에서 조망할 수 있는 개방적인 구조로 하여야 한다.

[본조신설 2016.3.22.]

5. 관광숙박업 등의 등급

문화체육관광부 장관은 관광숙박시설과 야영장 이용자의 편의를 돕고, 이들의 서비스 수준을 효율적으로 유지하고 관리하기 위하여 관광숙박업자와 야영장업자의 신청을 받아 등급을 정하는데 호텔업 등록을 한 자는 호텔업의 등급 중 희망하는 등급을 정하여 등급 결정을 신청해야 하며 그 대상은 호스텔업을 제외한 관광호텔업, 수상관광호텔업, 한국전통호텔업, 가족호텔업, 소형호텔업, 의료관광호텔업 등 6개 호텔업이다. 호텔업의 등급은 5성급, 4성급, 3성급, 2성급, 1성급으로 구분하며 기존 무궁화 표시로 총 5개 등급(특1급, 특2급, 1급, 2급, 3급)으로 나누었던 등급제가 2015년부터 성급제로 변경하였다. 문화체육관광부 장관으로부터 등급결정권을 위탁받은 법인(등급 결정 수탁기관)은 서비스 상태, 객실 및 부대시설의 상태, 안전 관리 등에 관한 법령 준수 여부 등을 평가하며 그 유효기간은 등급 결정을 받은 날로부터 3년이며, 세부적인 기준과 절차는 문화체육관광부 장관이 정하여 고시한다.

제19조(관광숙박업 등의 등급) ① 문화체육관광부장관은 관광숙박시설 및 야영장 이용자의 편의를 돕고, 관광숙박시설·야영장 및 서비스의 수준을 효율적으로 유지·관리하기 위하여 관광숙박업자 및 야영장업자의 신청을 받아 관광숙박업 및 야영장업에 대한 등급을 정할 수 있다. 다만, 제4조제1항에 따라 호텔업 등록을 한 자 중 대통령령으로 정하는 자는 등급결정을 신청하여야 한다.
<개정 2008.2.29., 2014.3.11., 2015.2.3.>

② 문화체육관광부장관은 제1항에 따라 관광숙박업 및 야영장업에 대한 등급결정을 하는 경우 유효기간을 정하여 등급을 정할 수 있다. <개정 2014.3.11., 2015.2.3.>

③ 문화체육관광부장관은 제1항에 따른 등급결정을 위하여 필요한 경우에는 관계 전문가에게 관광숙박업 및 야영장업의 시설 및 운영 실태에 관한 조사를 의뢰할 수 있다. <신설 2014.3.11., 2015.2.3.>

④ 문화체육관광부장관은 제1항에 따른 등급결정 결과에 관한 사항을 공표할 수 있다. <신설 2014.3.11.>

⑤ 문화체육관광부장관은 감염병 확산으로 「재난 및 안전관리 기본법」 제38조 제2항에 따른 경계 이상의 위기경보가 발령된 경우 제1항에 따른 등급결정을 연기하거나 제2항에 따른 기존의 등급결정의 유효기간을 연장할 수 있다. <신설 2021.4.13.>

⑥ 관광숙박업 및 야영장업 등급의 구분에 관한 사항은 대통령령으로 정하고, 등급결정의 유효기간·신청 시기·절차, 등급결정 결과 공표, 등급결정의 연기 및 유효기간 연장 등에 관한 사항은 문화체육관광부령으로 정한다.

<신설 2014.3.11., 2015.2.3., 2021.4.13.> [제목개정 2015.2.3.]

관광진흥법 시행령

제22조(호텔업의 등급결정) ① 법 제19조제1항 단서에서 "대통령령으로 정하는 자"란 관광호텔업, 수상관광호텔업, 한국전통호텔업, 가족호텔업, 소형호텔업 또는 의료관광호텔업의 등록을 한 자를 말한다. <개정 2014.9.11., 2019.11.19.>

② 법 제19조제5항에 따라 관광숙박업 중 호텔업의 등급은 5성급·4성급·3성급·2성급 및 1성급으로 구분한다. <개정 2014.9.11., 2014.11.28.>

③ 삭제 <2014.9.11.>

[제목개정 2014.9.11.]

관광진흥법 시행규칙

제25조(호텔업의 등급결정) ① 법 제19조제1항 및 영 제22조제1항에 따라 관광호텔업, 수상관광호텔업, 한국전통호텔업, 가족호텔업, 소형호텔업 또는 의료관광호텔업의 등록을 한 자는 다음 각 호의 구분에 따른 기간 이내에 영 제66조제1항에 따라 문화체육관광부장관으로부터 등급결정권을 위탁받은 법인(이하 "등급결정 수탁기관"이라 한다)에 영 제22조제2항에 따른 호텔업의 등급 중 희망하는

등급을 정하여 등급결정을 신청해야 한다. <개정 2017.6.7., 2019.11.20., 2021.12.31., 2024.6.7.>

1. 호텔을 신규 등록한 경우: 호텔업 등록을 한 날부터 60일. 다만, 2024년 7월 1일부터 2026년 6월 30일까지의 기간 중 호텔업 등록을 한 경우에는 해당 호텔업 등록을 한 날부터 120일로 한다.

2. 제25조의3에 따른 호텔업 등급결정의 유효기간이 만료되는 경우: 유효기간 만료 전 150일부터 90일까지

3. 시설의 증·개축 또는 서비스 및 운영실태 등의 변경에 따른 등급 조정사유가 발생한 경우: 등급 조정사유가 발생한 날부터 60일

4. 제25조의3제3항에 따라 호텔업 등급결정의 유효기간이 연장된 경우: 연장된 유효기간 만료일까지

② 등급결정 수탁기관은 제1항에 따른 등급결정 신청을 받은 경우에는 문화체육관광부장관이 정하여 고시하는 호텔업 등급결정의 기준에 따라 신청일부터 90일 이내에 해당 호텔의 등급을 결정하여 신청인에게 통지해야 한다. 다만, 부득이한 사유가 있는 경우에는 60일의 범위에서 등급결정 기간을 연장할 수 있다. <개정 2020.4.28., 2021.12.31.>

1. 삭제 <2021.12.31.>

2. 삭제 <2021.12.31.>

③ 제2항에 따라 등급결정을 하는 경우에는 다음 각 호의 요소를 평가하여야 하며, 그 세부적인 기준 및 절차는 문화체육관광부장관이 정하여 고시한다.

1. 서비스 상태

2. 객실 및 부대시설의 상태

3. 안전 관리 등에 관한 법령 준수 여부

④ 등급결정 수탁기관은 제3항에 따른 평가의 공정성을 위하여 필요하다고 인정하는 경우에는 평가를 마칠 때까지 평가의 일정 등을 신청인에게 알리지 아니할 수 있다.

⑤ 등급결정 수탁기관은 제3항에 따라 평가한 결과 등급결정 기준에 미달하는 경우에는 해당 호텔의 등급결정을 보류하여야 한다. 이 경우 그 보류 사실을

신청인에게 통지하여야 한다.

[전문개정 2014.12.31.]

관광진흥법 시행규칙

제25조의3(등급결정의 유효기간 등) ① 문화체육관광부장관은 법 제19조제1항에 따른 등급결정 결과를 분기별로 문화체육관광부의 인터넷 홈페이지에 공표하여야 하고, 필요한 경우에는 그 밖의 효과적인 방법으로 공표할 수 있다. <개정 2021.12.31.>

② 법 제19조제2항에 따른 호텔업 등급결정의 유효기간은 등급결정을 받은 날부터 3년으로 한다. 다만, 제25조제2항에 따른 통지 전에 호텔업 등급결정의 유효기간이 만료된 경우에는 새로운 등급결정을 받기 전까지 종전의 등급결정이 유효한 것으로 본다. <개정 2020.4.28., 2021.12.31.>

③ 문화체육관광부장관은 법 제19조제5항에 따라 기존의 등급결정의 유효기간을 「재난 및 안전관리 기본법」 제38조제2항에 따른 경계 이상의 위기경보가 발령된 날부터 2년의 범위에서 문화체육관광부장관이 정하여 고시하는 기한까지 연장할 수 있다. <신설 2021.12.31.>

④ 이 규칙에서 규정한 사항 외에 호텔업의 등급결정에 필요한 사항은 문화체육관광부장관이 정하여 고시한다. <개정 2021.12.31.>

[본조신설 2014.12.31.]

[별표 1]

호텔업의 등급결정 기준(제7조제1항 관련)

구분		5성	4성	3성	2성	1성
등급 평가 기준	현장평가	700점	585점	500점	400점	400점
	암행평가/ 불시평가	300점	265점	200점	200점	200점
	총 배점	1,000점	850점	700점	600점	600점
결정 기준	공통 기준	1. 별표 2에 따른 등급별 등급평가기준 상의 필수항목을 충족할 것 2. 제11조 제1항에 따른 점검 또는 검사가 유효할 것				
	등급별 기준	평가점수가 총 배점의 90% 이상	평가점수가 총 배점의 80% 이상	평가점수가 총 배점의 70% 이상	평가점수가 총 배점의 60% 이상	평가점수가 총 배점의 50% 이상

1. 1·2성급은 통합 신청 및 접수방식으로 진행하며 1·2성급 평가표를 공통 적용한다.
2. 1·2성급은 총 배점의 60% 이상 득점 시 2성급 등급을 부여하고, 50% 이상 60% 미만 득점 시 1성급 등급을 부여한다.
3. 한국전통호텔업 및 소형호텔업의 등급평가기준은 등급에 상관없이 현장평가 400점 및 불시평가 200점을 합산하여 총 배점을 600점으로 하되, 상기 표의 결정기준에 따라 등급을 부여한다.
4. 가족호텔업의 등급평가기준은 등급에 상관없이 현장평가 700점 및 불시평가 300점을 합산하여 총 배점을 1,000점으로 하되, 상기 표의 결정기준에 따라 등급을 부여한다.

6. 분양 및 회원 모집

관광숙박업(휴양 콘도미니엄업, 호텔업)과 관광객 이용시설업 중 제2종 종합휴양업은 관광사업으로 등록하거나 그 사업계획의 승인을 받으면 관광사업의 시설에 대하여 분양(휴양 콘도미니엄업만 해당) 또는 회원 모집을 할 수 있다.

> 제20조(분양 및 회원 모집) ① 관광숙박업이나 관광객 이용시설업으로서 대통령령으로 정하는 종류의 관광사업을 등록한 자 또는 그 사업계획의 승인을 받은 자가 아니면 그 관광사업의 시설에 대하여 분양(휴양 콘도미니엄만 해당한다.

이하 같다) 또는 회원 모집을 하여서는 아니 된다.

② 누구든지 다음 각 호의 어느 하나에 해당하는 행위를 하여서는 아니된다.

<개정 2007.7.19., 2023.8.8.>

1. 제1항에 따른 분양 또는 회원모집을 할 수 없는 자가 관광숙박업이나 관광객 이용시설업으로서 대통령령으로 정하는 종류의 관광사업 또는 이와 유사한 명칭을 사용하여 분양 또는 회원모집을 하는 행위

2. 관광숙박시설과 관광숙박시설이 아닌 시설을 혼합 또는 연계하여 이를 분양하거나 회원을 모집하는 행위. 다만, 대통령령으로 정하는 종류의 관광숙박업의 등록을 받은 자 또는 그 사업계획의 승인을 얻은 자가 「체육시설의 설치·이용에 관한 법률」 제12조에 따라 골프장의 사업계획을 승인받은 경우에는 관광숙박시설과 해당 골프장을 연계하여 분양하거나 회원을 모집할 수 있다.

3. 소유자등 또는 회원으로부터 제1항에 따른 관광사업의 시설에 관한 이용권리를 양도받아 이를 이용할 수 있는 회원을 모집하는 행위

③ 제1항에 따라 분양 또는 회원모집을 하려는 자가 사용하는 약관에는 제5항 각 호의 사항이 포함되어야 한다.

④ 제1항에 따라 분양 또는 회원 모집을 하려는 자는 대통령령으로 정하는 분양 또는 회원 모집의 기준 및 절차에 따라 분양 또는 회원 모집을 하여야 한다.

⑤ 분양 또는 회원 모집을 한 자는 소유자등·회원의 권익을 보호하기 위하여 다음 각 호의 사항에 관하여 대통령령으로 정하는 사항을 지켜야 한다.

<개정 2023.8.8.>

1. 공유지분(共有持分) 또는 회원자격의 양도·양수

2. 시설의 이용

3. 시설의 유지·관리에 필요한 비용의 징수

4. 회원 입회금의 반환

5. 회원증의 발급과 확인

6. 소유자등·회원의 대표기구 구성

7. 그 밖에 공유자·회원의 권익 보호를 위하여 대통령령으로 정하는 사항

관광진흥법 시행령

제23조(분양 및 회원모집 관광사업) ① 법 제20조제1항 및 제2항제1호에서 "대통령령으로 정하는 종류의 관광사업"이란 다음 각 호의 사업을 말한다.

1. 휴양 콘도미니엄업 및 호텔업

2. 관광객 이용시설업 중 제2종 종합휴양업

② 법 제20조제2항제2호 단서에서 "대통령령으로 정하는 종류의 관광숙박업"이란 다음 각 호의 숙박업을 말한다. <개정 2008.8.26.>

1. 휴양 콘도미니엄업

2. 호텔업

3. 삭제 <2008.8.26.>

관광진흥법 시행령

제24조(분양 및 회원모집의 기준 및 시기) ① 법 제20조제4항에 따른 휴양 콘도미니엄업 시설의 분양 및 회원모집 기준과 호텔업 및 제2종 종합휴양업 시설의 회원모집 기준은 다음 각 호와 같다. 다만, 제2종 종합휴양업 시설 중 등록 체육시설업 시설에 대한 회원모집에 관하여는 「체육시설의 설치·이용에 관한 법률」에서 정하는 바에 따른다. <개정 2008.11.26., 2010.6.15., 2014.9.11., 2018.9.18., 2024.2.26.>

1. 다음 각 목의 구분에 따른 소유권 등을 확보할 것. 이 경우 분양(휴양 콘도미니엄업만 해당한다. 이하 같다) 또는 회원모집 당시 해당 휴양 콘도미니엄업, 호텔업 및 제2종 종합휴양업의 건물이 사용승인된 경우에는 해당 건물의 소유권도 확보하여야 한다.

   가. 휴양 콘도미니엄업 및 호텔업(수상관광호텔은 제외한다)의 경우 : 해당 관광숙박시설이 건설되는 대지의 소유권

   나. 수상관광호텔의 경우 : 구조물 또는 선박의 소유권

   다. 제2종 종합휴양업의 경우 : 회원모집 대상인 해당 제2종 종합휴양업 시

설이 건설되는 부지의 소유권 또는 사용권

2. 제1호에 따른 대지·부지 및 건물이 저당권의 목적물로 되어 있는 경우에는 그 저당권을 말소할 것. 다만, 공유제(共有制)일 경우에는 분양받은 자의 명의로 소유권 이전등기를 마칠 때까지, 회원제일 경우에는 저당권이 말소될 때까지 분양 또는 회원모집과 관련한 사고로 인하여 분양을 받은 자나 회원에게 피해를 주는 경우 그 손해를 배상할 것을 내용으로 저당권 설정금액에 해당하는 보증보험에 가입한 경우에는 그러하지 아니하다.

3. 분양을 하는 경우 한 개의 객실당 분양인원은 5명 이상으로 하되, 가족(부부 및 직계존비속을 말한다)만을 수분양자로 하지 아니할 것. 다만, 다음 각 목의 어느 하나에 해당하는 경우에는 그러하지 아니하다.

   가. 소유자등이 법인인 경우

   나. 「출입국관리법 시행령」 별표 1의2 제24호차목에 따라 법무부장관이 정하여 고시한 투자지역에 건설되는 휴양 콘도미니엄으로서 공유자가 외국인인 경우

4. 삭제 <2015.11.18.>

5. 공유자 또는 회원의 연간 이용일수는 365일을 객실당 분양 또는 회원모집계획 인원수로 나눈 범위 이내일 것

6. 주거용으로 분양 또는 회원모집을 하지 아니할 것

② 제1항에 따라 휴양 콘도미니엄업, 호텔업 및 제2종 종합휴양업의 분양 또는 회원을 모집하는 경우 그 시기 등은 다음 각 호와 같다. <개정 2008.2.29.>

1. 휴양 콘도미니엄업 및 제2종 종합휴양업의 경우

   가. 해당 시설공사의 총 공사 공정이 문화체육관광부령으로 정하는 공정률 이상 진행된 때부터 분양 또는 회원모집을 하되, 분양 또는 회원을 모집하려는 총 객실 중 공정률에 해당하는 객실을 대상으로 분양 또는 회원을 모집할 것

   나. 공정률에 해당하는 객실 수를 초과하여 분양 또는 회원을 모집하려는 경우에는 분양 또는 회원모집과 관련한 사고로 인하여 분양을 받은 자

나 회원에게 피해를 주는 경우 그 손해를 배상할 것을 내용으로 공정률을 초과하여 분양 또는 회원을 모집하려는 금액에 해당하는 보증보험에 관광사업의 등록 시까지 가입할 것

2. 호텔업의 경우

관광사업의 등록 후부터 회원을 모집할 것. 다만, 제2종 종합휴양업에 포함된 호텔업의 경우에는 제1호가목 및 나목을 적용한다.

관광진흥법 시행령

제26조(소유자등 또는 회원의 보호) 분양 또는 회원모집을 한 자는 법 제20조제5항에 따라 공유자 또는 회원의 권익 보호를 위하여 다음 각 호의 사항을 지켜야 한다. <개정 2008.2.29., 2014.9.11., 2015.11.18., 2018.9.18., 2021.1.5., 2024.2.6.>

1. 공유지분 또는 회원자격의 양도·양수 : 공유지분 또는 회원자격의 양도·양수를 제한하지 아니할 것. 다만, 제24조제1항제3호에 따라 휴양 콘도미니엄의 객실을 분양받은 자가 해당 객실을 법인이 아닌 내국인(「출입국관리법 시행령」 별표 1의2 제24호차목에 따라 법무부장관이 정하여 고시한 투자지역에 위치하지 아니한 휴양 콘도미니엄의 경우 법인이 아닌 외국인을 포함한다)에게 양도하려는 경우에는 양수인이 같은 호 각 목 외의 부분 본문에 따른 분양기준에 적합하도록 하여야 한다.

2. 시설의 이용 : 소유자등 또는 회원이 이용하지 아니하는 객실만을 소유자등 또는 회원이 아닌 자에게 이용하게 할 것. 이 경우 객실이용계획을 수립하여 제6호에 따른 소유자등·회원의 대표기구와 미리 협의하여야 하며, 객실이용명세서를 작성하여 소유자등·회원의 대표기구에 알려야 한다.

3. 시설의 유지·관리에 필요한 비용의 징수

가. 해당 시설을 선량한 관리자로서의 주의의무를 다하여 관리하되, 시설의 유지·관리에 드는 비용 외의 비용을 징수하지 아니할 것

나. 시설의 유지·관리에 드는 비용의 징수에 관한 사항을 변경하려는 경우

에는 소유자등·회원의 대표기구와 협의하고, 그 협의 결과를 소유자등 및 회원에게 공개할 것

다. 시설의 유지·관리에 드는 비용 징수금의 사용명세를 매년 소유자등· 회원의 대표기구에 공개할 것

4. 회원의 입회금(회원자격을 부여받은 대가로 회원을 모집하는 자에게 지급하는 비용을 말한다)의 반환: 회원의 입회기간 및 입회금의 반환은 관광사업자 또는 사업계획승인을 받은 자와 회원 간에 체결한 계약에 따르되, 회원의 입회기간이 끝나 입회금을 반환해야 하는 경우에는 입회금 반환을 요구받은 날부터 10일 이내에 반환할 것

5. 회원증의 발급 및 확인 : 문화체육관광부령으로 정하는 바에 따라 소유자등 이나 회원에게 해당 시설의 소유자등이나 회원임을 증명하는 회원증을 문화 체육관광부령으로 정하는 기관으로부터 확인받아 발급할 것

6. 소유자등·회원의 대표기구의 구성 및 운영

가. 20명 이상의 소유자등·회원으로 대표기구를 구성할 것. 이 경우 그 분 양 또는 회원모집을 한 자와 그 대표자 및 임직원은 대표기구에 참여할 수 없다.

나. 가목에 따라 대표기구를 구성하는 경우(결원을 충원하는 경우를 포함한 다)에는 그 소유자등·회원 모두를 대상으로 전자우편 또는 휴대전화 문자메세지로 통지하거나 해당 사업자의 인터넷 홈페이지에 게시하는 등의 방법으로 그 사실을 알리고 대표기구의 구성원을 추천받거나 신청 받도록 할 것

다. 소유자등·회원의 권익에 관한 사항(제3호나목에 관한 사항은 제외한다) 은 대표기구와 협의할 것

라. 휴양 콘도미니엄업에 대한 특례

1) 가목에도 불구하고 한 개의 법인이 복수의 휴양 콘도미니엄업을 등록 한 경우에는 그 법인이 등록한 휴양 콘도미니엄업의 전부 또는 일부 를 대상으로 대표기구를 통합하여 구성할 수 있도록 하되, 통합하여

구성된 대표기구(이하 "통합 대표기구"라 한다)에는 각각의 등록된 휴양 콘도미니엄업 시설의 소유자등 및 회원이 다음의 기준에 따라 포함되도록 할 것

  가) 소유자등과 회원이 모두 있는 등록된 휴양 콘도미니엄업의 경우: 공유자 및 회원 각각 1명 이상

  나) 소유자등 또는 회원만 있는 등록된 휴양 콘도미니엄업의 경우: 공유자 또는 회원 1명 이상

2) 1)에 따라 통합 대표기구를 구성한 경우에도 특정 휴양 콘도미니엄업 시설의 소유자등ㆍ회원의 권익에 관한 사항으로서 통합 대표기구의 구성원 10명 이상 또는 해당 휴양 콘도미니엄업 시설의 소유자등ㆍ회원 10명 이상이 요청하는 경우에는 해당 휴양 콘도미니엄업 시설의 소유자등ㆍ회원 20명 이상으로 그 휴양 콘도미니엄업의 해당 안건만을 협의하기 위한 대표기구를 구성하여 해당 안건에 관하여 통합 대표기구를 대신하여 협의하도록 할 것

7. 그 밖의 소유자등ㆍ회원의 권익 보호에 관한 사항 : 분양 또는 회원모집계약서에 사업계획의 승인번호ㆍ일자(관광사업으로 등록된 경우에는 등록번호ㆍ일자), 시설물의 현황ㆍ소재지, 연간 이용일수 및 회원의 입회기간을 명시할 것

[제목개정 2024.2.6.]

관광진흥법 시행규칙

제26조(총공사 공정률) 영 제24조제2항제1호가목에서 "문화체육관광부령으로 정하는 공정률"이란 20퍼센트를 말한다. <개정 2008.3.6.>

관광진흥법 시행규칙

제28조(회원증의 발급) ① 분양 또는 회원모집을 하는 관광사업자가 영 제26조제5호에 따라 회원증을 발급하는 경우 그 회원증에는 다음 각 호의 사항이 포함되어야 한다.

1. 공유자 또는 회원의 번호

2. 공유자 또는 회원의 성명과 주민등록번호

3. 사업장의 상호·명칭 및 소재지

4. 공유자와 회원의 구분

5. 면적

6. 분양일 또는 입회일

7. 발행일자

② 분양 또는 회원모집을 하는 관광사업자가 제1항에 따른 회원증을 발급하려는 경우에는 미리 분양 또는 회원모집 계약 후 30일 이내에 문화체육관광부장관이 지정하여 고시하는 자(이하 "회원증 확인자"라 한다)로부터 그 회원증과 영 제25조에 따른 분양 또는 회원모집계획서가 일치하는지를 확인받아야 한다. <개정 2008.3.6.>

③ 제2항에 따라 회원증 확인자의 확인을 받아 회원증을 발급한 관광사업자는 공유자 및 회원 명부에 회원증 발급 사실을 기록·유지하여야 한다.

④ 회원증 확인자는 6개월마다 특별자치시장·특별자치도지사·시장·군수·구청장에게 회원증 발급에 관한 사항을 통보하여야 한다. <개정 2009.10.22., 2019.4.25.>

제4절 관광객 이용시설업

「관광진흥법」 제3조(관광사업의 종류)제1항제3호에 관광객 이용시설업은 "관광객을 위하여 음식·운동·오락·휴양·문화·예술 또는 레저 등에 적합한 시설을 갖추어 이를 관광객에게 이용하게 하는 업"으로 정의하고 있다. 대통령령으로 정하는 2종 이상의 시설과 관광숙박시설 등을 함께 갖추어 이를 회원이나 그 밖의 관광객에게 이용하게 하는 업과 야영에 적합한 시설이나 설비 등을 갖추고 야영 편의를 제공하는 시설(「청소년 활동 진흥법」 제10조제1호마목에 따른 청소년야영장 제외)을 관광객에게 이용하게 하는 야영장업 등을 포함하고 있다.

관광객 이용시설업의 종류는 「관광진흥법 시행령」 제2조제1항제3호에서 분류했는데 전문휴양업, 종합휴양업(제1종, 제2종), 야영장업[(일반, 자동차)], 관광유람선업[(일반, 크루즈)], 관광공연장업, 외국인관광 도시민박업, 한옥체험업 등 7개 업종으로 세분하고 있다.

1. 전문휴양업

전문휴양업은 「관광진흥법 시행령」 제2조제1항제3호가목에서 "관광객의 휴양이나 여가 선용을 위하여 숙박업 시설(「공중위생관리법 시행령」 제2조제1항제1호 및 제2호의 시설을 포함하며, 이하 "숙박시설"이라 한다)이나 「식품위생법 시행령」 제21조제8호가목·나목 또는 바목에 따른 휴게음식점영업, 일반음식점영업 또는 제과점영업의 신고에 필요한 시설(음식점시설)을 갖추고 별표 1 제4호가목(2)(가)부터 (거)까지의 규정에 따른 시설(15개 전문휴양시설) 중 한 종류의 시설을 갖추어 관광객에게 이용하게 하는 업"이라고 정의하고 있다. 「관광진흥법 시행령」 [별표 1] 관광사업의 등록기준에 따르면 전문휴양업은 민속촌, 해수욕장, 수렵장, 동물원, 식물원, 수족관, 온천장, 동굴자원, 수영장, 농어촌 휴양 시설, 활공장, 등록 및 신고 체육시설업 시설, 산림휴양 시설, 박물관, 미술관 등이 있으며 개별 등록기준은 다음과 같다.

〈표 Ⅲ-4〉 전문휴양업 등록기준

구분	등록기준
공통기준	• 숙박시설이나 음식점시설이 있을 것 • 주차시설·급수시설·공중화장실 등의 편의시설과 휴게시설이 있을 것
민속촌	한국고유의 건축물(초가집 및 기와집)이 20동 이상으로서 각 건물에는 전래되어 온 생활도구가 갖추어져 있거나 한국 또는 외국의 고유문화를 소개할 수 있는 축소된 건축물 모형 50점 이상이 적정한 장소에 배치되어 있을 것
해수욕장	• 수영을 하기에 적합한 조건을 갖춘 해변이 있을 것 • 수용인원에 적합한 간이목욕시설·탈의장이 있을 것 • 인명구조용 구명보트·감시탑 및 응급처리시 설비 등의 시설이 있을 것 • 담수욕장을 갖추고 있을 것 • 인명구조원을 배치하고 있을 것
수렵장	「야생생물 보호 및 관리에 관한 법률」에 따른 시설을 갖추고 있을 것
동물원	• 「박물관 및 미술관 진흥법 시행령」 별표 2에 따른 시설을 갖추고 있을 것 • 삭제 <2019.4.9.>
식물원	• 「박물관 및 미술관 진흥법 시행령」 별표 2에 따른 시설을 갖추고 있을 것
수족관	• 「박물관 및 미술관 진흥법 시행령」 별표 2에 따른 시설을 갖추고 있을 것
온천장	• 온천수를 이용한 대중목욕시설이 있을 것
동굴자원	관광객이 관람할 수 있는 천연동굴이 있고 편리하게 관람할 수 있는 시설이 있을 것
수영장	「체육시설의 설치·이용에 관한 법률」에 따른 신고 체육시설업 중 수영장 시설을 갖추고 있을 것
농어촌휴양시설	• 「농어촌정비법」에 따른 농어촌 관광휴양단지 또는 관광농원의 시설을 갖추고 있을 것
활공장	• 활공을 할 수 있는 장소(이륙장 및 착륙장)가 있을 것 • 인명구조원을 배치하고 응급처리를 할 수 있는 설비를 갖추고 있을 것 • 행글라이더·패러글라이더·열기구 또는 초경량 비행기 등 두 종류 이상의 관광비행사업용 활공장비를 갖추고 있을 것
등록 및 신고 체육시설업 시설	「체육시설의 설치·이용에 관한 법률」에 따른 스키장·요트장·골프장·조정장·카누장·빙상장·자동차경주장·승마장 또는 종합체육시설 등 9종의 등록 및 신고 체육시설업에 해당되는 체육시설을 갖추고 있을 것

산림휴양시설	「산림문화·휴양에 관한 법률」에 따른 자연휴양림, 치유의 숲 또는 「수목원·정원의 조성 및 진흥에 관한 법률」에 따른 수목원의 시설을 갖추고 있을 것
박물관	「박물관 및 미술관 진흥법 시행령」 별표 2 제2호가목에 따른 종합박물관 또는 전문박물관의 시설을 갖추고 있을 것
미술관	「박물관 및 미술관 진흥법 시행령」 별표 2 제2호가목에 따른 미술관의 시설을 갖추고 있을 것

2. 종합휴양업

종합휴양업은 제1종과 제2종으로 나뉜다. 제1종 종합휴양업은 관광객의 휴양이나 여가선용을 위하여 숙박시설 또는 음식점시설을 갖추고 전문휴양시설 중 2종류 이상의 시설을 갖추고 있거나, 숙박시설 또는 음식점시설을 갖추고 전문휴양시설 중 1종류 이상의 시설과 종합유원시설업의 시설을 갖추어 이를 관광객에게 이용하게 하는 업이다. 제2종 종합휴양업은 관광객의 휴양이나 여가선용을 위하여 관광숙박업 등록에 필요한 시설과 제1종 종합휴양업 등록에 필요한 전문휴양시설 중 2종류 이상의 시설 또는 전문휴양시설 중 1종류 이상의 시설과 종합유원시설업의 시설을 함께 갖추어 이를 관광객에게 이용하게 하는 업이다. 제1종 종합휴양업과 제2종 종합휴양업의 가장 큰 차이점은 숙박시설의 기준인데 제1종 종합휴양업은 일반숙박시설(여관, 모텔 등)을 말하지만, 제2종 종합휴양업은 반드시 관광숙박시설이어야 하며, 단일부지의 면적이 50만 제곱미터 이상이어야 한다.

〈표 III-5〉 종합휴양업 등록기준

구분		등록기준
제1종 종합휴양업	시설	숙박시설 또는 음식점시설을 갖추고 전문휴양시설 중 2종류 이상의 시설을 갖추고 있거나, 숙박시설 또는 음식점시설을 갖추고 전문휴양시설 중 1종류 이상의 시설과 종합유원시설업의 시설을 갖추고 있을 것
제2종 종합휴양업	면적	단일부지로서 50만 제곱미터 이상일 것
	시설	관광숙박업 등록에 필요한 시설과 제1종 종합휴양업 등록에 필요한 전문휴양시설 중 2종류 이상의 시설 또는 전문휴양시설 중 1종류 이상의 시설과 종합유원시설업의 시설을 함께 갖추고 있을 것

3. 야영장업

야영장업은 "야영에 적합한 시설 및 설비 등을 갖추고 야영편의를 제공하는 시설(「청소년활동 진흥법」 제10조제1호마목에 따른 청소년야영장 제외)을 관광객에게 이용하게 하는 업"이라고 「관광진흥법」 제3조제1항제3호다목에서 정의하고 있으며, 일반야영장업과 자동차야영장업으로 나뉜다.

〈표 III-6〉 야영장업 등록기준

구분	등록기준
공통기준	(가) 침수, 유실, 고립, 산사태, 낙석의 우려가 없는 안전한 곳에 위치할 것 (나) 시설 배치도, 이용방법, 비상 시 행동 요령 등을 이용객이 잘 볼 수 있는 곳에 게시할 것 (다) 비상 시 긴급상황을 이용객에게 알릴 수 있는 시설 또는 장비를 갖출 것 (라) 야영장 규모를 고려하여 소화기를 적정하게 확보하고 눈에 띄기 쉬운 곳에 배치할 것 (마) 긴급 상황에 대비하여 야영장 내부 또는 외부에 대피소와 대피로를 확보할 것

공통기준	(바) 비상 시의 대응요령을 숙지하고 야영장이 개장되어 있는 시간에 상주하는 관리요원을 확보할 것 (사) 야영장 시설은 자연생태계 등의 원형이 최대한 보존될 수 있도록 토지의 형질변경을 최소화하여 설치할 것. 이 경우 야영장에 설치할 수 있는 야영장 시설의 종류에 관하여는 문화체육관광부령으로 정한다. (아) 야영장에 설치되는 건축물(「건축법」 제2조제1항제2호에 따른 건축물을 말한다. 이하 이 목에서 같다)의 바닥면적 합계가 야영장 전체면적의 100분의 10 미만일 것. 다만, 「초·중등교육법」 제2조에 따른 학교로서 학생 수의 감소, 학교의 통폐합 등의 사유로 폐지된 학교의 교육활동에 사용되던 시설과 그 밖의 재산(이하 "폐교재산"이라 한다)을 활용하여 야영장업을 하려는 경우(기존 폐교재산의 부지면적 증가가 없는 경우만 해당한다)는 그렇지 않다. (자) (아)에도 불구하고 「국토의 계획 및 이용에 관한 법률」 제36조제1항제2호가목에 따른 보전관리지역 또는 같은 법 시행령 제30조제4호가목에 따른 보전녹지지역에 야영장을 설치하는 경우에는 다음의 요건을 모두 갖출 것. 다만, 폐교재산을 활용하여 야영장업을 하려는 경우(기존 폐교재산의 부지면적 증가가 없는 경우만 해당한다)로서 건축물의 신축 또는 증축을 하지 않고 야영장 입구까지 진입하는 도로의 신설 또는 확장이 없는 때에는 1) 및 2)의 기준을 적용하지 않는다. 1) 야영장 전체면적이 1만제곱미터 미만일 것 2) 야영장에 설치되는 건축물의 바닥면적 합계가 300제곱미터 미만이고, 야영장 전체면적의 100분의 10 미만일 것 3) 「하수도법」 제15조제1항에 따른 배수구역 안에 위치한 야영장은 같은 법 제27조에 따라 공공하수도의 사용이 개시된 때에는 그 배수구역의 하수를 공공하수도에 유입시킬 것. 다만, 「하수도법」 제28조에 해당하는 경우에는 그렇지 않다. 4) 야영장 경계에 조경녹지를 조성하는 등의 방법으로 자연환경 및 경관에 대한 영향을 최소화할 것 5) 야영장으로 인한 비탈면 붕괴, 토사 유출 등의 피해가 발생하지 않도록 할 것

개별기준	일반야영장업	1) 야영용 천막을 칠 수 있는 공간은 천막 1개당 15제곱미터 이상을 확보할 것 2) 야영에 불편이 없도록 하수도 시설 및 화장실을 갖출 것 3) 긴급상황 발생 시 이용객을 이송할 수 있는 차로를 확보할 것
	자동차야영장업	1) 차량 1대당 50제곱미터 이상의 야영공간(차량을 주차하고 그 옆에 야영장비 등을 설치할 수 있는 공간을 말한다)을 확보할 것 2) 야영에 불편이 없도록 수용인원에 적합한 상·하수도 시설, 전기시설, 화장실 및 취사시설을 갖출 것 3) 야영장 입구까지 1차선 이상의 차로를 확보하고, 1차선 차로를 확보한 경우에는 적정한 곳에 차량의 교행(交行)이 가능한 공간을 확보할 것

구분	등록기준

공통기준과 개별기준에 관한 특례	(가) 공통기준과 개별기준에도 불구하고 다음 1) 및 2)의 요건을 모두 충족하는 야영장업을 하려는 경우에는 (나) 및 (다)의 기준을 적용한다.
	  1) 「해수욕장의 이용 및 관리에 관한 법률」 제2조제1호에 따른 해수욕장이나 「국토의 계획 및 이용에 관한 법률 시행령」 제2조제1항제2호에 따른 유원지에서 연간 4개월 이내의 기간 동안만 야영장업을 하려는 경우
	  2) 야영장업의 등록을 위하여 토지의 형질을 변경하지 아니하는 경우
	(나) 공통기준
	  1) 침수, 유실, 고립, 산사태, 낙석의 우려가 없는 안전한 곳에 위치할 것
	  2) 시설 배치도, 이용방법, 비상 시 행동 요령 등을 이용객이 잘 볼 수 있는 곳에 게시할 것
	  3) 비상 시 긴급상황을 이용객에게 알릴 수 있는 시설 또는 장비를 갖출 것
	  4) 야영장 규모를 고려하여 소화기를 적정하게 확보하고 눈에 띄기 쉬운 곳에 배치할 것
	  5) 긴급 상황에 대피할 수 있도록 대피로를 확보할 것
	  6) 비상 시 대응요령을 숙지하고 야영장이 개장되어 있는 시간에 상주하는 관리요원을 확보할 것
	(다) 개별기준
	  1) 일반야영장업
	    가) 야영용 천막을 칠 수 있는 공간은 천막 1개당 15제곱미터 이상을 확보할 것

	나) 야영에 불편이 없도록 하수도 시설 및 화장실의 이용이 가능할 것
	다) 긴급상황 발생 시 이용객을 이송할 수 있는 차로를 확보할 것
	2) 자동차야영장업
	가) 차량 1대당 50제곱미터 이상의 야영공간(차량을 주차하고 그 옆에 야영장비 등을 설치할 수 있는 공간을 말한다)을 확보할 것
	나) 야영에 불편이 없도록 상·하수도 시설, 전기시설, 화장실 및 취사시설의 이용이 가능할 것
	다) 야영장 입구까지 1차선 이상의 차로를 확보하고, 1차선 차로를 확보한 경우에는 적정한 곳에 차량의 교행이 가능한 공간을 확보할 것

4. 관광유람선업

관광유람선업은 일반관광유람선업과 크루즈업으로 나뉜다. 일반관광유람선업은 "「해운법」에 따른 해상여객운송사업의 면허를 받은 자나 「유선 및 도선사업법」에 따른 유선사업의 면허를 받거나 신고한 자가 선박을 이용하여 관광객에게 관광을 할 수 있도록 하는 업"이며 크루즈업은 "「해운법」에 따른 순항(順航) 여객운송사업이나 복합 해상여객운송사업의 면허를 받은 자가 해당 선박 안에 숙박시설, 위락시설 등 편의시설을 갖춘 선박을 이용하여 관광객에게 관광을 할 수 있도록 하는 업"(「관광진흥법 시행령」 제2조제1항제3호라목)으로 규정하고 있다.

<표 Ⅲ-7> 관광유람선업 등록기준

구분		등록기준
일반관광유람선업	구조	「선박안전법」에 따른 구조 및 설비를 갖춘 선박일 것
	선상시설	이용객의 숙박 또는 휴식에 적합한 시설을 갖추고 있을 것
	위생시설	수세식화장실과 냉·난방 설비를 갖추고 있을 것
	편의시설	식당·매점·휴게실을 갖추고 있을 것
	수질오염 방지시설	수질요염을 방지하기 위한 오수 저장·처리시설과 폐기물처리시설을 갖추고 있을 것

크루즈업	• 일반관광유람선업에서 규정하고 있는 관광사업의 등록기준을 충족할 것 • 욕실이나 샤워시설을 갖춘 객실을 20실 이상 갖추고 있을 것 • 체육시설, 미용시설, 오락시설, 쇼핑시설 중 두 종류 이상의 시설을 갖추고 있을 것

5. 관광공연장업

관광공연장업은「관광진흥법 시행령」제2조제1항제3호마목에서 "관광객을 위하여 적합한 공연시설을 갖추고 공연물을 공연하면서 관광객에게 식사와 주류를 판매하는 업"으로 규정하고 있으며 실내관광공연장과 실외관광공연장으로 나뉜다.

〈표 Ⅲ-8〉 관광공연장업 등록기준

구분		등록기준
설치장소		관광지·관광단지, 관광특구 또는「지역문화진흥법」제18조제1항에 따라 지정된 문화지구(같은 법 제18조제3항제3호에 따라 해당 영업 또는 시설의 설치를 금지하거나 제한하는 경우 제외) 안에 있거나 이 법에 따른 관광사업 시설 안에 있을 것. 다만, 실외관광공연장의 경우 법에 따른 관광숙박업, 관광객이용시설업(전문휴양업과 종합휴양업), 국제회의업, 유원시설업에 한한다.
시설기준	실내관광공연장	• 70제곱미터 이상의 무대를 갖추고 있을 것 • 출연자가 연습하거나 대기 또는 분장할 수 있는 공간을 갖추고 있을 것 • 출입구는「다중이용업소의 안전관리에 관한 특별법」에 따른 다중이용업소의 영업장에 설치하는 안전시설등의 설치기준에 적합할 것 • 삭제 <2011.3.30.> • 공연으로 인한 소음이 밖으로 전달되지 아니하도록 방음시설을 갖추고 있을 것
	실외관광공연장	• 70제곱미터 이상의 무대를 갖추고 있을 것 • 남녀용으로 구분된 수세식 화장실을 갖추고 있을 것
일반음식점영업허가		「식품위생법 시행령」제21조에 따른 식품접객업 중 일반음식점 영업허가를 받을 것

6. 외국인관광 도시민박업

외국인관광 도시민박업은 "도시지역의 주민이 자신이 거주하고 있는 주택을 이용하여 외국인 관광객에게 한국의 가정문화를 체험할 수 있도록 적합한 시설을 갖추고 숙식 등을 제공하는 업"이라고 「관광진흥법 시행령」 제2조제1항제3호바목에서 규정하고 있다. 도시지역은 「국토의 계획 및 이용에 관한 법률」 제6조제1호에 따라 '인구와 산업이 밀집되어 있거나 밀집이 예상되어 그 지역에 대하여 체계적인 개발·정비·관리·보전 등이 필요한 지역'을 말하며, 주민 자신이 거주하고 있는 주택은 「건축법 시행령」 [별표 1] 제1호 가목 또는 다목에 따른 단독주택 또는 다가구주택과 「건축법 시행령」 [별표 1] 제2호가목, 나목 또는 다목에 따른 아파트, 연립주택 또는 다세대주택을 뜻한다. 또한 「도시재생 활성화 및 지원에 관한 특별법」 제2조제6호에 따른 도시재생활성화계획에 따라 마을기업이 외국인 관광객에게 우선하여 숙식 등을 제공하면서, 외국인 관광객의 이용에 지장을 주지 아니하는 범위에서 해당 지역을 방문하는 내국인 관광객에게 그 지역의 특성화된 문화를 체험할 수 있도록 숙식 등을 제공할 수 있게 하였다. 여기서 마을기업이란 '지역주민 또는 단체가 해당 지역의 인력, 향토, 문화, 자연 자원 등 각종 자원을 활용하여 생활환경을 개선하고 지역공동체를 활성화하며 소득과 일자리를 창출하기 위하여 운영하는 기업'을 말한다.

〈표 Ⅲ-9〉 외국인관광 도시민박업 등록기준

(1) 주택의 연면적이 230제곱미터 미만일 것
(2) 외국어 안내 서비스가 가능한 체제를 갖출 것
(3) 소화기를 1개 이상 구비하고, 객실마다 단독경보형 감지기 및 일산화탄소 경보기(난방설비를 개별난방 방식으로 설치한 경우만 해당)를 설치할 것

7. 한옥체험업

한옥체험업은 「관광진흥법 시행령」 제2조제1항제3호사목에서 "한옥에 관광객의 숙박 체험에 적합한 시설을 갖추고 관광객에게 이용하게 하거나, 전통 놀이 및 공예 등 전통

문화 체험에 적합한 시설을 갖추어 관광객에게 이용하게 하는 업"으로 규정하고 있다. 한옥이란 「한옥 등 건축자산의 진흥에 관한 법률」 제2조제2호에 따른 한옥을 말하는데, '주요 구조가 기둥·보 및 한식 지붕틀로 된 목구조로서 우리나라 전통 양식이 반영된 건축물 및 그 부속건축물'을 뜻한다.

〈표 Ⅲ-10〉 한옥체험업 등록기준

(1) 「한옥 등 건축자산의 진흥에 관한 법률」 제27조에 따라 국토교통부장관이 정하여 고시한 기준에 적합한 한옥일 것. 다만, 「문화재보호법」에 따라 문화재로 지정·등록된 한옥 및 「한옥 등 건축자산의 진흥에 관한 법률」 제10조에 따라 우수건축자산으로 등록된 한옥의 경우에는 그렇지 않다.

(2) 객실 및 편의시설 등 숙박 체험에 이용되는 공간의 연면적이 230제곱미터 미만일 것. 다만, 다음의 어느 하나에 해당하는 한옥의 경우에는 그렇지 않다.

　(가) 「문화유산의 보존 및 활용에 관한 법률」, 「근현대문화유산의 보존 및 활용에 관한 법률」 또는 「자연유산의 보존 및 활용에 관한 법률」에 따라 문화유산 또는 자연유산으로 지정·등록된 한옥

　(나) 「한옥 등 건축자산의 진흥에 관한 법률」 제10조에 따라 우수건축자산으로 등록된 한옥

　(다) 한옥마을의 한옥, 고택 등 특별자치시·특별자치도·시·군·구의 조례로 정하는 한옥

(3) 숙박 체험을 제공하는 경우에는 이용자의 불편이 없도록 욕실이나 샤워시설 등 편의시설을 갖출 것

(4) 객실 내부 또는 주변에 소화기를 1개 이상 비치하고, 숙박 체험을 제공하는 경우에는 객실 마다 단독경보형 감지기 및 일산화탄소 경보기(난방설비를 개별난방 방식으로 설치한 경우만 해당한다)를 설치할 것

(5) 취사시설을 설치하는 경우에는 「도시가스사업법」, 「액화석유가스의 안전관리 및 사업법」, 「화재예방, 소방시설 설치·유지 및 안전관리에 관한 법률」 및 그 밖의 관계 법령에서 정하는 기준에 적합하게 설치·관리할 것

(6) 수돗물(「수도법」 제3조제5호에 따른 수도 및 같은 조 제14호에 따른 소규모급수시설에서 공급되는 물을 말한다) 또는 「먹는물관리법」 제5조제3항에 따른 먹는물의 수질 기준에 적합한 먹는물 등을 공급할 수 있는 시설을 갖출 것

(7) 월 1회 이상 객실·접수대·로비시설·복도·계단·욕실·샤워시설·세면시설 및 화장실 등을 소독할 수 있는 체제를 갖출 것

(8) 객실 및 욕실 등을 수시로 청소하고, 침구류를 정기적으로 세탁할 수 있는 여건을 갖출 것

(9) 환기를 위한 시설을 갖출 것. 다만, 창문이 있어 자연적으로 환기가 가능한 경우에는 그렇지 않다.

(10) 욕실의 원수(原水)는 「공중위생관리법」 제4조제2항에 따른 목욕물의 수질기준에 적합할 것

(11) 한옥을 관리할 수 있는 관리자를 영업시간 동안 배치할 것

(12) 숙박 체험을 제공하는 경우에는 접수대 또는 홈페이지 등에 요금표를 게시하고, 게시된 요금을 준수할 것

제5절 국제회의업

「관광진흥법」 제3조제1항제4호에서 국제회의업은 "대규모 관광수요를 유발하는 국제회의(세미나 · 토론회 · 전시회 등 포함)를 개최할 수 있는 시설을 설치 · 운영하거나 국제회의의 계획 · 준비 · 진행 등의 업무를 위탁받아 대행하는 업"으로 정의하고 있으며, 국제회의시설업과 국제회의기획업으로 나뉜다. 국제회의시설업은 '대규모 관광수요를 유발하는 국제회의를 개최할 수 있는 시설을 설치 · 운영하는 업'으로 코엑스(COEX), 킨텍스(KINTEX), 송도컨벤시아(SONGDO CONVENSIA) 등의 컨벤션센터를 말하며, 국제회의기획업은 '국제회의의 계획 · 준비 · 진행 등의 업무를 위탁받아 대행하는 업'으로 PCO(Professional Convention Organizer)를 뜻한다. 국제회의업을 경영하려는 자는 특별자치시장 · 특별자치도지사 · 시장 · 군수 · 구청장에게 등록하고, 대통령령으로 정하는 자본금 · 시설이나 설비 등을 갖추어야 하며 그 규정은 다음과 같다.

〈표 Ⅲ-11〉 국제회의업 등록기준

구분	등록기준
국제회의시설업	• 「국제회의산업 육성에 관한 법률 시행령」 제3조에 따른 회의시설 및 전시시설의 요건을 갖추고 있을 것 • 국제회의개최 및 전시의 편의를 위하여 부대시설로 주차시설과 쇼핑 · 휴식시설을 갖추고 있을 것
국제회의기획업	• 자본금 : 5천만 원 이상일 것 • 사무실 : 소유권이나 사용권이 있을 것

국제회의에 관한 용어, 국제회의 전담조직, 국제회의도시, 국제회의복합지구, 국제회의집적시설 등 국제회의에 관한 상세한 내용은 Ⅴ. 국제회의산업 육성에 관한 법률에서 다루기로 한다.

제6절 카지노업

「관광진흥법」 제3조제1항제5호에서 카지노업은 "전문 영업장을 갖추고 주사위·트럼프·슬롯머신 등 특정한 기구 등을 이용하여 우연의 결과에 따라 특정인에게 재산상의 이익을 주고 다른 참가자에게 손실을 주는 행위 등을 하는 업"으로 정의하고 있다. 문화체육관광부에서 발표한 카지노업 현황은 2024년 4월 현재 외국인 전용 카지노는 13개 법인, 외국인 전용 16개 영업장과 내외국인 1개 영업장을 운영하고 있으며, 직영 3곳, 임대 14곳이 있다. 자세한 내용은 다음과 같다.

〈표 Ⅲ-12〉 국내 카지노업 현황

('24.4. 기준)

시·도	업 체 명 (법 인 명)	허가일	운영 형태 (등급)	대표자	종사 원수 (명)	'23 매출액 (백만원)	'23 입장객 (명)	허가 면적(㎡)
서울	파라다이스카지노 워커힐점 【(주)파라다이스】	'68.03.05	임대 (5성)	최성욱 최종환	968	354,482	423,304	2,694.23
	세븐럭카지노 강남코엑스점 【그랜드코리아레저(주)】	'05.01.28	임대 (컨벤션)	김영산	893	192,143	262,789	2,158.32
	세븐럭카지노 서울드래곤시티점 【그랜드코리아레저(주)】	'05.01.28	임대 (5성)	김영산	525	151,683	397,984	2,137.20
부산	세븐럭카지노 부산롯데점 【그랜드코리아레저(주)】	'05.01.28	임대 (5성)	김영산	337	53,524	129,052	1,583.73
	파라다이스카지노 부산지점 【(주)파라다이스】	'78.10.29	임대 (5성)	최성욱 최종환	265	46,199	78,186	1,483.66
인천	파라다이스카지노 (파라다이스시티) 【(주)파라다이스세가사미】	'67.08.10	직영 (5성)	최종환	852	329,132	298,076	8,726.80
	인스파이어 카지노(인스파이어) 【(주)인스파이어 인티그레이티드 리조트】	'24.01.23	직영 (5성)	첸시	1,063	-	-	14,372.00

강원	알펜시아카지노 【(주)지바스】	'80.12.09	임대 (5성)	박주언	5	0	73	632.69
대구	호텔인터불고대구카지노 【(주)골든크라운】	'79.04.11	임대 (5성)	안위수	154	21,965	70,376	1,485.24
제주	공즈카지노 【길상창휘(유)】	'75.10.15	임대 (5성)	쭈시 앙보	65	1,188	4,129	1,604.84
	파라다이스카지노 제주지점 【(주)파라다이스】	'90.09.01	임대 (5성)	최성욱 최종환	187	14,810	47,327	1,159.92
	세븐스타카지노 【(주)청해】	'91.07.31	임대 (5성)	박성철	170	25,888	17,926	1,175.85
	제주오리엔탈카지노 【(주)건하】	'90.11.06	임대 (5성)	박성호	50	2,149	5,885	865.25
	드림타워카지노(제주드림타워) 【(주)엘티엔터테인먼트】	'85.04.11	임대 (5성)	김한준	742	189,691	266,864	5,529.63
	제주썬카지노 【(주)지앤엘】	'90.09.01	직영 (5성)	이성열	63	727	6,237	1,509.12
	랜딩카지노(제주신화월드) 【람정엔터테인먼트코리아(주)】	'90.09.01	임대 (5성)	홍재성	311	23,263	58,169	5,641.10
	메가럭카지노 【(주)메가럭】	'95.12.28	임대 (5성)	이근배	33	203	707	1,347.72
13개 법인, 17개 영업장(외국인 전용)			직영:3 임대:14	-	6,683	1,407,047	2,067,084	54,107.3
강원	강원랜드카지노(하이원리조트) 【(주)강원랜드】	'00.10.12	직영 (5성)	이삼걸	2,077	1,320,219	2,413,082	15,481.19
14개 법인, 18개 영업장(내·외국인)			직영:4 임대:14	-	8,760	2,727,266	4,480,166	69,588.49

자료: 문화체육관광부(2024)

※ 매출액: 관광기금 부과 대상 매출액 기준

※ 종사원수('24.4월 기준) : 정규직 외 계약직 등 전체 인원 기준이며 종사원수는 수시 변동함
- 워커힐카지노에 본사 인원 포함 / 세븐럭카지노 강남코엑스점에 본사 및 마케팅 인원 포함
- 파라다이스시티, 인스파이어카지노, 드림타워카지노, 랜딩카지노는 복합리조트 중 카지노 인원 기준
- 강원랜드카지노는 복합리조트 중 카지노(영업·영업기타) 인원 기준

카지노사업자 관광진흥개발기금 부과 현황

(단위: 백만원)

구 분	2014	2015	2016	2017	2018	2019	2020	2021	2022	2023
파라다이스 워커힐	41,040	35,005	33,927	26,612	29,081	28,583	16,865	13,876	15,334	34,908
세븐럭 강남코엑스	25,303	20,988	22,915	19,349	18,974	18,261	8,109	2,648	13,518	18,674
세븐럭 서울드래곤시티	19,484	19,081	21,466	20,181	19,751	21,606	7,239	4,258	9,645	14,628
세븐럭 부산롯데	7,026	7,976	8,081	7,999	7,896	7,824	1,634	446	1,734	4,812
파라다이스 부산	7,507	6,775	9,616	6,699	6,410	7,093	1,928	1,161	2,393	4,080
파라다이스 시티	10,324	8,971	9,048	17,046	24,401	37,152	12,153	8,146	15,299	32,373
알펜시아	6	2	0	0.4	2	2	0.3	0	0	0
인터불고	714	774	1,133	1,173	1,094	1,532	1,139	1,316	1,670	1,657
육지지역 외국인전용 계	111,404	99,572	106,186	99,059	107,609	122,053	49,067	31,851	59,593	111,132
공즈	1,944	1,241	229	2,736	3,268	2,679	435	9.9	0	19
파라다이스 제주	5,731	4,410	4,983	2,729	1,920	3,503	451	55	112	941
세븐스타	3,498	3,478	1,999	580	1,044	343	118	0	8.5	2,049
오리엔탈	1,416	1,091	1,517	1,442	822	1,140	20	0	0	67
드림타워	3,191	3,135	1,884	959	177	193	27	2,414	5,981	18,429
제주썬	838	166	90	367	393	372	55	0	0	7.3
랜딩	357	2,680	2,621	3,514	37,941	5,705	3,695	1,097	644	1,786
메가럭	1,295	731	562	1,133	1,581	1,250	0.4	0	0	2.0
제주지역 외국인전용 계	18,270	16,932	13,885	13,460	47,146	15,185	4,801	3,576	6,746	23,300
외국인전용 합계	129,674	116,504	120,071	112,519	154,755	137,238	53,868	35,427	66,339	134,432
강원랜드	141,660	155,575	162,221	151,770	139,468	147,615	43,815	76,960	121,806	131,482
총계	271,334	272,079	282,292	264,289	294,223	284,853	97,683	112,387	188,145	265,914

※ 위 관광기금은 당해 연도 기금부과 대상 매출액 대비 산출액이며 납부는 다음해에 함

연도별 외래객 대비 카지노이용객 현황

(단위: 명, %)

연 도	외래방한객 (A)	카지노이용객 (B)	외래방한객 대비 점유율(B/A)	카지노 이용객 전년대비 증감률(%)
1993	3,331,226	650,420	19.5	△4.4
1994	3,580,024	625,865	17.5	△3.8
1995	3,753,197	633,174	16.9	1.2
1996	3,683,779	517,672	14.1	△18.2
1997	3,908,140	518,178	13.1	0.1
1998	4,250,216	689,254	16.0	33.0
1999	4,659,785	694,899	14.9	0.8
2000	5,321,792	636,005	12.0	△8.4
2001	5,147,204	626,851	12.1	△1.4
2002	5,347,468	647,722	12.1	3.3
2003	4,752,762	630,474	13.2	△2.6
2004	5,818,138	677,145	11.6	7.4
2005	6,022,752	574,094	9.5	△15.2
2006	6,155,046	988,718	16.0	72.2
2007	6,448,240	1,176,338	18.2	19.0
2008	6,890,841	1,276,772	18.5	8.5
2009	7,817,533	1,676,207	21.4	31.2
2010	8,797,658	1,945,819	22.1	16.0
2011	9,794,796	2,100,698	21.4	8.0
2012	11,140,028	2,384,214	21.4	13.5
2013	12,175,550	2,707,315	22.2	13.6
2014	14,201,516	2,961,833	20.9	9.4
2015	13,231,651	2,613,620	19.8	△11.8
2016	17,241,823	2,362,544	13.7	△9.6
2017	13,335,758	2,216,459	16.6	△6.2
2018	15,346,879	2,839,017	18.5	28.1
2019	17,502,756	3,233,761	18.5	13.9
2020	2,519,118	1,160,967	46.1	△64.1
2021	967,003	708,571	73.3	△39.0
2022	3,198,017	1,105,293	34.6	56.0
2023	11,031,665	2,067,084	18.7	87.0

※ 2023년 외래방한객 출처: 한국관광공사
※ 카지노이용객은 외국인전용 카지노(육지+제주) 기준

연도별 관광외화수입 대비 카지노 매출액

(단위 : 천$, %)

연 도	관광외화수입 (천$) (A)	증감률(%)	카지노외화수입 (천$) (B)	증감률(%)	점유율(%) (B/A)
1993	2,929,500	8.9	173,176	27.0	5.9
1994	3,316,500	13.2	250,763	44.8	7.6
1995	5,060,200	52.6	286,342	14.2	5.7
1996	4,855,400	△4.0	265,560	△7.2	5.5
1997	4,710,200	△3.0	243,013	△8.5	5.2
1998	6,865,400	45.8	203,877	△16.1	2.9
1999	6,801,900	△0.9	251,787	23.5	3.7
2000	6,811,300	0.1	301,153	20.0	4.4
2001	6,370,700	△6.5	296,355	△0.8	4.6
2002	5,915,000	△7.2	327,075	10.4	5.5
2003	5,339,900	△9.7	334,335	2.2	6.3
2004	6,049,300	13.3	378,576	13.2	6.3
2005	5,785,100	△4.4	423,413	11.8	7.3
2006	5,689,000	△1.7	501,928	18.5	8.8
2007	6,057,600	6.5	659,634	31.4	10.9
2008	9,680,500	59.8	684,263	3.7	7.1
2009	9,737,000	0.6	720,520	5.3	7.4
2010	10,225,400	5.0	869,679	20.5	8.5
2011	12,233,900	19.6	1,015,982	16.8	8.3
2012	13,201,100	7.9	1,110,244	9.3	8.4
2013	14,288,400	8.2	1,250,093	12.6	8.7
2014	17,335,900	21.3	1,307,776	4.6	7.5
2015	14,675,800	△15.3	1,098,778	△16.0	7.5
2016	16,753,900	14.2	1,099,266	0.04	6.6
2017	13,263,900	△20.8	1,066,442	△3.0	8.0
2018	18,461,800	39.2	1,477,265	38.5	8.0
2019	20,744,900	12.4	1,243,280	△15.9	6.0
2020	10,181,100	△50.9	506,559	△59.3	5.0
2021	10,622,500	4.3	353,659	△30.2	3.3
2022	12,240,600	13.2	552,063	56.1	4.5
2023	15,111,500	23.5	1,077,858	95.2	7.1

※ 2023년 관광수입은 추정치(출처: 한국관광공사)
※ 카지노외화수입은 외국인전용 카지노(육지+제주) 기준

카지노업체 게임기구 현황

('24.4. 기준)

육지 지역	업체명(법인명) 및 전용영업장 면적(㎡)	테이블게임		전자 테이블게임			머신게임		총 수량
		종류	대수	종류	대수	단말기수	종류	대수	
서울	파라다이스카지노 워커힐점 【(주)파라다이스】 (2,694.23)	RL	6	D-BC	2	80	SM	2	8종 235대
		BJ	8	A-RL	1		VG	137	
		BC	68						
		PO	11						
		TS	-						
		소계	93	소계	3	80	소계	139	
	세븐럭카지노 서울강남코엑스점 【그랜드코리아레저(주)】 (2,158.32)	RL	2	D-BC	1	45	SM	-	10종 190대
		BJ	8	A-BC	1		VG	108	
		BC	62	A-RL	1				
		PO	5	A-TS	1				
		TS	1						
		소계	78	소계	4	45	소계	108	
	세븐럭카지노 서울드래곤시티점 【그랜드코리아레저(주)】 (2,137.20)	RL	6	D-BC	1	71	SM	9	11종 204대
		BJ	6	A-BC	1		VG	137	
		BC	37	A-RL	1				
		PO	2						
		TS	2						
		CW	2						
		소계	55	소계	3	71	소계	146	
부산	세븐럭카지노 부산롯데점 【그랜드코리아레저(주)】 (1,583.73)	RL	3	D-BC	1	29	SM	5	10종 145대
		BJ	6	A-BC	1		VG	95	
		BC	30	A-RL	1				
		PO	2						
		TS	1						
		소계	42	소계	3	29	소계	100	
	파라다이스카지노 부산지점 【(주)파라다이스】 (1,483.66)	RL	2	D-BC	2	41	SM	-	7종 101대
		BJ	2	D-RL	1		VG	64	
		BC	29						
		PO	1						
		소계	34	소계	3	41	소계	64	

인천	파라다이스카지노 【(주)파라다이스세가사미】 (8,726.80) (파라다이스시티)	RL	12	D-BC	3	144	SM	19	14종 523대
		BJ	18	D-RL	1		VG	313	
		BC	131	A-RL	3				
		PO	17	A-TS	2				
		TS	1	A-BW	1				
		CW	1	A-CR	1				
		소계	180	소계	11	144	소계	332	
	인스파이어카지노 【(주)인스파이어 인티크레이티드 리조트】 (14,372.00) (인스파이어 엔터테인먼트 리조트)	RL	9	D-BC	5	176	SM	2	12종 530대
		BJ	18	D-RL	2		VG	372	
		BC	106	A-CW	1				
		PO	11	A-RL	1				
		TS	2	A-TS	1				
		소계	146	소계	10	176	소계	374	
강원 평창	알펜시아카지노 【(주)지바스】 (632.69)	RL	1				SM	-	5종 53대
		BJ	2				VG	30	
		BC	19						
		TS	1						
		소계	23				소계	30	
대구	인터불고대구카지노 【(주)골든크라운】 (1,485.24)	BJ	5	D-BC	2	30	SM	4	7종 118대
		BC	19	A-RL	1		VG	81	
		PO	6						
		소계	30	소계	3	30	소계	85	
강원 정선	강원랜드카지노 ㈜강원랜드 (15,481.19) (하이원리조트)	RL	13	D-BC	2	272	SM	115	15종 1,560대
		BJ	62	D-RL	1		VG	1,245	
		BC	93	D-BJ	1				
		PO	12	A-BC	1				
		TS	8	A-RL	1				
		BW	2	A-TS	1				
		CW	3						
		소계	193	소계	7	272	소계	1,360	

육지지역 합계							
RL	54	D-BC	19		SM	156	
BJ	135	D-RL	5		VG	2,582	
BC	594	D-BJ	1				
PO	67	A-CW	1				18종 3,659대
TS	16	A-BC	4	888			
BW	2	A-RL	10				
CW	6	A-TS	5				
		A-BW	1				
		A-CR	1				
소계	874	소계	47	888	소계	2,738	

제주지역	업체명(법인명) 및 전용영업장 면적(㎡)	테이블게임		전자 테이블게임			머신게임		총 수량
		종류	대수	종류	대수	단말기수	종류	대수	
제주	공즈카지노 【길상창휘(유)】 (1,604.84)	BJ	2	A-BC	1		SM	-	8종 67대
		BC	31	A-RL	1	14	VG	24	
		PO	5	A-TS	1				
		MA	2						
		소계	40	소계	3	14	소계	24	
	파라다이스카지노 제주지점 【(주)파라다이스】 (1,159.92)	RL	1				SM	-	5종 74대
		BJ	3				VG	38	
		BC	31						
		TS	1						
		소계	36				소계	38	
	세븐스타카지노 【(주)청해】 (1,175.85)	RL	1						5종 33대
		BJ	2						
		BC	26						
		PO	3						
		TS	1						
		소계	33						

제주오리엔탈카지노 【(주)건하】 (865.25)	RL	1				SM	-	6종 55대
	BJ	4				VG	20	
	BC	27						
	PO	2						
	TS	1						
	소계	35				소계	20	
드림타워카지노 【(주)엘티엔터테인먼트】 (5,529.63) (제주드림타워)	RL	7	A-BC	6	71	SM	-	9종 347대
	BJ	16	A-RL	1		VG	190	
	BC	107	A-TS	1				
	PO	8						
	TS	11						
	소계	149	소계	8	71	소계	190	
제주썬카지노 【(주)지앤엘】 (1,509.12)	RL	2				SM	-	6종 80대
	BJ	4				VG	33	
	BC	38						
	PO	2						
	TS	1						
	소계	47				소계	33	
랜딩카지노 【람정엔터테인먼트코리아(주)】 (5,641.10) (제주신화월드)	RL	5	D-BC	2	56	SM	-	11종 240대
	BJ	2	A-BC	2		VG	63	
	BC	81	A-RL	2				
	PO	79	A-TS	2				
	TS	1						
	NIU	1						
	소계	169	소계	8	56	소계	63	
메가럭카지노 【(주)메가럭】 (1,347.72)	RL	1	A-RL	1	16	SM	-	7종 33대
	BJ	1	A-TS	1		VG	8	
	BC	19						
	TS	1						
	소계	22	소계	2	16	소계	8	

제주지역 합계	RL	18	D-BC	2	187	SM	-	12종 928대
	BJ	34	A-BC	9		VG	376	
	BC	360	A-RL	5				
	PO	99	A-TS	5				
	TS	17						
	MA	2						
	NIU	1						
	소계	531	소계	21	187	소계	376	

※ 게임기구는 수시 변동함
※ 참고: 게임기구 용어 정리

구 분		게임기구 용어 정리	비고
테이블게임 및 전자테이블게임	RL	룰렛 (Roulette)	○ 전자테이블게임 운영 구분 - D: 딜러 운영 전자테이블 게임 - A: 무인(완전 자동) 전자테이블 게임
	BJ	블랙잭 (Blackjack)	
	BC	바카라 (baccarat)	
	PO	포커 (Poker)	
	TS	다이 사이 (Tai Sai) 또는 식보 (Sicbo)	
	BW	빅 휠 (Big Wheel)	
	CW	카지노 워 (Casino War)	
	CR	크랩스 (Craps) 또는 다이스 (Dice)	
	MA	마작 (Mahjong)	
	NIU	니우 니우 (Niu Niu)	
머신게임	SM	슬롯머신 (Slot Machine)	
	VG	비디오게임 (Video Game)	

1. 허가요건

카지노업의 허가권자는 문화체육관광부 장관이며, 허가요건은 ① 국제공항이나 국제여객선터미널이 있는 특별시·광역시·특별자치시·도·특별자치도에 있거나 ② 관광특구에 있는 관광숙박업 중 호텔업 시설, 또는 ③ 국제회의시설업의 부대시설 ④ 우리나라와 외국을 왕래하는 여객선 등이다. 관광호텔업이나 국제회의시설업의 부대시설은 ㉮ 외래관광객 유치계획 및 장기수지 전망 등을 포함한 사업계획서가 적정할 것, ㉯ 앞의 규정된 사업계획의 수행에 필요한 재정 능력이 있을 것, ㉰ 현금과 칩의 관리 등 영업 거래에 관한 내부통제 방안이 수립되어 있을 것, ㉱ 그 밖에 카지노업의 건전한 운영과 관광산업의 진흥을 위하여 문화체육관광부 장관이 공고하는 기준에 맞을 것 등이다. 우리나라와 외국 간을 왕래하는 여객선의 경우 여객선이 2만 톤급 이상으로 문화체육관광부 장관이 공고하는 총톤수 이상이며, 앞의 ㉮, ㉯, ㉰, ㉱의 규정에 적합해야 한다.

> 제21조(허가 요건 등) ① 문화체육관광부장관은 제5조제1항에 따른 카지노업(이하 "카지노업"이라 한다)의 허가신청을 받으면 다음 각 호의 어느 하나에 해당하는 경우에만 허가할 수 있다. <개정 2008.2.29., 2008.6.5., 2018.6.12.>
>
> 1. 국제공항이나 국제여객선터미널이 있는 특별시·광역시·특별자치시·도·특별자치도(이하 "시·도"라 한다)에 있거나 관광특구에 있는 관광숙박업 중 호텔업 시설(관광숙박업의 등급 중 최상 등급을 받은 시설만 해당하며, 시·도에 최상 등급의 시설이 없는 경우에는 그 다음 등급의 시설만 해당한다) 또는 대통령령으로 정하는 국제회의업 시설의 부대시설에서 카지노업을 하려는 경우로서 대통령령으로 정하는 요건에 맞는 경우
> 2. 우리나라와 외국을 왕래하는 여객선에서 카지노업을 하려는 경우로서 대통령령으로 정하는 요건에 맞는 경우
>
> ② 문화체육관광부장관이 공공의 안녕, 질서유지 또는 카지노업의 건전한 발전을 위하여 필요하다고 인정하면 대통령령으로 정하는 바에 따라 제1항에 따른 허가를 제한할 수 있다. <개정 2008.2.29.>

제21조의2(허가의 공고 등) ① 문화체육관광부장관은 카지노업의 신규허가를 하려면 미리 다음 각 호의 사항을 정하여 공고하여야 한다.

1. 허가 대상지역
2. 허가 가능업체 수
3. 허가절차 및 허가방법
4. 세부 허가기준
5. 카지노업의 건전한 운영과 관광산업의 진흥을 위하여 문화체육관광부장관이 정하는 사항

② 문화체육관광부장관은 제1항에 따른 공고를 실시한 결과 적합한 자가 없을 경우에는 카지노업의 신규허가를 하지 아니할 수 있다. [본조신설 2016.2.3.]

관광진흥법 시행령

제27조(카지노업의 허가요건 등) ① 법 제21조제1항제1호에서 "대통령령으로 정하는 국제회의업 시설"이란 제2조제1항제4호가목의 국제회의시설업의 시설을 말한다.

② 법 제21조제1항에 따른 카지노업의 허가요건은 다음 각 호와 같다.

<개정 2008.2.29., 2012.11.20., 2015.8.4.>

1. 관광호텔업이나 국제회의시설업의 부대시설에서 카지노업을 하려는 경우

    가. 삭제 <2015.8.4.>

    나. 외래관광객 유치계획 및 장기수지전망 등을 포함한 사업계획서가 적정할 것

    다. 나목에 규정된 사업계획의 수행에 필요한 재정능력이 있을 것

    라. 현금 및 칩의 관리 등 영업거래에 관한 내부통제방안이 수립되어 있을 것

    마. 그 밖에 카지노업의 건전한 운영과 관광산업의 진흥을 위하여 문화체육관광부장관이 공고하는 기준에 맞을 것

2. 우리나라와 외국 간을 왕래하는 여객선에서 카지노업을 하려는 경우

　가. 여객선이 2만톤급 이상으로 문화체육관광부장관이 공고하는 총톤수 이
　　　상일 것

　나. 삭제 <2012.11.20.>

　다. 제1호나목부터 마목까지의 규정에 적합할 것

③ 문화체육관광부장관은 법 제21조제2항에 따라 최근 신규허가를 한 날 이후
에 전국 단위의 외래관광객이 60만 명 이상 증가한 경우에만 신규허가를 할 수
있되, 다음 각 호의 사항을 고려하여 그 증가인원 60만 명당 2개 사업 이하의
범위에서 할 수 있다. <개정 2008.2.29., 2015.8.4.>

1. 전국 단위의 외래관광객 증가 추세 및 지역의 외래관광객 증가 추세

2. 카지노이용객의 증가 추세

3. 기존 카지노사업자의 총 수용능력

4. 기존 카지노사업자의 총 외화획득실적

5. 그 밖에 카지노업의 건전한 운영과 관광산업의 진흥을 위하여 필요한 사항

④ 삭제 <2016.8.2.>

2. 결격 사유

　19세 미만인 자, 여러 가지 금고 이상의 형이 확정된 자 또는 그 유예 기간에 있는
자, 임원이 앞에 말한 사항에 해당하는 자가 있는 법인 등은 카지노업의 허가를 받을
수 없다. 금고(禁錮)는 수형자(受刑者)를 교도소 내에 가두어 신체의 자유를 박탈하는
형벌로서, 징역은 노역이 강제되지만, 금고는 노역이 강제되지 않는다. 이 형벌은 과실
범이나 양심수, 정치범 등 명예를 존중할 필요가 있는 비파렴치범에게 주로 선고되고
있는 점에서 명예스러운 구금이라고 할 수 있다. 법률상 '금고 이상의 형'에 일정한 효과
를 부여하는 사례가 매우 많은데, 금고 이상의 형이란 사형, 징역, 금고를 말한다.

제22조(결격사유) ① 다음 각 호의 어느 하나에 해당하는 자는 카지노업의 허가를 받을 수 없다. <개정 2024.1.23.>

1. 19세 미만인 자

2. 「폭력행위 등 처벌에 관한 법률」 제4조에 따른 단체 또는 집단을 구성하거나 그 단체 또는 집단에 자금을 제공하여 금고 이상의 형을 선고받고 형이 확정된 자

3. 조세를 포탈(逋脫)하거나 「외국환거래법」을 위반하여 금고 이상의 형을 선고받고 형이 확정된 자

4. 금고 이상의 실형을 선고받고 그 집행이 끝나거나(집행이 끝난 것으로 보는 경우를 포함한다) 집행을 받지 아니하기로 확정된 후 2년이 지나지 아니한 자

5. 금고 이상의 형의 집행유예를 선고받고 그 유예기간 중에 있는 자

6. 금고 이상의 형의 선고유예를 받고 그 유예기간 중에 있는 자

7. 임원 중에 제1호부터 제6호까지의 규정 중 어느 하나에 해당하는 자가 있는 법인

② 문화체육관광부장관은 카지노업의 허가를 받은 자(이하 "카지노사업자"라 한다)가 제1항 각 호의 어느 하나에 해당하면 그 허가를 취소하여야 한다. 다만, 법인의 임원 중 그 사유에 해당하는 자가 있는 경우 3개월 이내에 그 임원을 바꾸어 임명한 때에는 그러하지 아니하다. <개정 2008.2.29.>

3. 카지노업의 시설기준

카지노업의 허가를 받으려는 자는 330㎡ 이상의 전용 영업장, 1개 이상의 외국환 환전소, 카지노업의 영업 종류 중 4종류 이상의 영업을 할 수 있는 게임 기구와 시설, 문화체육관광부 장관이 정하여 고시하는 기준에 적합한 카지노 전산 시설 등의 시설과 기준을 갖추어야 한다.

제23조(카지노업의 시설기준 등) ① 카지노업의 허가를 받으려는 자는 문화체육관광부령으로 정하는 시설 및 기구를 갖추어야 한다. <개정 2008.2.29.>

② 카지노사업자에 대하여는 문화체육관광부령으로 정하는 바에 따라 제1항에 따른 시설 중 일정 시설에 대하여 문화체육관광부장관이 지정·고시하는 검사기관의 검사를 받게 할 수 있다. <개정 2008.2.29.>

③ 카지노사업자는 제1항에 따른 시설 및 기구를 유지·관리하여야 한다.

관광진흥법 시행규칙

제29조(카지노업의 시설기준 등) ① 법 제23조제1항에 따라 카지노업의 허가를 받으려는 자가 갖추어야 할 시설 및 기구의 기준은 다음 각 호와 같다.

<개정 2008.3.6.>

1. 330제곱미터 이상의 전용 영업장

2. 1개 이상의 외국환 환전소

3. 제35조제1항에 따른 카지노업의 영업종류 중 네 종류 이상의 영업을 할 수 있는 게임기구 및 시설

4. 문화체육관광부장관이 정하여 고시하는 기준에 적합한 카지노 전산시설

② 제1항제4호에 따른 기준에는 다음 각 호의 사항이 포함되어야 한다.

<개정 2019.10.7.>

1. 하드웨어의 성능 및 설치방법에 관한 사항

2. 네트워크의 구성에 관한 사항

3. 시스템의 가동 및 장애방지에 관한 사항

4. 시스템의 보안관리에 관한 사항

5. 환전관리 및 현금과 칩의 출납관리를 위한 소프트웨어에 관한 사항

관광진흥법 시행규칙

제30조(카지노 전산시설의 검사) ① 카지노업의 허가를 받은 자(이하 "카지노사업자"라 한다)는 법 제23조제2항에 따라 제29조제1항제4호에 따른 카지노 전산시설(이하 "카지노전산시설"이라 한다)에 대하여 다음 각 호의 구분에 따라 각각 해당 기한 내에 문화체육관광부장관이 지정·고시하는 검사기관(이하 "카지노 전산시설 검사기관"이라 한다)의 검사를 받아야 한다. <개정 2008.3.6.>

1. 신규로 카지노업의 허가를 받은 경우: 허가를 받은 날(조건부 영업허가를 받은 경우에는 조건 이행의 신고를 한 날)부터 15일

2. 검사유효기간이 만료된 경우: 유효기간 만료일부터 3개월

② 제1항에 따른 검사의 유효기간은 검사에 합격한 날부터 3년으로 한다. 다만, 검사 유효기간의 만료 전이라도 카지노전산시설을 교체한 경우에는 교체한 날부터 15일 이내에 검사를 받아야 하며, 이 경우 검사의 유효기간은 3년으로 한다.

③ 제1항에 따라 카지노전산시설의 검사를 받으려는 카지노사업자는 별지 제27호서식의 카지노전산시설 검사신청서에 제29조제2항 각 호에 규정된 사항에 대한 검사를 하기 위하여 필요한 자료를 첨부하여 카지노전산시설 검사기관에 제출하여야 한다.

4. 카지노업의 영업 종류와 영업 방법

카지노업의 영업 종류는 테이블 게임, 전자 테이블 게임, 머신 게임 등 크게 3가지로 분류하며 자세한 사항은 「관광진흥법 시행규칙」 [별표 8]과 같다. 또한 카지노사업자는 카지노업의 영업 종류별 영업 방법과 배당금에 관하여 문화체육관광부 장관에게 영업 종류별 영업 방법 설명서, 영업 종류별 배당금에 관한 설명서를 미리 신고해야 한다.

■ 관광진흥법 시행규칙 [별표 8] 〈개정 2024.7.1.〉

카지노업의 영업 종류(제35조제1항 관련)

영업 구분	영업 종류
1. 테이블게임(Table Game)	가. 룰렛(Roulette) 나. 블랙잭(Blackjack) 다. 다이스(Dice, Craps) 라. 포커(Poker) 마. 바카라(Baccarat) 바. 다이 사이(Tai Sai) 사. 키노(Keno) 아. 빅 휠(Big Wheel) 자. 빠이 까우(Pai Cow) 차. 판 탄(Fan Tan) 카. 조커 세븐(Joker Seven) 타. 라운드 크랩스(Round Craps) 파. 트란타 콰란타(Trent Et Quarante) 하. 프렌치 볼(French Boule) 거. 차카락(Chuck - A - Luck) 너. 빙고(Bingo) 더. 마작(Mahjong) 러. 카지노 워(Casino War) 머. 그 밖에 게임의 수학적 확률 및 배당률의 적정성에 관하여 관계 전문가의 의견 수렴을 거쳐 문화체육관광부장관이 정하여 고시하는 영업 종류

2. 전자
테이블
게임
(Electronic
Table
Game)
	가. 딜러 운영
	전자
	테이블
	게임
	(Dealer
	Operated
	Electronic
	Table
	Game)
		1) 룰렛(Roulette)
		2) 블랙잭(Blackjack)
		3) 다이스(Dice, Craps)
		4) 포커(Poker)
		5) 바카라(Baccarat)
		6) 다이 사이(Tai Sai)
		7) 키노(Keno)
		8) 빅 휠(Big Wheel)
		9) 빠이 까우(Pai Cow)
		10) 판 탄(Fan Tan)
		11) 조커 세븐(Joker Seven)
		12) 라운드 크랩스(Round Craps)
		13) 트란타 콰란타(Trent Et Quarante)
		14) 프렌치 볼(French Boule)
		15) 차카락(Chuck-A-Luck)
		16) 빙고(Bingo)
		17) 마작(Mahjong)
		18) 카지노 워(Casino War)
		19) 그 밖에 게임의 수학적 확률 및 배당률의 적정성에 관하여
		   관계 전문가의 의견 수렴을 거쳐 문화체육관광부장관이 정
		   하여 고시하는 영업 종류

	나. 무인 전자 테이블 게임 (Automated Electronic Table Game)	1) 룰렛(Roulette) 2) 블랙잭(Blackjack) 3) 다이스(Dice, Craps) 4) 포커(Poker) 5) 바카라(Baccarat) 6) 다이 사이(Tai Sai) 7) 키노(Keno) 8) 빅 휠(Big Wheel) 9) 빠이 까우(Pai Cow) 10) 판 탄(Fan Tan) 11) 조커 세븐(Joker Seven) 12) 라운드 크랩스(Round Craps) 13) 트란타 콰란타(Trent Et Quarante) 14) 프렌치 볼(French Boule) 15) 차카락(Chuck-A-Luck)

		16) 빙고(Bingo)
		17) 마작(Mahjong)
		18) 카지노 워(Casino War)
		19) 그 밖에 게임의 수학적 확률 및 배당률의 적정성에 관하여 관계 전문가의 의견 수렴을 거쳐 문화체육관광부장관이 정하여 고시하는 영업 종류
3. 머신게임(Machine Game)		가. 슬롯머신(Slot Machine) 나. 비디오게임(Video Game)

비고 : 제1호머목, 제2호가목19) 및 나목19)의 규정에 따른 영업 종류는 2024년 7월 1일부터 2026년 6월 30일까지 운영할 수 있다.

제26조(카지노업의 영업 종류와 영업 방법 등) ① 카지노업의 영업 종류는 문화체육관광부령으로 정한다. <개정 2008.2.29.>

② 카지노사업자는 문화체육관광부령으로 정하는 바에 따라 제1항에 따른 카지노업의 영업 종류별 영업 방법 및 배당금 등에 관하여 문화체육관광부장관에게 미리 신고하여야 한다. 신고한 사항을 변경하려는 경우에도 또한 같다.

<개정 2008.2.29.>

③ 문화체육관광부장관은 제2항에 따른 신고 또는 변경신고를 받은 경우 그 내용을 검토하여 이 법에 적합하면 신고를 수리하여야 한다. <신설 2018.6.12.>

제26조의2(유사행위 등의 금지) 카지노사업자가 아닌 자는 영리 목적으로 제26조에 따른 카지노업의 영업 종류를 제공하여 이용자 중 특정인에게 재산상의 이익을 주고 다른 이용자에게 손실을 주는 행위를 하여서는 아니 된다.

[본조신설 2024.2.27.]

5. 카지노업자의 준수사항

카지노사업자는 법령에 위반되는 카지노 기구를 설치하거나 사용하는 행위, 내국인과 19세 미만인 자를 입장시키는 행위 등 9가지 행위를 해서는 안 되며, 1일 최소 영업시간, 카지노 종사원의 게임참여 불가 등 행위 금지 사항 등 문화체육관광부령으로 정하는 영업 준칙을 지켜야 한다. 상세한 카지노업 영업 준칙은 「관광진흥법 시행규칙」 [별표 9]와 같고, 내국인이 출입할 수 있는 강원랜드의 영업 준칙은 [별표 9]의 9가지 영업 준칙 외 10가지를 추가로 강화하고 있다. 자세한 사항은 「관광진흥법 시행규칙」 [별표 10] 폐광지역 카지노사업자의 영업 준칙에 나와 있다.

제28조(카지노사업자 등의 준수 사항) ① 카지노사업자(대통령령으로 정하는 종사원을 포함한다. 이하 이 조에서 같다)는 다음 각 호의 어느 하나에 해당하는 행위를 하여서는 아니 된다.

1. 법령에 위반되는 카지노기구를 설치하거나 사용하는 행위

2. 법령을 위반하여 카지노기구 또는 시설을 변조하거나 변조된 카지노기구 또는 시설을 사용하는 행위

3. 허가받은 전용영업장 외에서 영업을 하는 행위

4. 내국인(「해외이주법」 제2조에 따른 해외이주자는 제외한다)을 입장하게 하는 행위

5. 지나친 사행심을 유발하는 등 선량한 풍속을 해칠 우려가 있는 광고나 선전을 하는 행위

6. 제26조제1항에 따른 영업 종류에 해당하지 아니하는 영업을 하거나 영업 방법 및 배당금 등에 관한 신고를 하지 아니하고 영업하는 행위

7. 총매출액을 누락시켜 제30조제1항에 따른 관광진흥개발기금 납부금액을 감소시키는 행위

8. 19세 미만인 자를 입장시키는 행위

9. 정당한 사유 없이 그 연도 안에 60일 이상 휴업하는 행위

② 카지노사업자는 카지노업의 건전한 육성·발전을 위하여 필요하다고 인정하여 문화체육관광부령으로 정하는 영업준칙을 지켜야 한다. 이 경우 그 영업준칙에는 다음 각 호의 사항이 포함되어야 한다. <개정 2007.7.19., 2008.2.29.>

1. 1일 최소 영업시간
2. 게임 테이블의 집전함(集錢函) 부착 및 내기금액 한도액의 표시 의무
3. 슬롯머신 및 비디오게임의 최소배당률
4. 전산시설·환전소·계산실·폐쇄회로의 관리기록 및 회계와 관련된 기록의 유지 의무
5. 카지노 종사원의 게임참여 불가 등 행위금지사항

제29조(카지노영업소 이용자의 준수 사항) 카지노영업소에 입장하는 자는 카지노사업자가 외국인(「해외이주법」 제2조에 따른 해외이주자를 포함한다)임을 확인하기 위하여 신분 확인에 필요한 사항을 묻는 때에는 이에 응하여야 한다.

■ 관광진흥법 시행규칙 [별표 9] 〈개정 2019.10.7.〉

카지노업 영업준칙(제36조 관련)

1. 카지노사업자는 카지노업의 건전한 발전과 원활한 영업활동, 효율적인 내부 통제를 위하여 이사회·카지노총지배인·영업부서·안전관리부서·환전·전산전문요원 등 필요한 조직과 인력을 갖추어 1일 8시간 이상 영업하여야 한다.
2. 카지노사업자는 전산시설·출납창구·환전소·카운트룸[드롭박스(Drop box: 게임테이블에 부착된 현금함)의 내용물을 계산하는 계산실]·폐쇄회로·고객편의시설·통제구역 등 영업시설을 갖추어 영업을 하고, 관리기록을 유지하여야 한다.
3. 카지노영업장에는 게임기구와 칩스(Chips: 카지노에서 베팅에 사용되는 도구)·카드 등의 기구를 갖추어 게임 진행의 원활을 기하고, 게임테이블에는 드롭박스를 부착하여야 하며, 베팅금액 한도표를 설치하여야 한다.
4. 카지노사업자는 고객출입관리, 환전, 재환전, 드롭박스의 보관·관리와 계산요원의 복장 및 근무요령을 마련하여 영업의 투명성을 제고하여야 한다.
5. 머신게임을 운영하는 사업자는 투명성 및 내부통제를 위한 기구·시설·조직 및 인원을 갖추어 운영하여야 하며, 머신게임의 이론적 배당률을 75% 이상으로 하고 배당률과 실

제 배당률이 5% 이상 차이가 있는 경우 카지노검사기관에 즉시 통보하여 카지노검사기관의 조치에 응하여야 한다.

6. 카지노사업자는 회계기록·콤프(카지노사업자가 고객 유치를 위해 고객에게 숙식 등을 무료로 제공하는 서비스) 비용·크레딧(카지노사업자가 고객에게 게임 참여를 조건으로 칩스를 신용대여하는 것) 제공·예치금 인출·알선수수료·계약게임 등의 기록을 유지하여야 한다.

7. 카지노사업자는 게임을 할 때 게임 종류별 일반규칙과 개별규칙에 따라 게임을 진행하여야 한다.

8. 카지노종사원은 게임에 참여할 수 없으며, 고객과 결탁한 부정행위 또는 국내외의 불법영업에 관여하거나 그 밖에 관광종사자로서의 품위에 어긋나는 행위를 하여서는 아니된다.

9. 카지노사업자는 카지노 영업소 출입자의 신분을 확인하여야 하며, 다음 각 목에 해당하는 자는 출입을 제한하여야 한다.
   가. 당사자의 배우자 또는 직계혈족이 문서로써 카지노사업자에게 도박 중독 등을 이유로 출입 금지를 요청한 경우의 그 당사자. 다만, 배우자·부모 또는 자녀 관계를 확인할 수 있는 증빙 서류를 첨부하여 요청한 경우만 해당한다.
   나. 그 밖에 카지노 영업소의 질서 유지 및 카지노 이용자의 안전을 위하여 카지노사업자가 정하는 출입금지 대상자

■ 관광진흥법 시행규칙 [별표 10] 〈개정 2019.6.11.〉

폐광지역 카지노사업자의 영업준칙(제36조 단서 관련)

1. 별표 9의 영업준칙을 지켜야 한다.
2. 카지노 영업소는 회원용 영업장과 일반 영업장으로 구분하여 운영하여야 하며, 일반 영업장에서는 주류를 판매하거나 제공하여서는 아니 된다.
3. 매일 오전 6시부터 오전 10시까지는 영업을 하여서는 아니 된다.
4. 별표 8의 테이블게임에 거는 금액의 최고 한도액은 일반 영업장의 경우에는 테이블별로 정하되, 1인당 1회 10만원 이하로 하여야 한다. 다만, 일반 영업장 전체 테이블의 2분의 1의 범위에서는 1인당 1회 30만원 이하로 정할 수 있다.
5. 별표 8의 머신게임에 거는 금액의 최고 한도는 1회 2천원으로 한다. 다만, 비디오 포커게임기는 2천500원으로 한다.
6. 머신게임의 게임기 전체 수량 중 2분의 1 이상은 그 머신게임기에 거는 금액의 단위가 100원 이하인 기기를 설치하여 운영하여야 한다.

7. 카지노 이용자에게 자금을 대여하여서는 아니 된다.

8. 카지노가 있는 호텔이나 영업소의 내부 또는 출입구 등 주요 지점에 폐쇄회로 텔레비전을 설치하여 운영하여야 한다.

9. 카지노 이용자의 비밀을 보장하여야 하며, 카지노 이용자에 관한 자료를 공개하거나 누출하여서는 아니 된다. 다만, 배우자 또는 직계존비속이 요청하거나 공공기관에서 공익적 목적으로 요청한 경우에는 자료를 제공할 수 있다.

10. 사망·폭력행위 등 사고가 발생한 경우에는 즉시 문화체육관광부장관에게 보고하여야 한다.

11. 회원용 영업장에 대한 운영·영업방법 및 카지노 영업장 출입일수는 내규로 정하되, 미리 문화체육관광부장관의 승인을 받아야 한다.

6. 기금 납부

카지노사업자는 「관광진흥개발기금법」에 따라 총매출액의 10% 이내로 관광진흥개발기금을 내야 하며, 총매출액은 카지노영업과 관련하여 고객으로부터 받은 총금액에서 고객에게 지급한 총금액을 공제한 금액을 말하며, 징수 비율은 매출액에 따라 연간 총매출액 10억 원 이하, 10억 원 초과 100억 원 이하, 100억 원 초과 등 3가지로 나뉜다. 예를 들어 연간 총매출액이 50억 원인 경우는 10억 원을 초과하는 금액이므로 40억 원의 5%에 해당하는 2억 원과 기본 징수액 1천만 원을 합하면 총 2억 1천만 원의 관광진흥개발기금을 내야 한다.

제30조(기금 납부) ① 카지노사업자는 총매출액의 100분의 10의 범위에서 일정 비율에 해당하는 금액을 「관광진흥개발기금법」에 따른 관광진흥개발기금에 내야 한다.

② 카지노사업자가 제1항에 따른 납부금을 납부기한까지 내지 아니하면 문화체육관광부장관은 10일 이상의 기간을 정하여 이를 독촉하여야 한다. 이 경우 체납된 납부금에 대하여는 100분의 3에 해당하는 가산금을 부과하여야 한다. <개정 2008.2.29.>

③ 제2항에 따른 독촉을 받은 자가 그 기간에 납부금을 내지 아니하면 국세 체납처분의 예에 따라 징수한다.

④ 제1항에 따른 총매출액, 징수비율 및 부과·징수절차 등에 필요한 사항은 대통령령으로 정한다.

⑤ 삭제 <2023.5.16.>

⑥ 삭제 <2023.5.16.>

관광진흥법 시행령

제30조(관광진흥개발기금으로의 납부금 등) ① 법 제30조제1항에 따른 총매출액은 카지노영업과 관련하여 고객으로부터 받은 총금액에서 고객에게 지급한 총금액을 공제한 금액을 말한다. <개정 2021.1.5.>

② 법 제30조제4항에 따른 관광진흥개발기금 납부금(이하 "납부금"이라 한다)의 징수비율은 다음 각 호의 어느 하나와 같다.

1. 연간 총매출액이 10억원 이하인 경우 : 총매출액의 100분의 1

2. 연간 총매출액이 10억원 초과 100억원 이하인 경우 : 1천만원+총매출액 중 10억원을 초과하는 금액의 100분의 5

3. 연간 총매출액이 100억원을 초과하는 경우 : 4억6천만원+총매출액 중 100억원을 초과하는 금액의 100분의 10

③ 카지노사업자는 매년 3월 말까지 공인회계사의 감사보고서가 첨부된 전년도의 재무제표를 문화체육관광부장관에게 제출하여야 한다. <개정 2008.2.29.>

④ 문화체육관광부장관은 매년 4월 30일까지 제2항에 따라 전년도의 총매출액에 대하여 산출한 납부금을 서면으로 명시하여 2개월 이내의 기한을 정하여 한국은행에 개설된 관광진흥개발기금의 출납관리를 위한 계정에 납부할 것을 알려야 한다. 이 경우 그 납부금을 2회 나누어 내게 할 수 있되, 납부기한은 다음 각 호와 같다. <개정 2008.2.29., 2010.2.24.>

1. 제1회: 해당 연도 6월 30일까지

2. 제2회: 해당 연도 9월 30일까지

3. 삭제 <2010.2.24.>

4. 삭제 <2010.2.24.>

⑤ 카지노사업자는 천재지변이나 그 밖에 이에 준하는 사유로 납부금을 그 기한까지 납부할 수 없는 경우에는 그 사유가 없어진 날부터 7일 이내에 내야 한다.

⑥ 카지노사업자는 다음 각 호의 요건을 모두 갖춘 경우 문화체육관광부장관에게 제4항 각 호에 따른 납부기한의 45일 전까지 납부기한의 연기를 신청할 수 있다. <신설 2021.3.23.>

1. 「감염병의 예방 및 관리에 관한 법률」 제2조제2호에 따른 제1급감염병 확산으로 인한 매출액 감소가 문화체육관광부장관이 정하여 고시하는 기준에 해당할 것

2. 제1호에 따른 매출액 감소로 납부금을 납부하는 데 어려움이 있다고 인정될 것

⑦ 문화체육관광부장관은 제6항에 따른 신청을 받은 때에는 제4항에도 불구하고 「관광진흥개발기금법」 제6조에 따른 기금운용위원회의 심의를 거쳐 1년 이내의 범위에서 납부기한을 한 차례 연기할 수 있다. <신설 2021.3.23.>

제7절 테마파크업 〈개정 2024.2.27.〉 [시행일 : 2025.8.28.]

1. 테마파크업의 개념과 종류

테마파크업은 테마파크시설을 갖추어 이를 관광객에게 이용하게 하는 업(다른 영업을 경영하면서 관광객의 유치 또는 광고 등을 목적으로 테마파크시설을 설치하여 이를 이용하게 하는 경우 포함)"으로 정의하고 있다. 법 개정 전 유원시설업은 유원(遊園), 유기(遊技)라는 용어가 낯설고, 실생활에 잘 사용하지 않는 한자어로 구성되어 있어 국민의 이해도가 낮고, 콘텐츠 중심의 세계적인 테마파크와 정보기술, 융·복합기술을 적용한 다양한 놀이기구의 등장 등 시대 변화에 따라 업종 명칭의 변경 필요성이 제기되어 왔으

며, 이에 문화체육관광부는 '유원시설업' 업종 명칭 변경 대국민 공모전을 진행(문화체육관광부 보도자료, 2021)했으며, 결국 시대적 흐름에 따라 2024.2.27. 개정을 통해 유원시설업에서 테마파크업으로 명칭을 변경했다. 유기기구나 유원시설은 흔히 놀이기구라고 하며, 바이킹, 대관람차, 회전목마, 파도 풀 등을 운영하는 서울랜드, 에버랜드, 롯데월드, 비발디파크 오션월드 등이 여기에 해당한다.

유원시설업의 종류는 종합유원시설업, 일반유원시설업, 기타유원시설업으로 구분한다. 종합유원시설업은 대규모의 대지 또는 실내에서 「관광진흥법」 제33조에 따른 안전성 검사 대상 유기시설 또는 유기기구 6종류 이상을 설치하여 운영하며, 일반유원시설업은 안전성 검사 대상 유기시설 또는 유기기구 1종류 이상을 설치하여 운영한다. 기타유원시설업은 안전성 검사 대상이 아닌 유기시설 또는 유기기구를 설치하여 운영하는 업이다.

2. 유원시설업의 허가와 신고

「관광진흥법」 제5조(허가와 신고)제2항에 따르면 유원시설업 중 종합유원시설업과 일반유원시설업은 문화체육관광부령으로 정하는 시설과 설비(「관광진흥법 시행규칙」 [별표 1의2])를 갖추어 특별자치시장·특별자치도지사·시장·군수·구청장의 허가를 받아야 하며, 같은 조 4항에는 '기타유원시설업은 문화체육관광부령으로 정하는 시설과 설비(「관광진흥법 시행규칙」 [별표 1의2])를 갖추어 특별자치시장·특별자치도지사·시장·군수·구청장에게 신고해야 한다.'라고 명시되어 있다.

또한 같은 조 3항에는 문화체육관광부령으로 정하는 중요 사항을 변경하려면 변경 허가를 받아야 하며, 가벼운 사항을 변경하려면 변경 신고를 하면 된다. 「관광진흥법 시행규칙」 제8조(변경 허가 및 변경 신고 사항 등)에 따르면 변경 허가 사항은 영업소의 소재지 변경, 안전성 검사 대상 유기시설 또는 유기기구의 영업장 내에서의 신설·이전·폐기, 영업장 면적의 변경 등이 해당하며, 변경 신고 내용은 대표자 또는 상호의 변경, 안전성 검사 대상이 아닌 유기시설 또는 유기기구의 신설·폐기, 안전관리자의 변경, 안전성 검사 대상 유기시설 또는 유기기구의 3개월 이상의 운행 정지 또는 그 운행의 재개, 안전성 검사 대상이 아닌 유기시설 또는 유기기구로서 제40조제4항 단서에 따라 정기 확인 검사가 필요한 유기시설 또는 유기기구의 3개월 이상의 운행 정지 또는 그 운행의 재개 등이다.

■ 관광진흥법 시행규칙 [별표 1의2] 〈개정 2019.10.16.〉

유원시설업의 시설 및 설비기준(제7조제1항 관련)

1. 공통기준

구분	시설 및 설비기준
가. 실내에 설치한 유원시설업	(1) 독립된 건축물이거나 다른 용도의 시설(「게임산업진흥에 관한 법률」 제2조제6호의2가목 또는 제7호에 따른 청소년게임제공업 또는 인터넷컴퓨터게임시설제공업의 시설은 제외한다)과 분리, 구획 또는 구분되어야 한다. (2) 유원시설업 내에 「게임산업진흥에 관한 법률」 제2조제6호의2가목 또는 제7호에 따른 청소년게임제공업 또는 인터넷컴퓨터게임시설제공업을 하려는 경우 청소년게임제공업 또는 인터넷컴퓨터게임시설제공업의 면적비율은 유원시설업 허가 또는 신고 면적의 50퍼센트 미만이어야 한다.
나. 종합유원시설업과 일반유원시설업	(1) 방송시설 및 휴식시설(의자 또는 차양시설 등을 갖춘 것을 말한다)을 설치하여야 한다. (2) 화장실(유원시설업의 허가구역으로부터 100미터 이내에 공동화장실을 갖춘 경우는 제외한다)을 갖추어야 한다. (3) 이용객을 지면으로 안전하게 이동시키는 비상조치가 필요한 유기시설 또는 유기기구에 대하여는 비상시에 이용객을 안전하게 대피시킬 수 있는 시설[축전지 또는 발전기 등의 예비전원설비, 사다리, 계단시설, 윈치(중량물을 끌어올리거나 당기는 기계설비), 로프 등 해당 시설에 적합한 시설]을 갖추어야 한다. (4) 물놀이형 유기시설 또는 유기기구를 설치한 경우 다음 각 호의 시설을 갖추어야 한다. ① 수소이온화농도, 유리잔류염소농도를 측정할 수 있는 수질검사장비를 비치하여야 한다. ② 익수사고를 대비한 수상인명구조장비(구명구, 구명조끼, 구명로프 등)를 갖추어야 한다.

| | ③ 물놀이 후 씻을 수 있는 시설(유원시설업의 허가구역으로부터 100미터 이내에 공동으로 씻을 수 있는 시설을 갖춘 경우는 제외한다)을 갖추어야 한다. |

2. 개별기준

구분	시설 및 설비기준
가. 종합유원시설업	(1) 대지 면적(실내에 설치한 유원시설업의 경우에는 건축물 연면적)은 1만제곱미터 이상이어야 한다. (2) 법 제33조제1항에 따른 안전성검사 대상 유기시설 또는 유기기구 6종 이상을 설치하여야 한다. (3) 정전 등 비상시 유기시설 또는 유기기구 이외 사업장 전체의 안전에 필요한 설비를 작동하기 위한 예비전원시설과 의무시설(구급약품, 침상 등이 비치된 별도의 공간) 및 안내소를 설치하여야 한다. (4) 음식점 시설 또는 매점을 설치하여야 한다.
나. 일반유원시설업	(1) 법 제33조제1항에 따른 안전성검사 대상 유기시설 또는 유기기구 1종 이상을 설치하여야 한다. (2) 안내소를 설치하고, 구급약품을 비치하여야 한다.
다. 기타유원시설업	(1) 대지 면적(실내에 설치한 유원시설업의 경우에는 건축물 연면적)은 40제곱미터 이상이어야 한다.(시행규칙 제40조제1항 관련 별표 11 제2호나목2)에 해당되는 유기시설 또는 유기기구를 설치하는 경우는 제외한다) (2) 법 제33조제1항에 따른 안전성검사 대상이 아닌 유기시설 또는 유기기구 1종 이상을 설치하여야 한다. (3) 구급약품을 비치하여야 한다.

3. 제1호 및 제2호의 기준에 관한 특례

(1) 제1호 및 제2호에도 불구하고 제7조에 따라 6개월 미만의 단기로 일반유원시설업의 허가를 받으려 하거나 제11조에 따라 6개월 미만의 단기로 기타유원시설업의 신고를 하려는 경우에는 (2) 및 (3)의 기준을 적용한다.

(2) 공통기준

　(가) 실내에 설치하는 경우에는 독립된 건축물이거나 다른 용도의 시설(「게임산업진흥에 관한 법률」 제2조제6호의2가목 또는 제7호에 따른 청소년게임제공업 또는 인터넷컴퓨터게임시설제공업의 시설은 제외한다)과 분리, 구획 또는 구분되어야 한다.

　(나) 실내에 설치한 유원시설업 내에「게임산업진흥에 관한 법률」 제2조제6호의2가목 또는

제7호에 따른 청소년게임제공업 또는 인터넷컴퓨터게임시설제공업을 하려는 경우 청소년게임제공업 또는 인터넷컴퓨터게임시설제공업의 면적비율은 유원시설업 허가 또는 신고 면적의 50퍼센트 미만이어야 한다.

(다) 구급약품을 비치하여야 한다.

(3) 개별기준

(가) 일반유원시설업

1) 법 제33조제1항에 따른 안전성검사 대상 유기시설 또는 유기기구 1종 이상을 설치하여야 한다.

2) 휴식시설 및 화장실을 갖추어야 하나, 불가피한 경우에는 허가구역으로부터 100미터 이내에 그 이용이 가능한 휴식시설 및 화장실을 갖추어야 한다.

3) 비상시 유기시설 또는 유기기구로부터 이용객을 안전하게 대피시킬 수 있는 시설(사다리, 로프 등)을 갖추어야 한다.

4) 물놀이형 유기시설 또는 유기기구를 설치한 경우 수질검사장비와 수상인명구조장비를 비치하여야 한다.

(나) 기타유원시설업

1) 대지 면적(실내에 설치한 유원시설업의 경우에는 건축물 연면적)은 40제곱미터 이상이어야 한다.(제40조제1항 관련 별표 11 제2호나목2)에 해당되는 유기시설 또는 유기기구를 설치하는 경우는 제외한다)

2) 법 제33조제1항에 따른 안전성검사 대상이 아닌 유기시설 또는 유기기구 1종 이상을 설치하여야 한다.

3. 물놀이형 테마파크업자의 준수사항

물놀이형 테마파크시설은 흔히 워터파크를 말하며, 캐리비안 베이, 오션월드, 롯데워터파크, 설악워터피아, 원마운트 등이다. 문화체육관광부령으로 정하는 안전·위생 기준은 「관광진흥법 시행규칙」 제39조의2(물놀이형 유원시설업자의 안전·위생기준)에서 [별표 10의 2]와 같다.

제32조(물놀이형 테마파크업자의 준수사항) 제5조제2항 또는 제4항에 따라 테마파크업의 허가를 받거나 신고를 한 자(이하 "테마파크업자"라 한다) 중 물놀이형 테마파크시설을 설치한 자는 문화체육관광부령으로 정하는 안전·위생기준을 지켜야 한다. [전문개정 2009.3.25.] [제목개정 2024.2.27.] [시행일 : 2025.8.28.]

■ 관광진흥법 시행규칙 [별표 10의2] 〈개정 2020.12.10.〉

물놀이형 유원시설업자의 안전·위생기준(제39조의2 관련)

1. 사업자는 사업장 내에서 이용자가 항상 이용 질서를 유지하도록 하여야 하며, 이용자의 활동에 제공되거나 이용자의 안전을 위하여 설치된 각종 시설·설비·장비·기구 등이 안전하고 정상적으로 이용될 수 있는 상태를 유지하여야 한다.

2. 사업자는 물놀이형 유기시설 또는 유기기구의 특성을 고려하여 음주 등으로 정상적인 이용이 곤란하다고 판단될 때에는 음주자 등의 이용을 제한하고, 해당 유기시설 또는 유기기구별 신장 제한 등에 해당되는 어린이는 이용을 제한하거나 보호자와 동행하도록 하여야 한다.

3. 사업자는 물놀이형 유기시설 또는 유기기구의 정원, 주변 공간, 부속시설, 수상안전시설의 구비 정도 등을 고려하여 안전과 위생에 지장이 없다고 인정하는 범위에서 사업장의 동시 수용 가능 인원을 산정하여 특별자치시장·특별자치도지사·시장·군수·구청장에게 제출하여야 하고, 기구별 정원을 초과하여 이용하게 하거나 동시수용 가능인원을 초과하여 입장시켜서는 아니 된다.

4. 사업자는 물놀이형 유기시설 또는 유기기구의 설계도에 제시된 유량이 공급되거나 담수되도록 하여야 하고, 이용자가 쉽게 볼 수 있는 곳에 수심 표시를 하여야 한다(수심이 변경되는 구간에는 변경된 수심을 표시한다).

5. 사업자는 풀의 물이 1일 3회 이상 여과기를 통과하도록 하여야 하며, 부유물 및 침전물의 유무를 상시 점검하여야 한다.

6. 의무 시설을 설치한 사업자는 의무 시설에 「의료법」에 따른 간호사 또는 「응급의료에 관한 법률」에 따른 응급구조사 또는 「간호조무사 및 의료유사업자에 관한 규칙」에 따른 간호조무사를 1명 이상 배치하여야 한다.

7. 사업자는 다음 각 목에서 정하는 항목에 관한 기준(해수를 이용하는 경우 「환경정책기본법 시행령」 제2조 및 별표 1 제3호라목의 Ⅱ등급 기준을 적용한다)에 따라 사업장 내 풀의 수질기준을 유지해야 한다.

　가. 유리잔류염소는 0.4㎎/l에서 2.0㎎/l까지 유지하도록 하여야 한다. 다만, 오존소독 등으로 사전처리를 하는 경우의 유리잔류염소농도는 0.2㎎/l 이상을 유지하여야 한다.

　나. 수소이온농도는 5.8부터 8.6까지 되도록 하여야 한다.

　다. 탁도는 2.8NTU 이하로 하여야 한다.

　라. 과망간산칼륨의 소비량은 15㎎/l 이하로 하여야 한다.

　마. 각 풀의 대장균군은 10밀리리터들이 시험대상 5개 중 양성이 2개 이하이어야 한다.

7의2. 사업자는 사업장 내 풀의 수질검사를 「먹는물관리법」 제43조제1항에 따라 지정된 먹는물 수질검사기관에 의뢰하여 다음 각 목의 기준에 따라 실시하고, 관할하는 특별자치시장·특별자치도지사·시장·군수·구청장에게 수질검사 결과를 통지해야 한다.

    가. 제7호 각 목의 항목에 관한 수질검사: 연 1회 이상. 다만, 제7호 라목 및 마목의 항목에 관한 수질검사는 분기별로 1회 이상

    나. 가목에도 불구하고 7월 및 8월의 경우에는 제7호 각 목의 항목에 관한 수질검사를 각각 1회 이상 실시해야 한다.

8. 사업자는 이용자가 쉽게 볼 수 있는 곳에 물놀이형 유기시설 또는 유기기구의 정원 또는 사업장 동시수용인원, 물의 순환 횟수, 수질검사 일자 및 수질검사 결과 등을 게시하여야 한다. 이 경우 수질검사 결과 중 제7호가목부터 마목까지의 규정에 관한 내용은 게시하고, 같은 호 다목부터 마목까지의 규정에 관한 내용은 관리일지를 작성하여 비치·보관하여야 한다.

9. 사업자는 물놀이형 유기시설 또는 유기기구에 대한 관리요원을 배치하여 그 이용 상태를 항상 점검하여야 한다.

10. 사업자는 이용자의 안전을 위한 안전요원 배치와 관련하여 다음 사항을 준수하여야 한다.

    가. 안전요원이 할당 구역을 조망할 수 있는 적절한 배치 위치를 확보하여야 한다.

    나. 수심 100센티미터를 초과하는 풀에서는 면적 660제곱미터당 최소 1인이 배치되어야 하고, 수심 100센티미터 이하의 풀에서는 면적 1,000제곱미터당 최소 1인을 배치하여야 한다.

    다. 안전요원의 자격은 해양경찰청장이 지정하는 교육기관에서 발급하는 인명구조요원 자격증을 소지한 자, 대한적십자사나 「체육시설의 설치·이용에 관한 법률」 제34조에 따른 수영장 관련 체육시설업협회 등에서 실시하는 수상안전에 관한 교육을 받은 자 및 이와 동등한 자격요건을 갖춘 자만 해당한다. 다만, 수심 100센티미터 이하의 풀의 경우에는 문화체육관광부장관이 정하는 업종별 관광협회 또는 기관에서 실시하는 수상안전에 관한 교육을 받은 자도 배치할 수 있다.

11. 사업자는 안전요원이 할당한 구역 내에서 부상자를 신속하게 발견하여 응급처치를 이행할 수 있도록 이용자 안전관리계획, 안전요원 교육프로그램 및 안전 모니터링계획 등을 수립하여야 한다.

12. 사업자는 사업장 내에서 수영장 등 부대시설을 운영하는 경우 관계 법령에 따른 안전·위생기준을 준수하여야 한다.

4. 안전성 검사

테마파크업자 및 테마파크업의 허가 또는 변경 허가를 받으려는 자는 안전성 검사 대상 테마파크시설에 대하여 특별자치시장·특별자치도지사·시장·군수·구청장이 하는 안전성 검사를 받아야 하고, 안전성 검사 대상이 아닌 테마파크시설에 대하여는 안전성 검사 대상에 해당하지 아니함을 확인하는 검사를 받아야 한다. 이에 해당 행정 기관은 성수기 등을 고려하여 검사 시기를 지정할 수 있다.

테마파크시설은 주행형, 고정형, 관람형, 놀이형 등이 있으며, 안전성 검사 대상 테마파크시설은 위험 요소가 많아 안전성 검사를 받아야 하는 것으로 안전성 검사의 대상이 아닌 테마파크시설에 해당하는 것을 제외한 시설을 말한다. 이는 안전성 검사 대상 테마파크시설과 최초로 허가 전 안전성 검사를 받은 지 10년이 지나 반기별 1회 이상 안전성 검사를 받아야 하는 것 등으로 구분한다.

안전성 검사 대상이 아닌 테마파크시설은 위험 요소가 적은 것으로서 최초 안전성 검사 대상이 아님을 확인하는 검사와 정기적인 안전 관리가 필요한 시설을 말한다. 안전성 검사 대상이 아닌 시설과 최초 확인 검사 이후 정기 확인 검사를 받아야 하는 시설로 나뉜다. 상세한 내용은 「관광진흥법 시행규칙」 [별표 11]과 같다.

또한, 테마파크시설에 대한 안전 관리를 위하여 사업장에 안전관리자를 항상 배치해야 하고, 안전교육을 정기적으로 받아야 하며, 테마파크시설업자는 안전관리자가 안전교육을 받도록 해야 한다. 안전관리자의 자격·배치 기준 및 임무, 안전교육의 내용·기간 및 방법 등은 「관광진흥법 시행규칙」 [별표 12]와 같다.

제33조(안전성검사 등) ① 테마파크업자 및 테마파크업의 허가 또는 변경허가를 받으려는 자(조건부 영업허가를 받은 자로서 그 조건을 이행한 후 영업을 시작하려는 경우를 포함한다)는 문화체육관광부령으로 정하는 안전성검사 대상 테마파크시설에 대하여 문화체육관광부령에서 정하는 바에 따라 특별자치시장·특별자치도지사·시장·군수·구청장이 실시하는 안전성검사를 받아야 하고, 안전성검사 대상이 아닌 테마파크시설에 대하여는 안전성검사 대상에 해당되지

아니함을 확인하는 검사를 받아야 한다. 이 경우 특별자치시장·특별자치도지사·시장·군수·구청장은 성수기 등을 고려하여 검사시기를 지정할 수 있다. <개정 2008.2.29., 2009.3.25., 2011.4.5., 2018.6.12., 2024.2.27.>

② 제1항에 따라 안전성검사를 받아야 하는 테마파크업자는 테마파크시설에 대한 안전관리를 위하여 사업장에 안전관리자를 항상 배치하여야 한다. <개정 2024.2.27.>

③ 제2항에 따른 안전관리자는 문화체육관광부장관이 실시하는 테마파크시설의 안전관리에 관한 교육(이하 "안전교육"이라 한다)을 정기적으로 받아야 한다. <신설 2015.2.3., 2024.2.27.>

④ 제2항에 따른 테마파크업자는 제2항에 따른 안전관리자가 안전교육을 받도록 하여야 한다. <신설 2015.2.3., 2024.2.27.>

⑤ 제2항에 따른 안전관리자의 자격·배치 기준 및 임무, 안전교육의 내용·기간 및 방법 등에 필요한 사항은 문화체육관광부령으로 정한다. <개정 2008.2.29., 2015.2.3.> [시행일 : 2025.8.28.]

■ 관광진흥법 시행규칙 [별표 11] 〈개정 2020.12.10.〉

안전성검사 대상 유기시설 또는 유기기구와 안전성검사 대상이 아닌 유기시설 또는 유기기구(제40조제1항 관련)

1. 안전성검사 대상 유기시설 또는 유기기구
    가. 대상
       안전성검사 대상 유기시설 또는 유기기구는 위험요소가 많아 안전성검사를 받아야 하는 유기시설 또는 유기기구로서 제2호의 안전성검사의 대상이 아닌 유기시설 또는 유기기구에 해당하는 것을 제외한 유기시설 또는 유기기구를 말한다.
    나. 구분
       1) 안전성검사 대상 유기시설 또는 유기기구는 다음과 같이 구분한다.

가) 주행형

분류	내용	대표 유기시설 또는 유기기구	정의(유기시설 또는 유기기구의 유사기구명)
궤도 주행형	일정한 궤도 (레일·로프 등)를 가지고 있으며 궤도를 이용하여 승용물이 운행되는 유기시설 또는 유기기구	스카이사이클	일정높이의 레일 위를 이용객이 승용물 페달을 밟으며 주행하는 시설·기구(공중자전거, 사이클 모노레일 등)
		모노레일	일정높이의 레일 위 또는 아래를 전기모터로 구동되는 연결된 승용물에 이용객이 탑승하여 주행하는 시설·기구(월드모노레일, 미니레일, 다크라이드, 관광열차 등)
		스카이제트	일정높이의 레일 위를 엔진 또는 전기 동력장치로 구동되는 개별 승용물에 이용객이 탑승하여 주행하는 시설·기구(하늘차 등)
		꼬마기차	견인차와 객차로 연결되어 일정 레일을 주행하는 시설·기구(판타지드림트레인, 개구쟁이열차, 순환열차, 축제열차, 동물열차 등)
		궤도자동차	여러 가지 자동차형 연결 승용물이 일정 궤도를 따라 운행하는 시설·기구(빅트럭, 서키트2000, 클래식카, 해적소굴, 해피스카이, 스피드웨이, 자동차왕국, 로데오칸보이 등)
		정글마우스	개별 승용물이 일정 레일을 따라 급회전 및 방향 전환을 하는 시설·기구(크레이지마우스, 워터점핑, 매직캐슬, 깜짝마우스, 탑코스터 등)
		미니코스터	전기 동력 장치로 구동되는 연결 승용물이 상하 굴곡이 있는 레일 위를 주행하는 기구(비룡열차, 슈퍼루프, 우주열차, 그랜드캐년, 드래곤코스터, 꿈돌이코스터, 와일드 윈드, 자이언트루프, 링 오브 화이어 등)
		제트코스터	승용물이 일정높이까지 리프팅 된 후 레일 위를 고속으로 자유낙하, 수평회전으로 주행하는 시설·기구(카멜백코스터, 스페이스2000, 독수리요새, 혜성특급, 다크코스터, 환상특급, 폭풍열차, 마운틴코스터 등)

		루프코스터	승용물이 일정높이까지 리프팅 된 후 레일 위를 고속으로 자유낙하, 수평·수직, 스크류 회전으로 주행하는 시설·기구(공포특급, 루프스파이럴코스터, 판타지아스페셜, 부메랑코스터, 블랙홀2000 등)
		공중궤도 라이드	천장 또는 상부에 설치된 일정 레일 아래를 따라 주행하는 승용물에 이용자가 탑승하여 관람하며 주행하는 시설·기구(바룬라이드 등)
		궤도자전거	지면에 설치된 레일 위를 자전거형 승용물에 이용자가 탑승하여 페달을 밟으며 주행하는 시설·기구(철로자전거 등)
주로 주행형	일정한 주로 (도로 또는 이와 유사한 주로)를 가지고 있으며 그 주로를 이용하여 승용물이 운행되는 유기시설 또는 유기기구	스포츠카	자동차형 승용물이 엔진 또는 전기 동력장치로 구동하여 정해진 주로(완충장치가 있는 별도로 구분된 영구적인 주로)를 따라 단독 주행하여 30 km/h 이하(ISO 17842-1)로 주행하는 기구(전동카, 고카트 등)
		무궤도열차	견인차량에 객차를 연결하여 많은 이용자가 탑승하여 정해진 주로(페인트 표시 등)를 따라 이동하는 기구(패밀리열차, 코끼리열차, 트램카 등)
		봅슬레이	이용자가 무동력 승용물에 탑승하여 경사진 일정한 홈 형 주로를 따라 브레이크로 속도 조절하며 하강하는 시설·기구(슈퍼봅슬레이, 알파인슬라이드, 롤러루지 등)
수로 주행형	일정한 수로를 가지고 있으며 그 수로를 이용하여 승용물이 운행되는 유기시설 또는 유기기구	후룸라이드	배 모양의 승용물을 일정 높이까지 리프팅하여 낙하시키면서 유속에 의해 수로를 따라 이동하는 시설·기구(후룸라이드, 급류타기 등)
		신밧드의 모험	배 모양의 승용물에 여러 명이 탑승하여 수로를 따라가면서 애니메이션을 즐기는 시설·기구(지구마을 등)
		래피드라이드	이용객이 보트에 탑승하여 급류가 흐르는 일정한 수로를 따라 주행하는 기구(보트라이드, 아마존익스프레스 등)

자유 주행형	일정한 지역(공간 등)을 가지고 있으며 그 지역(지면, 수면)을 이용하여 승용물이 운행되는 유기시설 또는 유기기구	범퍼카	일정한 공간의 지면에서 전기 동력장치로 구동되는 승용물에 이용객이 탑승하여 핸들을 조작하여 좌우충돌을 하며 주행하는 기구(어린이범퍼카, 크레이지범퍼카, 박치기차 등)
		범퍼보트	일정한 공간의 수면에서 배터리방식 전기 동력장치로 구동되며 승용물에 이용객이 탑승하여 핸들조작을 통해 좌우충돌을 하며 물놀이를 즐기는 기구(박치기보트 등)
		수륙양용 관람차	일정한 공간의 수면 또는 지면을 운행하는 승용물에 이용객이 탑승하여 주변을 관람하는 기구(로스트밸리 등)

나) 고정형

분류	내용	대표 유기시설 또는 유기기구	정의(유기시설 또는 유기기구의 유사기구명)
종회전 고정형	수평축을 중심으로 하여 승용물이 수직방향으로 수직원운동 또는 요동 운동을 하는 유기시설 또는 유기기구	회전관람차	수평축을 중심으로 연결된 여러 개의 암 또는 스포크 구조물 등의 끝단에 승용물을 매달아 수직원운동으로 운행하는 기구(풍차놀이, 어린이관람차, 허니문카, 우주관람차, 나비휠, 대관람차 등)
		플라잉카펫	수평축을 중심으로 2개 또는 4개의 암 한쪽 끝단에 승용물이 수평하게 연결되고 반대쪽 끝단에 균형추가 각각 연결되어 수직원운동으로 운행하는 기구(나는소방차, 나는양탄자, 춤추는비행기, 개구장이버스, 지위즈, 자마이카 등)
		아폴로	수평축을 중심으로 암 한쪽 끝단에 승용물이 반대쪽 끝단에 균형추가 각각 연결되어 360° 수직원운동으로 운행하는 기구(샤크, 레인저, 우주유람선, 스카이마스터 등)
		레인보우	수평축을 중심으로 암 한쪽 끝단에는 승용물이 수평하게 연결되고 반대쪽 끝단에는 균형추가 각각 연결되어 수직원운동으로 운행하는 기구(무지개여행, 알라딘, 타임머신 등)

		바이킹	고정된 한 축을 중심으로 매달린 배 모양의 승용물을 하부의 회전 동력장치가 마찰하는 방식으로 예각의 범위에서 진자 운동하는 기구(미니바이킹, 콜럼버스대탐험, 스윙보트 등)
		고공파도타기	2개의 수평 중심축에 각각의 균형추가 있는 암과 암의 끝단에 승용물을 서로 연결하거나 교차 연결하여 암을 수직원운동 시키는 기구(터미네이트, 스페이스루프, 인디아나존스, 탑스핀 등)
		스카이코스터	2개의 지지 부재(部材: 구조물의 뼈대를 형성하기 위하여 재료를 가공한 것) 상부에 수평축을 연결하고 그 수평축에 그네형태로 와이어 로프로 승용물을 연결하여 인양 후 자유 낙하시켜 진자운동으로 운행하는 기구(스카이코스터 등)
횡회전 고정형	수직축을 중심으로 승용물이 수평방향으로 수평원운동을 하는 유기시설 또는 유기기구	회전그네	수직축 상부에 수직축을 중심으로 회전하는 우산 형태 구조물 끝단에 승용물을 매달아 수평원운동을 하는 기구(파도그네, 체인타워, 비행의자 등)
		회전목마	수직축을 중심으로 회전하는 회전원판 위에 다양한 형태와 크기의 목마 등을 고정하거나 각각의 크랭크축으로 목마가 상하로 움직이며 운행하는 기구(메리고라운드, 이층목마, 환상의궁전 등)
		티컵	수직축 중심으로 회전하는 회전원판(대회전) 위에 커피잔 모양의 승용물이 개별 회전(소회전)하며 운행하는 기구(회전컵, 스피닝버렐, 어린이왕국, 꼬마비행기, 데이트컵 등)
		회전보트	수직축을 중심으로 여러 암 끝에 연결된 보트가 원형 수로 위를 일정하게 수평원운동 하는 기구(젯트보트, 회전오리, 거북선, 오리보트 등)
		점프라이드	수직축을 중심으로 여러개의 암 끝에 연결된 오토바이 모양의 승용물이 굴곡이 있는 레일을 따라 회전하는 기구(마린베이, 오토바이, 피에로, 딱정벌레, 도래미악단, 어린이광장, 어린이라이드 등)

		뮤직익스프레스	경사면의 수직축을 중심으로 연결된 여러 암 끝의 승용물이 경사진 레일을 따라 회전하는 기구(해피세일러, 서프라이드, 나는썰매, 피터팬, 사랑열차, 록카페, 번개놀이 등)
		스윙댄스	원판형 승용물의 한쪽 끝을 실린더로 올리고 수직축 중심으로 회전하는 기구(크레이지크라운, 유에프오, 디스코라운드, 댄싱플라이 등)
		타가다디스코	회전판이 회전하고 회전판 하부의 실린더 또는 캠 작동으로 회전판을 상하로 움직이는 기구(타가다, 디스코타가다 등)
		닌자거북이	중심축이 기울어지면서 회전하고 그 끝에 승용물을 매달아 회전운동을 하는 기구(스페이스파이타, 라이온킹, 스페이스스테이션, 나는개구리, 터틀레이스 등)
복합회전고정형	수평 및 수직 방향으로 동시에 승용물이 회전·반회전 또는 직선운동을 하는 유기시설 또는 유기기구	회전비행기	수직축을 중심으로 회전하는 각각의 암 끝단에 비행기형 승용물을 로프로 매달아 일정높이까지 끌어올려 회전하는 기구(탑비행기 등)
		우주전투기	수직축을 중심으로 회전하고 연결된 암이 상하작동하며 암 끝단에 승용물이 고정되어 이용자가 가상전투게임으로 앞쪽 승용물을 떨어뜨릴 수 있는 기구(미니플라이트, 독수리요새, 아스트로파이타, 텔레콤베트, 아파치, 나는코끼리, 아라비안나이트, 삼바 등)
		점프보트	수직중심축 상부에 다수의 암을 연결하고 암의 끝단에 승용물을 연결하며 그 암을 상하로 움직여 수직중심축이 회전하는 기구(점핑보트, 점프앤스마일 등)
		다람쥐통	수직축을 중심으로 여러 암 끝에 매달린 승용물이 수직회전운동을 하며 암 전체가 횡회전을 하는 기구(록큰롤, 투이스타 등)
		스페이스자이로	실린더에 의해서 기울어진 원판의 승용물이 타원회전 운동하는 기구(팽이놀이, 스카이댄싱, 도라반도, 회전의자 등)

	엔터프라이즈	중심축에 연결된 암 끝에 매달린 승용물이 중심축이 들려서 전체 회전운동을 하고 승용물도 회전하는 기구(비행기, 파라트루프 등)
	문어다리	방사형 암 끝에 승용물이 연결되어 대형 암이 중심축을 회전하고 편심축의 회전에 의해서 승용물이 상하 운동 및 자전을 하는 기구(왕문어춤, 문어댄스, 하늘여행, 슈퍼아암 등)
	슈퍼스윙	회전체에 내려뜨린 암 끝에 승용물이 매달려 탑회전 원심력과 실린더에 의해 외측방향으로 밀리면서 회전하는 기구(미니스윙거, 아폴로2000 등)
	베이스볼	회전판을 기울어지도록 한쪽을 상승시키고 그 회전판이 회전하면서 개별 승용물도 회전하는 기구(플리퍼, 회전바구니, 월드컵2002, 카오스 등)
	브레이크댄스	회전판이 돌면서 소형회전 암에 연결된 개별 승용물이 회전하는 기구(크레이지댄스, 스피디, 스타댄스, 매직댄스 등)
	풍선타기	풍선기구 모양의 승용물이 회전체에 매달려 회전, 상승하면서 이용객이 높은 하늘을 나는 기분을 느끼게 하는 기구(둥실비행선, 바룬레이스, 플라워레이스 등)
	허리케인	수직중심축에 매달린 회전하는 원형고리 모양의 승용물을 상부 또는 하부의 회전 동력장치에 의해 좌우로 예각, 둔각, 360도의 범위에서 수직회전 운동하는 기구(프리스윙, 자이로스윙, 토네이도, 블리자드 등)
	매직스윙	반원형 궤도 내에서 회전 원형 승용물이 하부 동력장치에 의해서 좌우로 예각 범위 내에서 수직회전 운동하는 기구(자이로 스핀, UFO 등)
	슈퍼라이드	다양한 형태의 복합 회전운동을 하는 유기기구(칸칸, 에볼루션, 삼각바퀴, 첼린저, 우주선 등)
	사이버 인스페이스	원형의 승용물에 이용객이 탑승하여 수평, 수직축을 중심으로 회전하는 기구(자이로 캡슐 등)

	수평 및 수직 방향으로 승용물이 상하운동 및 좌우운동으로 운행되는 유기시설 또는 유기기구	패러슈터타워	수직축에 개별 승용물 또는 나란히 연결된 의자형 승용물을 로프로 매달아 수직 상승·하강하는 기구(낙하산타기, 개구리점프 등)
승강 고정형		타워라이드	수직축을 중심으로 승용물을 일정 높이까지 상승시켜 하강시키는 기구(슈퍼반스토마, 자이로드롭, 콘돌, 스페이스샷, 스카이타워 등)
		프레쉬팡팡	유압실린더를 수직으로 위치시키고 피스톤의 상단에 좌석 승용물을 고정하여 피스톤의 왕복운동에 따라 좌석 승용물이 상하로 운동하는 기구(프레쉬팡팡 등)

다) 관람형

분류	내용	대표 유기시설 또는 유기기구	정의(유기시설 또는 유기기구의 유사기구명)
기계 관람형	음향·영상 또는 보조기구를 이용하여 일정한 기계구조물 내에서 시뮬레이션을 체험하는 유기시설 또는 유기기구	영상모험관	단일구동장치에 의해 승용물이 좌우·전후 요동하고 탑승자는 영상을 보면서 시뮬레이션을 체험하는 기구(아스트로제트, 사이버에어베이스, 시뮬레이션, 우주여행, 환상여행, 가상체험 등)
입체 관람형	음향·영상 또는 보조기구를 이용하여 일정한 시설(건축물·일정한 공간 등) 내에서 시뮬레이션을 체험하는 유기시설 또는 유기기구	쇼킹하우스	승용물 또는 기구가 작동하면서 착각을 느끼는 시설·기구(환상의집, 요술집, 착각의집, 귀신동굴 등)
		다이나믹시트	일정한 시설 내에 복수구동장치에 의해 좌석 승용물이 영상의 움직임과 동일하게 움직이며 이용객이 체험을 즐기는 시설·기구(다이나믹시어터, 시네마판타지아, 깜짝모험관 등)

라) 놀이형

분류	내용	대표 유기시설 또는 유기기구	정의(유기시설 또는 유기기구의 유사기구명)
일반놀이형	이용객 스스로가 일정한 시설(건축물, 공간 등)에서 설치된 기계·기구를 이용하는 유기시설 또는 유기기구	펀하우스	일정한 시설(건축물, 공간 등)에 미끄럼, 줄타기, 다람쥐 놀이 등 다양한 기구가 설치되어 이용객 스스로 이용하는 시설·기구(미로탐험, 유령의집, 오즈의성 등)
		모험놀이	일정한 시설(건축물, 공간 등)에 그물망타기, 미끄럼, 줄타기 등이 설치되어 이용객 스스로 다양한 놀이를 즐기는 시설·기구(어린이광장, 짝궁놀이터 등)
		에어바운스	바운싱 또는 슬라이딩 놀이를 즐기는 공기 주입 장치식 공기막 기구(에어바운스 등)
물놀이형	물을 매개체로 하여 일정한 규격(틀 등)을 갖추어 이용자 스스로 물놀이 기계·기구 등을 이용하는 유기시설 또는 유기기구	파도풀	담수된 풀 내에서 다량의 물을 한번에 흘리거나 송풍시켜 파도를 일으키는 시설·기구(케리비안 웨이브, 웨이브풀 등)
		유수풀	담수된 수로 내에서 펌프로 물을 흘려 이용객이 수로를 따라 즐기는 시설·기구(리버웨이 등)
		토랜트리버	담수된 수로 내에서 펌프로 물을 흘리거나 탱크에 다량 담수하였다가 한번에 유출시켜 이용객이 수로를 따라 즐기는 시설·기구(익스트림 리버 등)
		바디슬라이드	이용자가 보조기구 없이 일정량의 물이 흐르는 슬라이드를 이용자가 미끄러져 내려오는 시설·기구(바디슬라이더, 워터봅슬레이, 〈삭제〉, 스피드슬라이드, 아쿠아루프 등)
		보올슬라이드	이용자가 보조기구 없이 또는 튜브를 타고 일정량의 물이 흐르는 슬라이드를 미끄러져 내려오는 시설·기구(스페이스 보올, 와이퍼 아웃 등)
		직선슬라이드	이용자가 보조기구 없이 또는 매트를 이용하여 일정량의 물이 흐르는 수직평면상 직선형태로 구성된 단일구조의 한 개 또는 여러 개의 슬라이드를 이용자가 미끄러져 내려오는 시설·기구(레이싱 슬라이드 등)

		튜브슬라이드	일정량의 물이 흐르는 원(반)통형 슬라이드를 이용자가 튜브(1인 또는 다인승)를 타고 미끄러져 내려오는 시설·기구(튜브라이더, 와일드블라스트, 패밀리슬라이드 등)
		토네이도 슬라이드	일정량의 물이 흐르는 원(반)통형 슬라이드 구간과 실린더형통 또는 깔때기형 통(곡선형 법면)에서 스윙하는 구간을 이용자가 튜브를 타고 미끄러져 내려오는 시설·기구(토네이도엘리슬라이드, 월드엘리슬라이드, 슈퍼엑스슬라이드, 토네이도 엑스, 메일스트롬, 쓰나미슬라이드 등)
		부메랑고	일정량의 물이 흐르는 원(반)통형 슬라이드 구간과 곡선형 법면에서 스윙하는 구간을 이용자가 튜브를 타고 미끄러져 내려오는 시설·기구(부메랑슬라이드, 웨이브슬라이드, 사이드와인더 등)
		마스터 블라스트	일정량의 물이 흐르는 원(반)통형 슬라이드 구간에 물분사장치 또는 전기장치에 의해 이용자가 튜브를 가속되면서 미끄러져 내려오는 시설·기구(로켓슬라이드, 몬스터블라스트 등)
		서핑라이더	유속이 빠른 경사 구간을 보조기구를 이용하여 서핑을 즐기는 시설·기구(플로우라이더 등)
		수중모험놀이	물총, 슬라이드, 물바가지 등 다양한 체험을 하는 종합 시설·기구(모험놀이, 어린이풀, 자이언트 워터플렉스, 스플레쉬어드벤처 등)
		워터 에어바운스	물놀이형 바운싱 또는 슬라이딩 놀이를 즐기는 공기 주입장치식 공기막 기구(워터에어바운스, 에어슬라이드 등)

2) 최초로 허가 전 안전성검사를 받은 지 10년이 지나면 반기별 1회 이상 안전성검사를 받아야 하는 유기시설 또는 유기기구는 다음과 같이 구분한다.

대분류	중분류	대표 유기시설 또는 유기기구	반기별 안전성검사 대상
주행형	궤도 주행형	스카이싸이클	지면에서 이용객 높이 5미터 이상
		모노레일	전체 등급(종류)
		스카이제트	전체 등급(종류)

		궤도자동차	궤도가 지면과 수평하지 않은 경우
		정글마우스	전체 등급(종류)
		미니코스터	전체 등급(종류)
		제트코스터	전체 등급(종류)
		루프코스터	전체 등급(종류)
		공중궤도라이드	전체 등급(종류)
	수로 주행형	후룸라이드	수로길이 70미터 이상 또는 지면에서 이용객 높이 5미터 이상
		신밧드의 모험	전체 등급(종류)
		래피드라이드	전체 등급(종류)
	자유 주행형	수륙양용관람차	전체 등급(종류)
고정형	종회전 고정형	회전관람차	지면에서 이용객 높이 5미터 이상
		플라잉카펫	전체 등급(종류)
		아폴로	전체 등급(종류)
		레인보우	전체 등급(종류)
		바이킹	탑승인원 41인승 이상
		고공파도타기	전체 등급(종류)
		스카이코스터	전체 등급(종류)
	횡회전 고정형	회전그네	탑승인원 41인승 이상
		뮤직익스프레스	전체 등급(종류)
		스윙댄스	전체 등급(종류)
		타가다디스코	전체 등급(종류)
	복합회전 고정형	회전비행기	전체 등급(종류)
		우주전투기	탑승인원 21인승 이상
		점프보트	전체 등급(종류)
		다람쥐통	전체 등급(종류)
		스페이스자이로	전체 등급(종류)
		엔터프라이즈	전체 등급(종류)

		문어다리	전체 등급(종류)
		슈퍼스윙	탑승인원 21인승 이상
		베이스볼	전체 등급(종류)
		브레이크댄스	전체 등급(종류)
		풍선타기	전체 등급(종류)
		허리케인	전체 등급(종류)
		매직스윙	탑승인원 21인승 이상
		슈퍼라이드	전체 등급(종류)
	승강 고정형	패러슈터타워	지면에서 이용객 높이 5미터 이상
		타워라이드	전체 등급(종류)
		프레쉬팡팡	전체 등급(종류)
놀이형	일반놀이형	펀하우스	전체 등급(종류)

2. 안전성검사 대상이 아닌 유기시설 또는 유기기구

가. 대상

안전성검사 대상이 아닌 유기시설 또는 유기기구는 위험요소가 적은 유기시설 또는 유기기구로서 최초 안전성검사 대상이 아님을 확인하는 검사와 정기적인 안전관리가 필요한 유기시설 또는 유기기구를 말한다.

나. 구분

1) 안전성검사 대상이 아닌 유기시설 또는 유기기구는 다음과 같이 구분한다.

유형	내용	유기시설 또는 유기기구
가) 주행형	일정 궤도·주로·수로·지역(공간)을 가지고 있으며, 속도가 5km/h 이하로 이용자 스스로가 참여하여 운행되는 유기시설 또는 유기기구	미니기차(레일 안쪽 길이 30미터 이하), 이티로보트(레일 안쪽 길이 30미터 이하), 배터리카, 멜로디페트, 수상사이클(수심 0.5미터 이하), 페달보트 및 배터리보트(수심 0.5미터 이하이며, 소인 1인 탑승하는 것) 등
나) 고정형	회전직경이 3미터 이내로 이용자 스스로가 참여하여 작동되는 유기시설 또는 유기기구	로데오타기, 회전형라이더(미니회전목마, 야자수 등), 미니 라이더(코인 라이더 등) 등
다) 관람형	일정한 시설물(기계·기구·건축물·보조기구 등) 내에서 이용	영상모험관(탑승인원 6인승 이하이며, 탑승높이 2미터 이하), 미니시뮬레이션(탑승인원 6인

		자 스스로가 참여하여 체험하는 유기시설 또는 유기기구	승 이하이며, 탑승높이 2미터 이하), 다이나믹시트(탑승인원 10인승 이하), 3D 또는 4D입체영화관(좌석고정영상시설) 등
라) 놀이형	일정한 시설(기계·기구·공간 등) 내에서 보조기구 또는 장치를 이용하거나 기구에 포함된 구성물을 작동하여 이용자 스스로가 이용하거나 체험할 수 있는 기구로서 누구나 이용할 수 있고 사행성이 없는 유기시설 또는 유기기구		붕붕뜀틀, 미니모험놀이(플레이스페이스 포함, 탑승높이가 3미터 이하이며, 설치 면적이 120제곱미터 이하), 미니에어바운스(탑승높이가 3미터 이하이며, 설치면적이 120제곱미터 이하), 미니사격, 공쏘기, 광선총, 공굴리기, 표적맞추기, 물쏘기, 미니볼링, 미니농구, 공던지기, 공차기, 에어하키, 망치치기, 펀치, 미니야구, 스키타기, 팔씨름, 오토바이타기, 자동차경주, 자전거타기, 보트타기, 말타기, 뮤직댄스, 수상기구타기, 건슈팅 등
	일정한 시설(기계·기구·공간 등) 내에서 이용자 스스로가 참여하여 물놀이(수심 1미터 이하)를 체험하는 유기시설 또는 유기기구		미니슬라이드(슬라이드 길이 10미터 이하이며, 탑승높이 2미터 이하), 미니수중모험놀이(물버켓이 설치되지 않고 슬라이드 전체길이가 10미터 이하이며, 탑승높이 2미터 이하), 미니워터에어바운스(탑승높이가 3미터 이하이며, 설치 면적이 120제곱미터 이하) 등

2) 최초 확인검사 이후 정기 확인검사를 받아야 하는 유기시설 또는 유기기구는 다음과 같이 구분한다.

유형	유기시설 또는 유기기구
가) 주행형	미니기차, 이티로보트 등
나) 고정형	로데오타기, 회전형라이더 등
다) 관람형	영상모험관, 미니시뮬레이션, 다이나믹시트 등
라) 놀이형	붕붕뜀틀, 미니모험놀이, 미니에어바운스, 미니슬라이드, 미니수중모험놀이, 미니워터에어바운스 등

다. 다른 법령에서 중복하여 관리하는 유기시설 또는 유기기구
  1) 「게임산업진흥에 관한 법률」 제2조제1호 본문에 따른 게임물이면서 안전성검사 대상이 아닌 유기시설 또는 유기기구에 해당하는 경우에는 「게임산업진흥에 관한 법률」 제21조에 따라 전체이용가 등급을 받은 것이어야 한다.

2) 「어린이놀이시설 안전관리법」에 따라 설치검사 및 정기시설검사를 실시한 어린이놀이
기구이면서 위의 가 및 나의 유기시설 또는 유기기구에 해당하는 경우에는 제40조에 따
른 안전성검사 대상이 아님을 확인하는 검사 또는 정기 확인검사를 받은 것으로 본다.

■ 관광진흥법 시행규칙 [별표 12] 〈개정 2016.12.30.〉

안전관리자의 자격 · 배치기준 및 임무(제41조 관련)

1. 안전관리자의 자격

구분	자격
종합유원시설업	가. 「국가기술자격법」에 따른 기계 · 전기 · 전자 또는 안전관리 분야의 산업기사 자격이상 보유한 자 나. 「고등교육법」에 따른 이공계 전문대학 또는 이와 동등 이상의 학교를 졸업한 자로서 종합유원시설업소 또는 일반유원시설업소에서 1년 이상 유기시설 및 유기기구 안전점검 · 정비업무를 담당한 자 또는 기계 · 전기 · 산업안전 · 자동차정비 등 유원시설업의 유사경력 2년 이상인 자 다. 「국가기술자격법」에 따른 기계 · 전기 · 전자 또는 안전관리 분야의 기능사 자격이상 보유한 자로서 종합유원시설업소 또는 일반유원시설업소에서 2년 이상 유기시설 및 유기기구 안전점검 · 정비업무를 담당한 자 또는 기계 · 전기 · 산업안전 · 자동차정비 등 유원시설업의 유사경력 3년 이상인 자
일반유원시설업	가. 「국가기술자격법」에 따른 기계 · 전기 · 전자 또는 안전관리 분야의 산업기사 또는 기능사 자격이상 보유한 자 나. 「고등교육법」에 따른 이공계 전문대학 또는 이와 동등 이상의 학교를 졸업한 자로서 종합유원시설업소 또는 일반유원시설업소에서 1년 이상 유기시설 및 유기기구 안전점검 · 정비업무를 담당한 자 또는 기계 · 전기 · 산업안전 · 자동차정비 등 유원시설업의 유사경력 2년 이상인 자 다. 「초 · 중등교육법」에 따른 공업계 고등학교 또는 이와 동등 이상의 학교를 졸업한 자로서 종합유원시설업소 또는 일반유원시설업소에서 2년 이상 유기시설 및 유기기구 안전점검 · 정비업무를 담당한 자 또는 기계 · 전기 · 산업안전 · 자동차정비 등 유원시설업의 유사경력 3년 이상인 자

	라. 종합유원시설업 또는 일반유원시설업의 안전관리업무에 종사한 경력이 5년 이상인 자로서, 문화체육관광부장관이 지정하는 업종별 관광협회 또는 전문연구·검사기관에서 40시간 이상 안전교육을 이수한 자
2. 안전관리자의 배치기준 　가. 안전성검사 대상 유기기구 1종 이상 10종 이하를 운영하는 사업자: 1명 이상 　나. 안전성검사 대상 유기기구 11종 이상 20종 이하를 운영하는 사업자: 2명 이상 　다. 안전성검사 대상 유기기구 21종 이상을 운영하는 사업자: 3명 이상	
3. 안전관리자의 임무 　가. 안전관리자는 안전운행 표준지침을 작성하고 유기시설 안전관리계획을 수립하고 이에 따라 안전관리업무를 수행하여야 한다. 　나. 안전관리자는 매일 1회 이상 안전성검사 대상 유기시설 또는 유기기구에 대한 안전점검을 하고 그 결과를 안전점검기록부에 기록·비치하여야 하며, 이용객이 보기 쉬운 곳에 유기시설 또는 유기기구별로 안전점검표시판을 게시하여야 한다. 　다. 유기시설과 유기기구의 운행자 및 유원시설 종사자에 대한 안전교육계획을 수립하고, 이에 따라 교육을 하여야 한다.	

5. 사고보고 의무와 사고조사

　테마파크업자는 그가 관리하는 테마파크시설로 인하여 사망자가 발생한 때, 의식불명 또는 신체 기능 일부가 심각하게 손상된 중상자가 발생한 때, 사고 발생일부터 3일 이내에 실시된 의사의 최초 진단 결과 2주 이상의 입원 치료가 필요한 부상자가 동시에 3명 이상 발생한 때, 사고 발생일부터 3일 이내에 실시된 의사의 최초 진단 결과 1주 이상의 입원 치료가 필요한 부상자가 동시에 5명 이상 발생한 때, 테마파크시설의 운행이 30분 이상 중단되어 인명 구조가 이루어졌을 때는 대통령령으로 '중대한 사고'라고 하는데 이 때에는 즉시 사용 중지 등 필요한 처리를 하고 사고 발생일부터 3일 이내에 사고가 발생한 영업소의 명칭, 소재지, 전화번호 및 대표자 성명, 사고 발생 경위(사고 일시·장소, 사고 발생 유기시설 또는 유기기구의 명칭 포함), 조치 내용, 사고 피해자의 이름, 성별,

생년월일 및 연락처, 사고 발생 테마파크시설의 안전성 검사의 결과 또는 안전성 검사 대상에 해당하지 아니함을 확인하는 검사의 결과 등을 담당 특별자치시장·특별자치도지사·시장·군수·구청장에게 통보해야 한다. 더 상세한 내용은 「관광진흥법 시행령」 제31조의2(유기시설 등에 의한 중대한 사고)와 「관광진흥법 시행규칙」 제41조의2(유기시설·유기기구로 인한 중대한 사고의 통보)에 잘 나타나 있다.

제33조의2(사고보고의무 및 사고조사) ① 테마파크업자는 그가 관리하는 테마파크시설로 인하여 대통령령으로 정하는 중대한 사고가 발생한 때에는 즉시 사용중지 등 필요한 조치를 취하고 문화체육관광부령으로 정하는 바에 따라 특별자치시장·특별자치도지사·시장·군수·구청장에게 통보하여야 한다. <개정 2018.6.12., 2024.2.27.>

② 제1항에 따라 통보를 받은 특별자치시장·특별자치도지사·시장·군수·구청장은 필요하다고 판단하는 경우에는 대통령령으로 정하는 바에 따라 테마파크업자에게 자료의 제출을 명하거나 현장조사를 실시할 수 있다.
<개정 2018.6.12., 2024.2.27.>

③ 특별자치시장·특별자치도지사·시장·군수·구청장은 제2항에 따른 자료 및 현장조사 결과에 따라 해당 테마파크시설이 안전에 중대한 침해를 줄 수 있다고 판단하는 경우에는 그 테마파크업자에게 대통령령으로 정하는 바에 따라 사용중지·개선 또는 철거를 명할 수 있다. <개정 2018.6.12., 2024.2.27.>

[본조신설 2015.5.18.] [시행일 : 2025.8.28.]

관광진흥법 시행령

제31조의2(유기시설 등에 의한 중대한 사고) ① 법 제33조의2제1항에서 "대통령령으로 정하는 중대한 사고"란 다음 각 호의 어느 하나에 해당하는 경우가 발생한 사고를 말한다.

1. 사망자가 발생한 경우

2. 의식불명 또는 신체기능 일부가 심각하게 손상된 중상자가 발생한 경우

3. 사고 발생일부터 3일 이내에 실시된 의사의 최초 진단결과 2주 이상의 입원 치료가 필요한 부상자가 동시에 3명 이상 발생한 경우

4. 사고 발생일부터 3일 이내에 실시된 의사의 최초 진단결과 1주 이상의 입원 치료가 필요한 부상자가 동시에 5명 이상 발생한 경우

5. 유기시설 또는 유기기구의 운행이 30분 이상 중단되어 인명 구조가 이루어 진 경우

② 유원시설업자는 법 제33조의2제2항에 따라 자료의 제출 명령을 받은 날부터 7일 이내에 해당 자료를 제출하여야 한다. 다만, 특별자치시장·특별자치도지사·시장·군수·구청장은 유원시설업자가 정해진 기간 내에 자료를 제출하는 것이 어렵다고 사유를 소명한 경우에는 10일의 범위에서 그 제출 기한을 연장할 수 있다. <개정 2019.4.9.>

③ 특별자치시장·특별자치도지사·시장·군수·구청장은 법 제33조의2제2항에 따라 현장조사를 실시하려면 미리 현장조사의 일시, 장소 및 내용 등을 포함한 조사계획을 유원시설업자에게 문서로 알려야 한다. 다만, 긴급하게 조사를 실시하여야 하거나 부득이한 사유가 있는 경우에는 그러하지 아니하다.

<개정 2019.4.9.>

④ 특별자치시장·특별자치도지사·시장·군수·구청장은 제3항에 따른 현장조사를 실시하는 경우에는 재난관리에 관한 전문가를 포함한 3명 이내의 사고조사반을 구성하여야 한다. <개정 2019.4.9.>

⑤ 특별자치시장·특별자치도지사·시장·군수·구청장은 법 제33조의2제2항에 따른 자료 및 현장조사 결과에 따라 해당 유기시설 또는 유기기구가 안전에 중대한 침해를 줄 수 있다고 판단하는 경우에는 같은 조 제3항에 따라 다음 각호의 구분에 따른 조치를 명할 수 있다. <개정 2019.4.9.>

1. 사용중지 명령: 유기시설 또는 유기기구를 계속 사용할 경우 이용자 등의 안전에 지장을 줄 우려가 있는 경우

2. 개선 명령: 유기시설 또는 유기기구의 구조 및 장치의 결함은 있으나 해당 시설 또는 기구의 개선 조치를 통하여 안전 운행이 가능한 경우

3. 철거 명령: 유기시설 또는 유기기구의 구조 및 장치의 중대한 결함으로 정비·수리 등이 곤란하여 안전 운행이 불가능한 경우

⑥ 유원시설업자는 제5항에 따른 조치 명령에 대하여 이의가 있는 경우에는 조치 명령을 받은 날부터 2개월 이내에 이의 신청을 할 수 있다.

⑦ 특별자치시장·특별자치도지사·시장·군수·구청장은 제6항에 따른 이의 신청이 있는 경우에는 최초 구성된 사고조사반의 반원 중 1명을 포함하여 3명 이내의 사고조사반을 새로 구성하여 현장조사를 하여야 한다. <개정 2019.4.9.>

⑧ 법 제33조의2제3항에 따라 개선 명령을 받은 유원시설업자는 유기시설 또는 유기기구의 개선을 완료한 후 제65조제1항제3호에 따라 유기시설 또는 유기기구의 안전성 검사 및 안전성검사 대상에 해당되지 아니함을 확인하는 검사에 관한 권한을 위탁받은 업종별 관광협회 또는 전문 연구·검사기관으로부터 해당 시설 또는 기구의 운행 적합 여부를 검사받아 그 결과를 관할 특별자치시장·특별자치도지사·시장·군수·구청장에게 제출하여야 한다. <개정 2019.4.9.>

[본조신설 2015.11.18.]

관광진흥법 시행규칙

제41조의2(유기시설·유기기구로 인한 중대한 사고의 통보) ① 유원시설업자는 그가 관리하는 유기시설 또는 유기기구로 인하여 영 제31조의2제1항 각 호의 어느 하나에 해당하는 사고가 발생한 경우에는 법 제33조의2제1항에 따라 사고 발생일부터 3일 이내에 다음 각 호의 사항을 관할 특별자치시장·특별자치도지사·시장·군수·구청장에게 통보하여야 한다. <개정 2019.4.25.>

1. 사고가 발생한 영업소의 명칭, 소재지, 전화번호 및 대표자 성명

2. 사고 발생 경위(사고 일시·장소, 사고 발생 유기시설 또는 유기기구의 명칭을 포함하여야 한다)

3. 조치 내용

4. 사고 피해자의 이름, 성별, 생년월일 및 연락처

5. 사고 발생 유기시설 또는 유기기구의 안전성검사의 결과 또는 안전성검사
   대상에 해당되지 아니함을 확인하는 검사의 결과

② 유원시설업자는 제1항에 따른 통보는 문서, 팩스 또는 전자우편으로 하여야
한다. 다만, 팩스나 전자우편으로 통보하는 경우에는 그 수신 여부를 전화 등
으로 확인하여야 한다.

③ 특별자치시장·특별자치도지사·시장·군수·구청장은 제1항에 따라 통보
받은 내용을 종합하여 대장에 기록하여야 한다. <개정 2019.4.25.>

[본조신설 2015.11.19.]

6. 영업질서 유지

테마파크업자는 영업 질서유지를 위하여 문화체육관광부령으로 정하는 유원시설업자
의 준수사항(관광진흥법 시행규칙 [별표 13])을 지켜야 하며, 법령을 위반하여 제조한 테
마파크시설 또는 테마파크시설의 부분품(部分品)을 설치하거나 사용해서는 안 된다.

■ 관광진흥법 시행규칙 [별표 13] 〈개정 2020.12.10.〉 [시행일 : 2021.1.1.] 제2호가목(6)

유원시설업자의 준수사항(제42조 관련)

1. **공통사항**
   (1) 사업자는 사업장 내에서 이용자가 항상 이용질서를 유지하게 하여야 하며, 이용자의 활동
   에 제공되거나 이용자의 안전을 위하여 설치된 각종 시설·설비·장비·기구 등이 안전하
   고 정상적으로 이용될 수 있는 상태를 유지하여야 한다.
   (2) 사업자는 이용자를 태우는 유기시설 또는 유기기구의 경우 정원을 초과하여 이용자를 태
   우지 아니하도록 하고, 운행 개시 전에 안전상태를 확인하여야 하며, 특히 안전띠 또는
   안전대의 안전성 여부와 착용상태를 확인하여야 한다.
   (3) 사업자는 운행 전 이용자가 외관상 객관적으로 판단하여 정신적·신체적으로 이용에 부

적합하다고 인정되거나 유기시설 또는 유기기구 내에서 본인 또는 타인의 안전을 저해할 우려가 있는 경우에는 게시 및 안내를 통하여 이용을 거부하거나 제한하여야 하고, 운행 중에는 이용자가 정위치에 있는지와 이상행동을 하는지를 주의하여 관찰하여야 하며, 유기시설 또는 유기기구 안에서 장난 또는 가무행위 등 안전에 저해되는 행위를 하지 못하게 하여야 한다.

(4) 사업자는 이용자가 보기 쉬운 곳에 이용요금표 · 준수사항 및 이용시 주의하여야 할 사항을 게시하여야 한다.

(5) 사업자는 허가 또는 신고된 영업소의 명칭(상호)을 표시하여야 한다.

(6) 사업자는 조명이 60럭스 이상이 되도록 유지하여야 한다. 다만, 조명효과를 이용하는 유기시설은 제외한다.

(7) 사업자는 화재발생에 대비하여 소화기를 설치하고, 이용자가 쉽게 알아볼 수 있는 곳에 피난안내도를 부착하거나 피난방법에 대하여 고지하여야 한다.

(8) 사업자는 유관기관(허가관청 · 경찰서 · 소방서 · 의료기관 · 안전성검사등록기관 등)과 안전관리에 관한 연락체계를 구축하고, 사망 등 중대한 사고의 발생 즉시 등록관청에 보고하여야 하며, 안전사고의 원인 조사 및 재발 방지대책을 수립하여야 한다.

(9) 사업자는 제40조제7항에 따른 행정청의 조치사항을 준수하여야 한다.

(10) 사업자는 「게임산업진흥에 관한 법률」 제2조제1호 본문에 따른 게임물에 해당하는 유기시설 또는 유기기구에 대하여 「게임산업진흥에 관한 법률」 제28조제2호 · 제2호의2 · 제3호 및 제6호에 따라 사행성을 조장하지 아니하도록 하여야 하며, 「게임산업진흥에 관한 법률 시행령」 제16조에 따른 청소년게임제공업자의 영업시간 및 청소년의 출입시간을 준수하여야 한다.

2. 개별사항

가. 종합 · 일반유원시설업

(1) 사업자는 법 제33조제2항에 따라 안전관리자를 배치하고, 안전관리자가 그 업무를 적절하게 수행하도록 지도 · 감독하는 등 유기시설 또는 유기기구를 안전하게 관리하여야 하며, 안전관리자가 교육 등으로 업무수행이 일시적으로 불가한 경우에는 유원시설업의 안전관리업무에 종사한 경력이 있는 자로 하여금 업무를 대행하게 하여야 한다.

(2) 사업자는 안전관리자가 매일 1회 이상 안전성검사 대상 및 대상이 아닌 유기시설 또는 유기기구에 대한 안전점검을 하고 그 결과를 안전점검기록부에 기록하여 1년 이상 보관하도록 하여야 하며, 이용자가 보기 쉬운 곳에 유기시설 또는 유기기구별로 안전점검표지판을 게시하여야 한다.

(3) 사업자는 안전관리자가 유기시설 또는 유기기구의 운행자 및 종사자에 대한 안전교육계획을 수립하여 주 1회 이상 안전교육을 실시하고, 그 교육일지를 기록 · 비치하여야 한다.

(4) 사업자는 운행자 및 종사자의 신규 채용시에는 사전 안전교육을 4시간 이상 실시하

고, 그 교육일지를 기록·비치하여야 한다.

(5) 6개월 미만으로 단기 영업허가를 받은 사업자는 영업이 종료된 후 1개월 이내에 안전점검기록부와 교육일지를 시장·군수·구청장에게 제출하여야 한다.

(6) 사업자는 다음의 사항을 내용으로 하는 안전관리에 관한 교육을 2년마다 1회(4시간 이상의 교육을 말한다) 이상 받아야 한다. 이 경우 2년은 교육을 받은 날부터 계산한다.

(가) 유원시설 안전정책에 관한 사항

(나) 유원시설 안전관리 및 운영에 관한 사항

(다) 그 밖에 유원시설 안전관리를 위하여 필요한 사항

(7) (6)에 따른 교육은 허가 받은 날부터 6개월 이내에 받아야 한다. 다만, 안전관리 교육을 받고 2년이 경과하지 않은 경우에는 그렇지 않다.

나. 기타유원시설업

(1) 사업자 또는 종사자는 비상시 안전행동요령 등을 숙지하고 근무하여야 한다.

(2) 사업자는 본인 스스로 또는 종사자로 하여금 별표 11의 제2호나목1)에 해당하는 유기시설 또는 유기기구는 매일 1회 이상 안전점검을 하고 그 결과를 안전점검기록부에 기록하여 1년 이상 보관하도록 하여야 하며, 이용자가 보기 쉬운 곳에 유기시설 또는 유기기구별로 안전점검표지판을 게시하여야 한다.

(3) 사업자는 본인 스스로 또는 종사자에 대한 안전교육을 월 1회 이상 하고, 그 교육일지를 기록·비치하여야 하며, 별표 11 제2호나목2)에 해당하는 유기시설 또는 유기기구를 설치하여 운영하는 사업자는 제41조제2항에 따른 안전교육을 2년마다 1회 이상 4시간 이상 받아야 한다.

(4) 사업자는 종사자의 신규 채용시에는 사전 안전교육을 2시간 이상 실시하고, 그 교육일지를 기록·비치하여야 한다.

(5) 6개월 미만으로 단기 영업신고를 한 사업자는 영업이 종료된 후 1개월 이내에 안전점검기록부와 교육일지를 시장·군수·구청장에게 제출하여야 한다.

문화체육관광부 장관은 테마파크시설의 안전과 관련된 정보를 종합적으로 관리하고 해당 정보를 테마파크업자와 관광객에게 제공하기 위하여 테마파크시설안전정보시스템을 구축·운영할 수 있다. 테마파크시설안전정보시스템에는 ① 테마파크업의 허가(변경허가 포함) 또는 신고(변경 신고 포함)에 관한 정보, ② 테마파크업자의 보험 가입 등에 관한 정보, ③ 물놀이형 테마파크업자의 안전·위생에 관한 정보, ④ 안전성 검사 또는 안전성 검사 대상에 해당하지 아니함을 확인하는 검사에 관한 정보, ⑤ 안전관리자의 안전교육에 관한 정보, ⑥ 통보한 사고와 그 조치에 관한 정보, ⑦ 테마파크업자가 이 법을 위반하여 받은 행정처분에 관한 정보 등이 포함되어야 한다. 또한, 문화체육관광부

장관은 앞의 ①, ③, ④, ⑤의 정보를 테마파크시설안전정보시스템을 통하여 공개할 수 있다.

제34조(영업질서 유지 등) ① 테마파크업자는 영업질서 유지를 위하여 문화체육관광부령으로 정하는 사항을 지켜야 한다. <개정 2008.2.29.>

② 테마파크업자는 법령을 위반하여 제조한 테마파크시설 또는 테마파크시설의 부분품(部分品)을 설치하거나 사용하여서는 아니 된다.

제34조의2(테마파크시설안전정보시스템의 구축·운영 등) ① 문화체육관광부장관은 테마파크시설의 안전과 관련된 정보를 종합적으로 관리하고 해당 정보를 테마파크업자 및 관광객에게 제공하기 위하여 테마파크시설안전정보시스템을 구축·운영할 수 있다.

② 제1항에 따른 테마파크시설안전정보시스템에는 다음 각 호의 정보가 포함되어야 한다.

1. 제5조제2항에 따른 테마파크업의 허가(변경허가를 포함한다) 또는 같은 조 제4항에 따른 테마파크업의 신고(변경신고를 포함한다)에 관한 정보

2. 제9조에 따른 테마파크업자의 보험 가입 등에 관한 정보

3. 제32조에 따른 물놀이형 테마파크업자의 안전·위생에 관한 정보

4. 제33조제1항에 따른 안전성검사 또는 안전성검사 대상에 해당하지 아니함을 확인하는 검사에 관한 정보

5. 제33조제3항에 따른 안전관리자의 안전교육에 관한 정보

6. 제33조의2제1항에 따라 통보한 사고 및 그 조치에 관한 정보

7. 테마파크업자가 이 법을 위반하여 받은 행정처분에 관한 정보

8. 그 밖에 테마파크시설의 안전관리를 위하여 대통령령으로 정하는 정보

③ 문화체육관광부장관은 특별자치시장·특별자치도지사·시장·군수·구청장, 제80조제3항에 따라 업무를 위탁받은 기관의 장 및 테마파크업자에게 테마파크시설안전정보시스템의 구축·운영에 필요한 자료를 제출 또는 등록하도록 요청

할 수 있다. 이 경우 요청을 받은 자는 정당한 사유가 없으면 이에 따라야 한다.

④ 문화체육관광부장관은 제2항제3호 및 제4호에 따른 정보 등을 테마파크시설안전정보시스템을 통하여 공개할 수 있다.

⑤ 제4항에 따른 공개의 대상, 범위, 방법 및 그 밖에 테마파크시설안전정보시스템의 구축·운영에 필요한 사항은 문화체육관광부령으로 정한다.

[본조신설 2020.12.22.] [제목개정 2024.2.27.] [시행일 : 2025.8.28.]

 관광 편의시설업

1. 관광 편의시설업의 개념과 종류

「관광진흥법」 제3조제1항제7호에서 관광 편의시설업은 "여행업, 관광숙박업, 관광객이용시설업, 국제회의업, 카지노업, 테마파크업의 규정에 따른 관광사업 외에 관광 진흥에 이바지할 수 있다고 인정되는 사업이나 시설 등을 운영하는 업"으로 정의하고 있다. 관광 편의시설업은 「관광진흥법 시행령」 제2조제6호가목부터 타목까지 11개 업종으로 구분하는데, 관광유흥음식점업, 관광극장유흥업, 외국인전용 유흥음식점업, 관광식당업, 관광순환버스업, 관광사진업, 여객자동차터미널시설업, 관광펜션업, 관광궤도업, 관광면세업, 관광지원서비스업 등이다. 자세한 내용은 다음 표와 같다.

〈표 Ⅲ-13〉 관광 편의시설업의 종류

종류	내용
관광유흥음식점업	식품위생 법령에 따른 유흥주점 영업의 허가를 받은 자가 관광객이 이용하기 적합한 한국 전통 분위기의 시설을 갖추어 그 시설을 이용하는 자에게 음식을 제공하고 노래와 춤을 감상하게 하거나 춤을 추게 하는 업

관광극장유흥업	식품위생 법령에 따른 유흥주점 영업의 허가를 받은 자가 관광객이 이용하기 적합한 무도(舞蹈)시설을 갖추어 그 시설을 이용하는 자에게 음식을 제공하고 노래와 춤을 감상하게 하거나 춤을 추게 하는 업
외국인전용 유흥음식점업	식품위생 법령에 따른 유흥주점 영업의 허가를 받은 자가 외국인이 이용하기 적합한 시설을 갖추어 외국인만을 대상으로 주류나 그 밖의 음식을 제공하고 노래와 춤을 감상하게 하거나 춤을 추게 하는 업
관광식당업	식품위생 법령에 따른 일반음식점 영업의 허가를 받은 자가 관광객이 이용하기 적합한 음식 제공시설을 갖추고 관광객에게 특정 국가의 음식을 전문적으로 제공하는 업
관광순환버스업	「여객자동차 운수사업법」에 따른 여객자동차운송사업의 면허를 받거나 등록을 한 자가 버스를 이용하여 관광객에게 시내와 그 주변 관광지를 정기적으로 순회하면서 관광할 수 있도록 하는 업
관광사진업	외국인 관광객과 동행하며 기념사진을 촬영하여 판매하는 업
여객자동차터미널시설업	「여객자동차 운수사업법」에 따른 여객자동차터미널사업의 면허를 받은 자가 관광객이 이용하기 적합한 여객자동차터미널시설을 갖추고 이들에게 휴게시설·안내시설 등 편익시설을 제공하는 업
관광펜션업	숙박시설을 운영하고 있는 자가 자연·문화 체험관광에 적합한 시설을 갖추어 관광객에게 이용하게 하는 업
관광궤도업	「궤도운송법」에 따른 궤도사업의 허가를 받은 자가 주변 관람과 운송에 적합한 시설을 갖추어 관광객에게 이용하게 하는 업
관광면세업	다음의 어느 하나에 해당하는 자가 판매시설을 갖추고 관광객에게 면세물품을 판매하는 업 1)「관세법」 제196조에 따른 보세판매장의 특허를 받은 자 2)「외국인관광객 등에 대한 부가가치세 및 개별소비세 특례규정」 제5조에 따라 면세판매장의 지정을 받은 자
관광지원서비스업	주로 관광객 또는 관광사업자 등을 위하여 사업이나 시설 등을 운영하는 업으로서 문화체육관광부장관이 「통계법」 제22조제2항 단서에 따라 관광 관련 산업으로 분류한 쇼핑업, 운수업, 숙박업, 음식점업, 문화·오락·레저스포츠업, 건설업, 자동차임대업 및 교육서비스업 등. 다만, 법에 따라 등록·허가 또는 지정(이 영 제2조제6호가목부터 카목까지의 규정에 따른 업으로 한정한다)을 받거나 신고를 해야 하는 관광사업은 제외한다.

2. 관광 편의시설업의 지정 기준

관광사업을 경영하기 위해서는 해당 기관에 등록, 허가, 신고 등을 해야 하는데 관광 편의시설업은 대통령령에 따라 지정하여 대상을 정하고 있다. 11개 관광 편의시설업 중 관광유흥음식점업, 관광극장유흥업, 외국인전용 유흥음식점업, 관광순환버스업, 관광펜션업, 관광궤도업, 관광면세업, 관광지원서비스업 등은 특별자치시장·특별자치도지사·시장·군수·구청장에게 신청, 관광식당업, 관광사진업, 여객자동차터미널시설업 등은 지역별 관광협회에 지정 신청을 한다. 관광 편의시설업의 지정 기준은 「관광진흥법 시행규칙」 [별표 2]와 같다.

■ 관광진흥법 시행규칙 [별표 2] 〈개정 2024.11.25.〉

관광 편의시설업의 지정기준(제15조 관련)

업종	지정기준
1. 관광유흥음식점업	가. 건물은 연면적이 특별시의 경우에는 330제곱미터 이상, 그 밖의 지역은 200제곱미터 이상으로 한국적 분위기를 풍기는 아담하고 우아한 건물일 것 나. 관광객의 수용에 적합한 다양한 규모의 방을 두고 실내는 고유의 한국적 분위기를 풍길 수 있도록 서화·문갑·병풍 및 나전칠기 등으로 장식할 것 다. 영업장 내부의 노랫소리 등이 외부에 들리지 아니하도록 할 것
2. 관광극장유흥업	가. 건물 연면적은 1,000제곱미터 이상으로 하고, 홀면적(무대면적을 포함한다)은 500제곱미터 이상으로 할 것 나. 관광객에게 민속과 가무를 감상하게 할 수 있도록 특수조명장치 및 배경을 설치한 50제곱미터 이상의 무대가 있을 것 다. 영업장 내부의 노랫소리 등이 외부에 들리지 아니하도록 할 것
3. 외국인전용 유흥음식점업	가. 홀면적(무대면적을 포함한다)은 100제곱미터 이상으로 할 것 나. 홀에는 노래와 춤 공연을 할 수 있도록 20제곱미터 이상의 무대를 설치하고, 특수조명 시설을 갖출 것 다. 영업장 내부의 노랫소리 등이 외부에 들리지 아니하도록 할 것 라. 외국인을 대상으로 영업할 것

4. 관광식당업	가. 인적요건
	 1) 한국 전통음식을 제공하는 경우에는 「국가기술자격법」
	  에 따른 해당 조리사 자격증 소지자를 둘 것
	 2) 특정 외국의 전문음식을 제공하는 경우에는 다음의 요건
	  중 1개 이상의 요건을 갖춘 자를 둘 것
	  가) 해당 외국에서 전문조리사 자격을 취득한 자
	  나) 「국가기술자격법」에 따른 해당 조리사 자격증 소지
	   자로서 해당 분야에서의 조리경력이 2년 이상인 자
	  다) 해당 외국에서 6개월 이상의 조리교육을 이수한 자
	나. 삭제 <2014.9.16.>
	다. 최소 한 개 이상의 외국어로 음식의 이름과 관련 정보가 병
	 기된 메뉴판을 갖추고 있을 것
	라. 출입구가 각각 구분된 남·녀 화장실을 갖출 것

5. 관광순환버스업	○ 안내방송 등 외국어 안내서비스가 가능한 체제를 갖출 것
6. 관광사진업	○ 사진촬영기술이 풍부한 자 및 외국어 안내서비스가 가능한 체제를 갖출 것
7. 여객자동차터미널업	○ 인근 관광지역 등의 안내서 등을 비치하고, 인근 관광자원 및 명소 등을 소개하는 관광안내판을 설치할 것
8. 관광펜션업	가. 자연 및 주변환경과 조화를 이루는 4층 이하의 건축물일 것 나. 객실이 30실 이하일 것 다. 취사 및 숙박에 필요한 설비를 갖출 것 라. 바비큐장, 캠프파이어장 등 주인의 환대가 가능한 1종류 이 상의 이용시설을 갖추고 있을 것(다만, 관광펜션이 수개의 건물 동으로 이루어진 경우에는 그 시설을 공동으로 설치할 수 있다) 마. 숙박시설 및 이용시설에 대하여 외국어 안내 표기를 할 것
9. 관광궤도업	가. 자연 또는 주변 경관을 관람할 수 있도록 개방되어 있거나 밖이 보이는 창을 가진 구조일 것 나. 안내방송 등 외국어 안내서비스가 가능한 체제를 갖출 것
10. 삭제 <2020.4.28.>	

11. 관광면세업	가. 외국어 안내 서비스가 가능한 체제를 갖출 것 나. 한 개 이상의 외국어로 상품명 및 가격 등 관련 정보가 명시 　　된 전체 또는 개별 안내판을 갖출 것 다. 주변 교통의 원활한 소통에 지장을 초래하지 않을 것
12. 관광지원서비스업	가. 다음의 어느 하나에 해당할 것 　　1) 해당 사업의 평균매출액 중 관광객 또는 관광사업자와의 　　　 거래로 인한 매출액의 비율이 100분의 50 이상일 것 　　2) 법 제52조에 따라 관광지 또는 관광단지로 지정된 지역 　　　 에서 사업장을 운영할 것 　　3) 법 제48조의10제1항에 따라 한국관광 품질인증을 받았을 것 　　4) 중앙행정기관의 장 또는 지방자치단체의 장이 공모 등의 　　　 방법을 통해 우수 관광사업으로 선정한 사업일 것 나. 시설 등을 이용하는 관광객의 안전을 확보할 것

제9절　영업에 대한 지도와 감독

1. 등록취소

　담당 등록기관의 장은 관광사업의 등록 등을 받은 자, 신고를 한 자, 사업계획의 승인을 받은 자 등은 「관광진흥법」 제35조제1항제1호부터 제20호, 같은 법 같은 조 제2항제1호와 제2호에 해당하면 사업계획의 승인 취소, 6개월 이내의 기간을 정하여 그 사업의 전부 또는 일부의 정지 명령, 시설·운영의 개선을 명할 수 있다.

제35조(등록취소 등) ① 관할 등록기관등의 장은 관광사업의 등록등을 받거나 신고를 한 자 또는 사업계획의 승인을 받은 자가 다음 각 호의 어느 하나에 해당하면 그 등록등 또는 사업계획의 승인을 취소하거나 6개월 이내의 기간을 정하

여 그 사업의 전부 또는 일부의 정지를 명하거나 시설·운영의 개선을 명할 수 있다. <개정 2007.7.19., 2009.3.25., 2011.4.5., 2014.3.11., 2015.2.3., 2015.5.18., 2015.12.22., 2017.11.28., 2018.6.12., 2018.12.11., 2023.8.8.>

1. 제4조에 따른 등록기준에 적합하지 아니하게 된 경우 또는 변경등록기간 내에 변경등록을 하지 아니하거나 등록한 영업범위를 벗어난 경우

1의2. 제5조제2항 및 제4항에 따라 문화체육관광부령으로 정하는 시설과 설비를 갖추지 아니하게 되는 경우

2. 제5조제3항 및 제4항 후단에 따른 변경허가를 받지 아니하거나 변경신고를 하지 아니한 경우

2의2. 제6조제2항에 따른 지정 기준에 적합하지 아니하게 된 경우

3. 제8조제4항(같은 조 제6항에 따라 준용하는 경우를 포함한다)에 따른 기한 내에 신고를 하지 아니한 경우

3의2. 제8조제8항을 위반하여 휴업 또는 폐업을 하고 알리지 아니하거나 미리 신고하지 아니한 경우

4. 제9조에 따른 보험 또는 공제에 가입하지 아니하거나 영업보증금을 예치하지 아니한 경우

4의2. 제10조제2항을 위반하여 사실과 다르게 관광표지를 붙이거나 관광표지에 기재되는 내용을 사실과 다르게 표시 또는 광고하는 행위를 한 경우

5. 제11조를 위반하여 관광사업의 시설을 타인에게 처분하거나 타인에게 경영하도록 한 경우

6. 제12조에 따른 기획여행의 실시요건 또는 실시방법을 위반하여 기획여행을 실시한 경우

7. 제14조를 위반하여 안전정보 또는 변경된 안전정보를 제공하지 아니하거나, 여행계약서 및 보험 가입 등을 증명할 수 있는 서류를 여행자에게 내주지 아니한 경우 또는 여행자의 사전 동의 없이 여행일정(선택관광 일정을 포함한다)을 변경하는 경우

8. 제15조에 따라 사업계획의 승인을 얻은 자가 정당한 사유 없이 대통령령으로 정하는 기간 내에 착공 또는 준공을 하지 아니하거나 같은 조를 위반하여 변경승인을 얻지 아니하고 사업계획을 임의로 변경한 경우

8의2. 제18조의2에 따른 준수사항을 위반한 경우

8의3. 제19조제1항 단서를 위반하여 등급결정을 신청하지 아니한 경우

9. 제20조제1항 및 제4항을 위반하여 분양 또는 회원모집을 하거나 같은 조 제5항에 따른 소유자등 · 회원의 권익을 보호하기 위한 사항을 준수하지 아니한 경우

9의2. 제20조의2에 따른 준수사항을 위반한 경우

10. 제21조에 따른 카지노업의 허가 요건에 적합하지 아니하게 된 경우

11. 제23조제3항을 위반하여 카지노 시설 및 기구에 관한 유지 · 관리를 소홀히 한 경우

12. 제28조제1항 및 제2항에 따른 준수사항을 위반한 경우

13. 제30조를 위반하여 관광진흥개발기금을 납부하지 아니한 경우

14. 제32조에 따른 물놀이형 테마파크시설 등의 안전 · 위생기준을 지키지 아니한 경우

15. 제33조제1항에 따른 테마파크시설에 대한 안전성검사 및 안전성검사 대상에 해당되지 아니함을 확인하는 검사를 받지 아니하거나 같은 조 제2항에 따른 안전관리자를 배치하지 아니한 경우

16. 제34조제1항에 따른 영업질서 유지를 위한 준수사항을 지키지 아니하거나 같은 조 제2항을 위반하여 불법으로 제조한 부분품을 설치하거나 사용한 경우

16의2. 제38조제1항 단서를 위반하여 해당 자격이 없는 자를 종사하게 한 경우

17. 삭제 <2011.4.5.>

18. 제78조에 따른 보고 또는 서류제출명령을 이행하지 아니하거나 관계 공무원의 검사를 방해한 경우

19. 관광사업의 경영 또는 사업계획을 추진함에 있어서 뇌물을 주고받은 경우

20. 고의로 여행계약을 위반한 경우(여행업자만 해당한다)

② 관할 등록기관등의 장은 관광사업의 등록등을 받은 자가 다음 각 호의 어느 하나에 해당하면 6개월 이내의 기간을 정하여 그 사업의 전부 또는 일부의 정지를 명할 수 있다. <신설 2007.7.19., 2008.2.29., 2011.4.5., 2023.8.8.>

1. 제13조제2항에 따른 등록을 하지 아니한 사람에게 국외여행을 인솔하게 한 경우

2. 제27조에 따른 문화체육관광부장관의 지도와 명령을 이행하지 아니한 경우

③ 제1항 및 제2항에 따른 취소ㆍ정지처분 및 시설ㆍ운영개선명령의 세부적인 기준은 그 사유와 위반 정도를 고려하여 대통령령으로 정한다. <개정 2007.7.19.>

④ 관할 등록기관등의 장은 관광사업에 사용할 것을 조건으로 「관세법」 등에 따라 관세의 감면을 받은 물품을 보유하고 있는 관광사업자로부터 그 물품의 수입면허를 받은 날부터 5년 이내에 그 사업의 양도ㆍ폐업의 신고 또는 통보를 받거나 그 관광사업자의 등록등의 취소를 한 경우에는 관할 세관장에게 그 사실을 즉시 통보하여야 한다. <개정 2007.7.19.>

⑤ 관할 등록기관등의 장은 관광사업자에 대하여 제1항 및 제2항에 따라 등록등을 취소하거나 사업의 전부 또는 일부의 정지를 명한 경우에는 제18조제1항 각 호의 신고 또는 인ㆍ허가 등의 소관 행정기관의 장(외국인투자기업인 경우에는 기획재정부장관을 포함한다)에게 그 사실을 통보할 수 있다. <개정 2007.7.19., 2008.2.29., 2023.5.16.>

⑥ 관할 등록기관등의 장 외의 소관 행정기관의 장이 관광사업자에 대하여 그 사업의 정지나 취소 또는 시설의 이용을 금지하거나 제한하려면 미리 관할 등록기관등의 장과 협의하여야 한다. <개정 2007.7.19.>

⑦ 제1항 각 호의 어느 하나에 해당하는 관광숙박업자의 위반행위가 「공중위생관리법」 제11조제1항에 따른 위반행위에 해당하면 「공중위생관리법」의 규정에도 불구하고 이 법을 적용한다. <개정 2007.7.19.> [시행일 : 2025.8.28.]

2. 행정처분

행정처분은 행정청이 행하는 구체적인 사실에 관한 집행으로서의 공권력의 행사 또는 그 거부와 그 밖에 이에 따르는 행정작용이다. 문화체육관광부 장관, 특별시장·광역시장·특별자치시장·도지사·특별자치도지사 또는 시장·군수·구청장이 행정처분을 하기 위한 위반행위의 종류와 그 처분기준은 「관광진흥법 시행령」 [별표 2]와 같다.

■ 관광진흥법 시행령 [별표 2] 〈개정 2024.8.13.〉

행정처분의 기준(제33조제1항 관련)

1. 일반기준

가. 위반행위가 두 가지 이상일 때에는 그 중 중한 처분기준(중한 처분기준이 같을 때에는 그 중 하나의 처분기준을 말한다. 이하 이 목에서 같다)에 따르며, 두 가지 이상의 처분기준이 모두 사업정지일 경우에는 중한 처분기준의 2분의 1까지 가중 처분할 수 있되, 각 처분기준을 합산한 기간을 초과할 수 없다.

나. 위반행위의 횟수에 따른 행정처분의 기준은 최근 1년(카지노업에 대하여 행정처분을 하는 경우에는 최근 3년으로 하되, 법 제28조제2항에 따른 준수 사항 위반의 경우에는 최근 1년을 말한다)간 같은 위반행위로 행정처분을 받은 경우에 적용한다. 이 경우 기간의 계산은 위반행위에 대하여 행정처분을 받은 날과 그 처분 후 다시 같은 위반행위를 하여 적발된 날을 기준으로 한다.

다. 나목에 따라 가중된 행정처분을 하는 경우 행정처분의 적용 차수는 그 위반행위 전 행정처분 차수(나목에 따른 기간 내에 행정처분이 둘 이상 있었던 경우에는 높은 차수를 말한다)의 다음 차수로 한다.

라. 처분권자는 위반행위의 동기·내용·횟수 및 위반의 정도 등 1)부터 4)까지의 규정에 해당하는 사유를 고려하여 그 처분을 감경할 수 있다. 이 경우 그 처분이 사업정지인 경우에는 그 처분기준의 2분의 1의 범위에서 감경할 수 있다.

1) 위반행위가 고의나 중대한 과실이 아닌 사소한 부주의나 오류로 인한 것으로 인정되는 경우

2) 위반의 내용·정도가 경미하여 소비자에게 미치는 피해가 적다고 인정되는 경우

3) 위반 행위자가 처음 해당 위반행위를 한 경우로서, 5년 이상 관광사업을 모범적으로 해 온 사실이 인정되는 경우

4) 위반 행위자가 해당 위반행위로 인하여 검사로부터 기소유예 처분을 받거나 법원으로부터 선고유예의 판결을 받은 경우

2. 개별기준

위반사항	근거법령	행정처분기준			
		1차	2차	3차	4차
가. 법 제4조에 따른 등록기준에 적합하지 아니하게 된 경우 또는 변경등록기간 내에 변경등록을 하지 아니하거나 등록한 영업범위를 벗어난 경우	법 제35조 제1항 제1호				
1) 등록기준에 적합하지 아니하게 된 경우		시정명령	사업정지 15일	사업정지 1개월	취소
2) 변경등록기간 내에 변경등록을 하지 아니한 경우		시정명령	사업정지 15일	사업정지 1개월	취소
3) 등록한 영업범위를 벗어난 경우					
가) 법 제16조제7항에 따른 관광숙박업(문화체육관광부장관이 정하여 고시하는 학교환경위생을 저해하는 행위만 해당한다)		사업정지 1개월	사업정지 2개월	취소	
나) 가) 외의 관광사업		사업정지 1개월	사업정지 2개월	사업정지 3개월	취소
나. 법 제5조제2항 및 제4항에 따라 문화체육관광부령으로 정하는 시설과 설비를 갖추지 아니하게 되는 경우	법 제35조 제1항 제1호의2	시정명령	사업정지 10일	사업정지 1개월	취소(신고 업종의 경우에는 사업정지 3개월)
다. 법 제5조제3항 및 제4항 후단에 따른 변경허가를 받지 아니하거나 변경신고를 하지 아니한 경우	법 제35조 제1항 제2호				
1) 카지노업					
가) 문화체육관광부령으로 정하는 중요 사항에 대하여 변경허가를 받지 아니하고 변경한 경우		사업정지 1개월	사업정지 3개월	취소	
나) 문화체육관광부령으로 정하는 경미한 사항에 대하여 변경신고를 하지 아니하고 변경한 경우		사업정지 10일	사업정지 1개월	사업정지 3개월	취소
2) 유원시설업					
가) 허가 대상 유원시설업의 경우 문화체육관광부령으로 정하는 중요 사항에 대하여 변경허가를 받지 아니하고 변경한 경우		사업정지 5일	사업정지 10일	사업정지 20일	취소

위반행위	근거 법령	1차	2차	3차	4차
나) 허가 대상 유원시설업의 경우 문화체육관광부령으로 정하는 경미한 사항에 대하여 변경신고를 하지 아니하고 변경한 경우		시정명령	사업정지 5일	사업정지 10일	취소
다) 신고 대상 유원시설업의 경우 문화체육관광부령으로 정하는 중요 사항에 대하여 변경신고를 하지 아니하고 변경한 경우		시정명령	사업정지 5일	사업정지 10일	영업소 폐쇄명령
라. 법 제6조제2항에 따른 지정기준에 적합하지 않게 된 경우	법 제35조 제1항 제2호의2	시정명령	사업정지 15일	취소	
마. 법 제7조에 따른 결격사유에 해당하게 된 경우	법 제7조 제2항	취소(신고 업종의 경우에는 영업소 폐쇄명령)			
바. 법 제8조제4항(같은 조 제5항에 따라 준용되는 경우를 포함한다)에 따른 기한 내에 신고를 하지 아니한 경우	법 제35조 제1항 제3호	시정명령	사업정지 1개월 또는 사업계획 승인취소	사업정지2 개월	취소(신고 업종의 경우에는 사업정지 3개월)
사. 법 제8조제8항을 위반하여 휴업 또는 폐업을 하고 알리지 않거나 미리 신고하지 않은 경우	법 제35조 제1항 제3호의2	시정명령	취소(신고 업종의 경우에는 시정명령)	신고업종 의 경우 에는 영업소 폐쇄명령	
아. 법 제9조에 따른 보험 또는 공제에 가입하지 아니하거나 영업보증금을 예치하지 아니한 경우	법 제35조 제1항 제4호	시정명령	사업정지 1개월	사업정지 2개월	취소(신고 업종의 경우에는 사업정지 3개월)
자. 법 제10조제2항을 위반하여 사실과 다르게 관광표지를 붙이거나 관광표지에 기재되는 내용을 사실과 다르게 표시 또는 광고하는 행위를 한 경우	법 제35조 제1항 제4호의2	시정명령	사업정지 1개월	사업정지 2개월	취소(신고 업종의 경우에는 사업정지 3개월)
차. 법 제11조를 위반하여 관광사업의 시설을 타인에게 처분하거나 타인에게 경영하도록 한 경우	법 제35조 제1항 제5호				
1) 카지노업		사업정지 3개월	취소		

2) 카지노업 외의 관광사업		사업정지 1개월	사업정지 3개월	사업정지 5개월	취소(신고 업종의 경우에는 사업정지 6개월)
카. 법 제12조에 따른 기획여행의 실시요건 또는 실시방법을 위반하여 기획여행을 실시한 경우	법 제35조 제1항 제6호	사업정지 15일	사업정지 1개월	사업정지 3개월	취소
타. 법 제13조제2항에 따른 등록을 하지 않은 자에게 국외여행을 인솔하게 한 경우	법 제35조 제2항 제1호	사업정지 10일	사업정지 20일	사업정지 1개월	사업정지 3개월
파. 법 제14조를 위반한 경우 1) 법 제14조제1항을 위반하여 안전정보 또는 변경된 안전정보를 제공하지 않은 경우	법 제35조 제1항 제7호	시정명령	사업정지 5일	사업정지 10일	취소
2) 법 제14조제2항을 위반하여 여행계획서(여행일정표 및 약관을 포함한다) 및 보험 가입 등을 증명할 수 있는 서류를 여행자에게 내주지 아니한 경우		시정명령	사업정지 10일	사업정지 20일	취소
3) 법 제14조제3항을 위반하여 여행자의 사전 동의 없이 여행일정(선택관광 일정을 포함한다)을 변경한 경우		시정명령	사업정지 10일	사업정지 20일	취소
하. 법 제15조에 따라 사업계획의 승인을 얻은 자가 정당한 사유 없이 제32조에 따른 기간 내에 착공 또는 준공을 하지 아니하거나 법 제15조제1항 후단을 위반하여 변경승인을 얻지 아니하고 사업계획을 임의로 변경한 경우	법 제35조 제1항 제8호	시정명령	사업계획 승인취소		
거. 법 제18조의2에 따른 준수사항을 위반한 경우	법 제35조 제1항				
1) 법 제18조의2제1호에 따른 준수사항을 위반한 경우	제8호의2	취소			
2) 법 제18조의2제2호부터 제5호까지의 규정에 따른 준수사항을 위반한 경우		사업정지 1개월	사업정지 2개월	사업정지 3개월	취소
너. 법 제19조제1항 단서를 위반하여 등급 결정 신청을 하지 아니한 경우	법 제35조 제1항제8 호의3	시정명령	사업정지 10일	사업정지 20일	취소

더. 법 제20조제1항, 제4항 및 제5항을 위반한 경우 1) 법 제20조제1항을 위반하여 분양 또는 회원모집을 할 수 없는 자가 분양 또는 회원모집을 한 경우	법 제35조 제1항 제9호	시정명령	사업정지 1개월 또는 사업계획 승인취소	사업정지 3개월	취소
2) 법 제20조제4항을 위반하여 분양 또는 회원모집 기준 및 절차를 위반하여 분양 또는 회원모집을 한 경우		시정명령	사업정지 1개월 또는 사업계획 승인취소	사업정지 3개월	취소
3) 법 제20조제5항에 따른 소유자등·회원의 권익을 보호하기 위한 사항을 준수하지 아니한 경우		시정명령	사업정지 1개월 또는 사업계획 승인취소	사업정지 2개월	사업정지 3개월
러. 법 제20조의2에 따른 준수사항을 위반한 경우	법 제35조 제1항 제9호의2	시정명령	사업정지 15일	사업정지 1개월	취소
머. 법 제21조에 따른 카지노업의 허가 요건에 적합하지 아니하게 된 경우	법 제35조 제1항 제10호	시정명령	사업정지 1개월	사업정지 3개월	취소
버. 법 제22조에 따른 카지노업의 결격사유에 해당하게 된 경우	법 제22조 제2항	취소			
서. 법 제23조제3항을 위반하여 카지노 시설 및 기구에 관한 유지·관리를 소홀히 한 경우	법 제35조 제1항 제11호	사업정지 1개월	사업정지 3개월	취소	
어. 법 제27조에 따른 문화체육관광부장관의 지도와 명령을 이행하지 아니한 경우	법 제35조 제2항 제2호	사업정지 10일	사업정지 1개월	사업정지 3개월	사업정지 6개월
저. 법 제28조제1항 및 제2항에 따른 준수사항을 위반한 경우 1) 법령에 위반되는 카지노기구를 설치하거나 사용하는 경우	법 제35조 제1항 제12호	사업정지 3개월	취소		
2) 법령을 위반하여 카지노기구 또는 시설을 변조하거나 변조된 카지노기구 또는 시설을 사용하는 경우		사업정지 3개월	취소		
3) 허가받은 전용영업장 외에서 영업을 하는 경우		사업정지 1개월	사업정지 3개월	취소	

위반행위	근거 법조문	1차위반	2차위반	3차위반	4차위반
4) 카지노영업소에 내국인(「해외이주법」 제2조에 따른 해외이주자는 제외한다) 을 입장하게 하는 경우					
가) 고의로 입장시킨 경우		사업정지 3개월	취소		
나) 과실로 입장시킨 경우		시정명령	사업정지 10일	사업정지 1개월	사업정지 3개월
5) 지나친 사행심을 유발하는 등 선량한 풍속을 해칠 우려가 있는 광고나 선전을 하는 경우		시정명령	사업정지 10일	사업정지 1개월	사업정지 3개월
6) 법 제26조제1항에 따른 영업 종류에 해당하지 아니하는 영업을 하거나 영업 방법 및 배당금 등에 관한 신고를 하지 아니하고 영업하는 경우		사업정지 1개월	사업정지 3개월	취소	
7) 총매출액을 누락시켜 법 제30조제1항 에 따른 관광진흥개발기금 납부금액 을 감소시키는 경우		사업정지 3개월	취소		
8) 카지노영업소에 19세 미만인 자를 입장시키는 경우		시정명령	사업정지 10일	사업정지 1개월	사업정지 3개월
9) 정당한 사유 없이 그 연도 안에 60일 이상 휴업하는 경우		사업정지 1개월	사업정지 3개월	취소	
10) 문화체육관광부령으로 정하는 영업준칙을 지키지 아니하는 경우		시정명령	사업정지 10일	사업정지 1개월	사업정지 3개월
처. 법 제30조를 위반하여 관광진흥개발기 금을 납부하지 아니한 경우	법 제35조 제1항 제13호				
1) 관광진흥개발기금의 납부를 1개월 미만 지연한 경우		시정명령	사업정지 10일	사업정지 1개월	
2) 관광진흥개발기금의 납부를 1개월 이상 지연한 경우		사업정지 10일	사업정지 1개월	사업정지 3개월	
3) 관광진흥개발기금의 납부를 3개월 이상 지연한 경우		사업정지 1개월	사업정지 3개월	취소	
4) 관광진흥개발기금의 납부를 6개월 이상 지연한 경우		사업정지 3개월	취소		
5) 관광진흥개발기금의 납부를 1년 이상 지연한 경우		취소			
커. 법 제32조에 따른 물놀이형 유원시설 등의 안전·위생기준을 지키지 아니한 경우	법 제35조 제1항 제14호	시정명령	사업정지 10일	사업정지 1개월	취소(신고 업종의 경우에는 사업정지 3개월)

터. 법 제33조제1항에 따른 검사를 받지 아니하거나 같은 조 제2항에 따른 안전관리자를 배치하지 아니한 경우	법 제35조제1항제15호			취소	
1) 법 제33조제1항에 따른 유기시설 또는 유기기구에 대한 안전성검사를 받지 아니한 경우		사업정지 20일	사업정지 1개월	취소	
2) 법 제33조제1항에 따른 안전성검사 대상에 해당되지 아니함을 확인하는 검사를 받지 아니한 경우		사업정지 10일	사업정지 20일	사업정지 1개월	사업정지 3개월
3) 법 제33조제2항에 따른 안전관리자를 배치하지 아니한 경우		사업정지 5일	사업정지 10일	사업정지 20일	취소
퍼. 법 제34조를 위반한 경우	법 제35조제1항제16호				
1) 법 제34조제1항에 따른 영업질서 유지를 위한 준수사항을 지키지 아니한 경우		시정명령	사업정지 10일	사업정지 20일	사업정지 1개월
2) 법 제34조제2항을 위반하여 불법으로 제조한 유기시설·유기기구 또는 유기기구의 부분품을 설치하거나 사용한 경우		사업정지 15일	사업정지 1개월	사업정지 2개월	취소(신고 업종의 경우에는 사업정지 3개월)
허. 법 제38조제1항 단서를 위반하여 해당 자격이 없는 자를 종사하게 한 경우	법 제35조제1항제16호의2	시정명령	사업정지 15일	취소	
고. 법 제78조에 따른 보고 또는 서류제출 명령을 이행하지 아니하거나 관계 공무원의 검사를 방해한 경우	법 제35조제1항제18호	사업정지 10일	사업정지 1개월	사업정지 2개월	취소(신고 업종의 경우에는 사업정지 3개월)
노. 관광사업의 경영 또는 사업계획을 추진함에 있어서 뇌물을 주고받은 경우	법 제35조제1항제19호	시정명령	사업정지 10일 또는 사업계획 승인취소	사업정지 20일	취소(신고 업종의 경우에는 사업정지 1개월)
도. 고의로 여행계약을 위반한 경우(여행업자만 해당한다)	법 제35조제1항제20호	시정명령	사업정지 10일	사업정지 20일	취소

3. 폐쇄조치

담당 등록기관의 장은 허가, 신고 대상 관광사업인 카지노업, 테마파크업이 허가 또는 신고 없이 영업하거나 허가의 취소 또는 사업의 정지 명령을 받고 계속하여 영업하면 그 영업소를 폐쇄하기 위해 관계 공무원에게 해당 영업소의 간판이나 그 밖의 영업표지물 제거 또는 삭제, 해당 영업소가 적법한 영업소가 아니라는 것을 알리는 게시물 등의 부착, 영업을 위하여 꼭 필요한 시설물 또는 기구 등을 사용할 수 없게 하는 봉인(封印) 등을 처리하게 할 수 있다.

제36조(폐쇄조치 등) ①관할 등록기관등의 장은 제5조제1항·제2항 또는 제4항에 따른 허가 또는 신고 없이 영업을 하거나 제24조제2항·제31조제2항 또는 제35 조에 따른 허가의 취소 또는 사업의 정지명령을 받고 계속하여 영업을 하는 자 에 대하여는 그 영업소를 폐쇄하기 위하여 관계 공무원에게 다음 각 호의 조치 를 하게 할 수 있다.

1. 해당 영업소의 간판이나 그 밖의 영업표지물의 제거 또는 삭제

2. 해당 영업소가 적법한 영업소가 아니라는 것을 알리는 게시물 등의 부착

3. 영업을 위하여 꼭 필요한 시설물 또는 기구 등을 사용할 수 없게 하는 봉인 (封印)

② 관할 등록기관등의 장은 제35조제1항제4호의2에 따라 행정처분을 한 경우 에는 관계 공무원으로 하여금 이를 인터넷 홈페이지 등에 공개하게 하거나 사 실과 다른 관광표지를 제거 또는 삭제하는 조치를 하게 할 수 있다.

<신설 2014.3.11.>

③ 관할 등록기관등의 장은 제1항제3호에 따른 봉인을 한 후 다음 각 호의 어 느 하나에 해당하는 사유가 생기면 봉인을 해제할 수 있다. 제1항제2호에 따라 게시를 한 경우에도 또한 같다. <개정 2014.3.11.>

1. 봉인을 계속할 필요가 없다고 인정되는 경우

2. 해당 영업을 하는 자 또는 그 대리인이 정당한 사유를 들어 봉인의 해제를

요청하는 경우

④ 관할 등록기관등의 장은 제1항 및 제2항에 따른 조치를 하려는 경우에는 미리 그 사실을 그 사업자 또는 그 대리인에게 서면으로 알려주어야 한다. 다만, 급박한 사유가 있으면 그러하지 아니하다. <개정 2014.3.11.>

⑤ 제1항에 따른 조치는 영업을 할 수 없게 하는 데에 필요한 최소한의 범위에 그쳐야 한다. <개정 2014.3.11.>

⑥ 제1항 및 제2항에 따라 영업소를 폐쇄하거나 관광표지를 제거·삭제하는 관계 공무원은 그 권한을 표시하는 증표를 지니고 이를 관계인에게 내보여야 한다. <개정 2014.3.11.>

4. 과징금의 부과

과징금 제도는 현행법상 다양한 유형으로 규정되어 있어 그 개념을 포괄적으로 정리하기는 쉽지 않다. 현행법상 과징금은 크게 경제적 이익 환수 과징금, 영업정지 대체 과징금, 순수한 금전적 제재로서의 과징금 등으로 구분한다. 과징금은 금전적 제재 수단이라는 점에서 벌금이나 과태료와 유사하다. 그러나 과징금은 행정 기관이 부과한다는 점에서 사법기관(司法機關)이 결정하는 벌금과 구별되고, 과태료가 행정청에 대한 협조의무 위반에 대해 부과하거나 가벼운 형사사범에 대한 비범죄화 차원에서 부과되는 반면, 과징금은 일반적으로 법규 위반으로 얻어진 경제적 이익을 환수하거나 영업정지처분을 갈음하여 금전적 제재를 부과한다는 점에서 차이가 있다(https://www.lawmaking.go.kr).

담당 등록기관의 장은 관광사업자가 등록취소, 사업계획의 승인 취소, 6개월 이내의 기간을 정하여 그 사업의 전부 또는 일부의 정지를 명령해야 할 때 그 사업의 정지가 그 이용자 등에게 심한 불편을 주거나 그 밖에 공익을 해칠 우려가 있으면 사업 정지처분을 갈음하여 2천만 원 이하의 과징금(過徵金)을 부과할 수 있으며, 과징금을 부과하는 위반행위의 종류와 정도에 따른 과징금의 액수와 그 밖에 필요한 사항은 「관광진흥법 시행령」 [별표 3]과 같다.

제37조(과징금의 부과) ① 관할 등록기관등의 장은 관광사업자가 제35조제1항 각 호 또는 제2항 각 호의 어느 하나에 해당되어 사업 정지를 명하여야 하는 경우로서 그 사업의 정지가 그 이용자 등에게 심한 불편을 주거나 그 밖에 공익을 해칠 우려가 있으면 사업 정지 처분을 갈음하여 2천만원 이하의 과징금(過徵金)을 부과할 수 있다. <개정 2009.3.25.>

② 제1항에 따라 과징금을 부과하는 위반 행위의 종류·정도 등에 따른 과징금의 금액과 그 밖에 필요한 사항은 대통령령으로 정한다.

③ 관할 등록기관등의 장은 제1항에 따른 과징금을 내야 하는 자가 납부기한까지 내지 아니하면 국세 체납처분의 예 또는 「지방행정제재·부과금의 징수 등에 관한 법률」에 따라 징수한다. <개정 2013.8.6., 2020.3.24.>

■ 관광진흥법 시행령 [별표 3] 〈개정 2024.2.6.〉

위반행위별 과징금 부과 기준(제34조제1항 관련)

(단위: 만원)

위반행위	해당 법조문	여행업			관광숙박업										관광객 이용시설업							국제회의업		카지노업	유원시설업		
					호텔업																						
					관광호텔업																						
		종합여행업	국내외여행업	국내여행업	5성급·4성급	3성급	2성급이하	수상관광호텔업	가족호텔업	한국전통호텔업	호스텔업	소형호텔업	의료관광호텔업	휴양콘도미니엄업	전문휴양업	종합휴양업	야영장업	관광유람선업	관광공연장업	외국인관광도시민박업	한옥체험업	국제회의시설업	국제회의기획업	카지노업	종합유원시설업	일반유원시설업	기타유원시설업
1. 법 제4조를 위반한 경우	법 제4조																										
가. 등록기준에 적합하지 않게 된 경우		120	80	80	200	120	80	80	80	80	80	80	80	120	80	120	80	80	80	40	40	120	80				
나. 관광사업의 변경등록기간을 위반한 경우		120	80	80	200	120	80	80	80	80	80	80	80	120	80	120	80	80	80	40	40	120	80				

위반사항	근거 법조문																					
다. 등록한 영업 범위를 벗어난 경우		800	800	400	500	300	200	200	200	200		300		200		200	40	40				
2. 법 제5조를 위반한 경우	법 제5조																					
가. 법 제5조제2항 및 제4항에 따라 문화체육관광부령으로 정하는 시설과 설비를 갖추지 않게 되는 경우																			1600	1200	800	
나. 법 제5조제3항 및 제4항 후단에 따른 변경허가를 받지 않거나 변경신고를 하지 않은 경우																						
1) 카지노업의 경우 문화체육관광부령으로 정하는 경미한 사항에 대하여 변경신고를 하지 않고 변경한 경우(사업정지 10일을 갈음하는 경우만 해당한다)																		2000				
2) 허가 대상 유원시설업의 경우 문화체육관광부령으로 정하는 중요 사항에 대하여 변경허가를 받지 않고 변경한 경우																			1200	800		

위반행위	근거 법조문																										
3) 허가 대상 유원시설업의 경우 문화체육관광부령으로 정하는 경미한 사항에 대하여 변경신고를 하지 않고 변경한 경우																									800	400	
4) 신고 대상 유원시설업의 경우 문화체육관광부령으로 정하는 중요 사항에 대하여 변경신고를 하지 않고 변경한 경우																											400
3. 법 제8조를 위반하여 관광사업자 또는 사업계획의 승인을 받은 자의 지위를 승계한 후 승계신고를 하지 않은 경우	법 제8조	400	200	200	800	400	200	200	200	200	200	200	200	400	200	400	120	120	120	40	40	400	200	300	400	320	120
4. 법 제10조를 위반하여 사실과 다르게 관광표지를 붙이거나 관광표지에 기재되는 내용을 사실과 다르게 표시 또는 광고하는 행위를 한 경우	법 제10조			400	350	300	300	300	300	300	300	300														
5. 법 제12조에 따른 기획여행의 실시요건 또는 실시방법을 위반하여 기획여행을 실시한 경우	법 제12조	800	400																							

위반행위	근거 법조문										
6. 법 제14조를 위반한 경우	법 제14조										
가. 법 제14조제1항을 위반하여 안전정보 또는 변경된 안전정보를 제공하지 않은 경우		500	300								
나. 법 제14조제2항을 위반하여 여행계약서(여행일정표 및 약관을 포함한다) 및 보험 가입 등을 증명할 수 있는 서류를 여행자에게 내주지 않은 경우		800	400	200							
다. 법 제14조제3항을 위반하여 여행자의 사전 동의 없이 여행일정(선택관광 일정을 포함한다)을 변경한 경우		800	400	200							
7. 법 제19조제1항 단서를 위반하여 등급결정을 신청하지 않은 경우	법 제19조	400	300	200	200	200	200		200	200	
8. 법 제20조를 위반한 경우	법 제20조										
가. 분양 또는 회원모집을 할 수 없는 자가 분양 또는 회원 모집을 한 경우						400			800	800	

위반행위	근거 법조문																
나. 분양 또는 회원 모집의 기준 및 절차를 위반한 경우					400			800	800								
다. 공유자·회원의 권익보호에 관한 사항을 지키지 않은 경우					400			800	800								
9. 법 제20조의2에 따른 야영업자의 준수사항을 위반한 경우	법 제20조의2									200							
10. 법 제27조에 따른 문화체육관광부장관의 지도와 명령을 이행하지 않은 경우 (사업정지 10일을 갈음하는 경우만 해당한다)	법 제27조															2000	
11. 법 제28조를 위반한 경우	법 제28조																
가. 카지노영업소에 내국인(「해외이주법」 제2조에 따른 해외이주자는 제외한다)을 과실로 입장시킨 경우(사업정지 10일을 갈음하는 경우만 해당한다)																2000	
나. 지나친 사행심을 유발하는 등 선량한 풍속을 해칠 우려가 있는 광고나 선전을 한 경우																2000	

위반행위	근거 법조문																		1차	2차	3차
다. 카지노영업소에 19세 미만인 자를 입장시킨 경우																			2000		
라. 문화체육관광부령으로 정하는 영업준칙을 지키지 않은 경우																			2000		
12. 법 제30조를 위반하여 관광진흥개발기금 납부금의 납부를 지연한 경우(사업정지 10일을 갈음하는 경우만 해당한다)	법 제30조																		2000		
13. 법 제32조에 따른 물놀이형 유원시설 등의 안전·위생기준을 지키지 않은 경우	법 제32조																		2000	1600	1200
14. 법 제33조를 위반한 경우	법 제33조																				
가. 법 제33조제1항에 따른 유기시설 또는 유기기구에 대한 안전성검사 및 안전성검사 대상에 해당하지 않음을 확인하는 검사를 받지 않은 경우																			2000	1600	1200
나. 법 제33조제2항에 따른 안전관리자를 항상 배치하지 않은 경우																			2000	1600	

위반행위	근거 법조문																									
15. 법 제34조를 위반한 경우	법 제34조																									
가. 영업질서를 유지하기 위하여 문화체육관광부령으로 정하는 사항을 지키지 않은 경우																							1200	800	400	
나. 법령을 위반하여 제조된 유기시설·유기기구 또는 유기기구의 부분품을 설치하거나 사용한 경우																							2000	1600	1200	
16. 법 제35조제1항제20호를 위반하여 고의로 여행계약을 위반한 경우(여행업자만 해당한다)	법 제35조	800	400	200																						
17. 법 제38조제1항 단서를 위반하여 해당 자격이 없는 자를 종사하게 한 경우	법 제38조	800	400																							
18. 법 제78조를 위반한 경우	법 제78조																									
가. 사업에 관한 보고 또는 서류제출 명령을 이행하지 않은 경우		800	400	400	1200	800	400	400	400	400	400	400	400	800	400	800	200	200	200	40	40	1200	800	500	800	400
나. 관계 공무원이 장부·서류나 그 밖의 물건을 검사하는 것을 방해한 경우		800	400	400	1200	800	400	400	400	400	400	400	400	800	400	800	200	200	200	40	40	1200	800	300	800	400

제10절 관광종사원

「관광진흥법」에서 규정하는 관광종사원은 여행업에서 관광통역안내사, 국내여행안내사, 국외여행인솔자, 호텔업에서 호텔경영사, 호텔관리사, 호텔서비스사를 말한다. 넓은 의미로 관광 분야에 종사하고 있는 임직원을 의미하는 것이 아니라 여행과 호텔 분야에서 일정한 자격증을 보유하고 있는 사람만을 뜻하는 협의의 개념이다. 특히 여행업은 관광을 안내하는 사람만을 특정 짓고 있어 더 많은 자격취득을 확대해야 하는데 여행 기획, 여행 상담, 여행 설계 등 여행상품을 기획하고 생산하며 관광객의 여행을 상담하며 여행 정보를 제공하고, 여행공급업자(항공사, 호텔, 관광명소, 쇼핑몰, 철도, 선박 등)와 협상하는 등 여행상품이 만들어지기까지 다양한 직무와 관련된 자격을 민간자격증이 아닌 국가자격증으로 개발하여 도입해야 한다.

1. 관광종사원의 자격

담당 등록기관의 장은 대통령령으로 정하는 관광 업무(여행업, 관광숙박업)에는 관광 종사원의 자격을 가진 자가 종사하도록 해당 관광사업자에게 권고할 수 있다. 다만, 외국인 관광객을 대상으로 하는 여행업자는 관광통역 안내의 자격을 가진 사람을 관광 안내에 종사하게 해야 한다. 「관광진흥법」에는 국외여행인솔자와 관광통역안내사만을 종사하게 하도록 규정하고 국내여행안내사, 호텔경영사, 호텔관리사, 호텔서비스사 등은 의무가 아니라 권고할 뿐이다. 관광업무별 자격 기준은 「관광진흥법 시행령」 [별표 4]와 같다.

관광종사원의 자격을 취득하기 위해서는 외국어 시험(국내여행안내사 제외), 필기시험, 면접시험에 합격한 후 문화체육관광부 장관에게 등록해야 하며, 시험의 전부 또는 일부를 면제받을 수 있다. 관광종사원의 자격시험은 「관광진흥법 시행규칙」 제44조(관광종사원의 자격시험), 제45조(면접시험), 제46조(필기시험), 제47조(외국어 시험)에 나타나 있는데, 외국어 시험 종류 중 관광통역안내사는 영어, 일본어, 중국어, 프랑스어,

독일어, 스페인어, 러시아어, 이탈리아어, 태국어, 베트남어, 말레이ㆍ인도네시아어, 아랍어에서 1과목, 호텔경영사, 호텔관리사 및 호텔서비스사는 영어, 일본어, 중국어에서 1과목이다. 상세한 내용은 「관광진흥법 시행규칙」 [별표 14], [별표 15], [별표 16과 같다. 자격증은 다른 사람에게 빌려주거나 빌려서는 안 되며, 이를 알선해서도 안 된다. 또한, 관광통역안내사는 관광 안내를 할 때는 자격증을 패용해야 한다. 관광통역안내사, 호텔경영사, 호텔관리사는 문화체육관광부 장관이, 국내여행안내사와 호텔서비스사는 시ㆍ도지사가 담당한다.

제38조(관광종사원의 자격 등) ① 관할 등록기관등의 장은 대통령령으로 정하는 관광 업무에는 관광종사원의 자격을 가진 사람이 종사하도록 해당 관광사업자에게 권고할 수 있다. 다만, 외국인 관광객을 대상으로 하는 여행업자는 관광통역안내의 자격을 가진 사람을 관광안내에 종사하게 하여야 한다. <개정 2009.3.25., 2023.8.8.>

② 제1항에 따른 관광종사원의 자격을 취득하려는 사람은 문화체육관광부령으로 정하는 바에 따라 문화체육관광부장관이 실시하는 시험에 합격한 후 문화체육관광부장관에게 등록하여야 한다. 다만, 문화체육관광부령으로 따로 정하는 사람은 시험의 전부 또는 일부를 면제할 수 있다. <개정 2008.2.29., 2023.8.8.>

③ 문화체육관광부장관은 제2항에 따라 등록을 한 사람에게 관광종사원 자격증을 내주어야 한다. <개정 2008.2.29., 2023.8.8.>

④ 관광종사원 자격증을 가진 사람은 그 자격증을 잃어버리거나 못 쓰게 되면 문화체육관광부장관에게 그 자격증의 재교부를 신청할 수 있다. <개정 2008.2.29., 2023.8.8.>

⑤ 제2항에 따른 시험의 최종합격자 발표일을 기준으로 제7조제1항 각 호(제3호는 제외한다)의 어느 하나에 해당하는 사람은 제1항에 따른 관광종사원의 자격을 취득하지 못한다. <개정 2011.4.5., 2019.12.3., 2023.8.8.>

⑥ 관광통역안내의 자격이 없는 사람은 외국인 관광객을 대상으로 하는 관광안내(제1항 단서에 따라 외국인 관광객을 대상으로 하는 여행업에 종사하여 관광

안내를 하는 경우에 한정한다. 이하 이 조에서 같다)를 하여서는 아니 된다.

<신설 2016.2.3.>

⑦ 관광통역안내의 자격을 가진 사람이 관광안내를 하는 경우에는 제3항에 따른 자격증을 달아야 한다. <신설 2016.2.3., 2023.8.8.>

⑧ 제3항에 따른 자격증은 다른 사람에게 빌려주거나 빌려서는 아니 되며, 이를 알선해서도 아니 된다. <개정 2019.12.3.>

⑨ 문화체육관광부장관은 제2항에 따른 시험에서 다음 각 호의 어느 하나에 해당하는 사람에 대하여는 그 시험을 정지 또는 무효로 하거나 합격결정을 취소하고, 그 시험을 정지하거나 무효로 한 날 또는 합격결정을 취소한 날부터 3년간 시험응시자격을 정지한다. <신설 2017.11.28.>

1. 부정한 방법으로 시험에 응시한 사람

2. 시험에서 부정한 행위를 한 사람

■ 관광진흥법 시행령 [별표 4] 〈개정 2014.11.28.〉

관광 업무별 자격기준(제36조 관련)

업종	업무	종사하도록 권고할 수 있는 자	종사하게 하여야 하는 자
1. 여행업	가. 외국인 관광객의 국내여행을 위한 안내		관광통역안내사 자격을 취득한 자
	나. 내국인의 국내여행을 위한 안내	국내여행안내사 자격을 취득한 자	
2. 관광 숙박업	가. 4성급 이상의 관광호텔업의 총괄관리 및 경영업무	호텔경영사 자격을 취득한 자	
	나. 4성급 이상의 관광호텔업의 객실관리 책임자 업무	호텔경영사 또는 호텔관리사 자격을 취득한 자	

	다. 3성급 이하의 관광호텔업과 한 국전통호텔업·수상관광호텔 업·휴양콘도미니엄업·가족호 텔업·호스텔업·소형호텔업 및 의료관광호텔업의 총괄관리 및 경영업무	호텔경영사 또는 호 텔관리사 자격을 취 득한 자	
	라. 현관·객실·식당의 접객업무	호텔서비스사 자격 을 취득한 자	

■ 관광진흥법 시행규칙 [별표 14]

필기시험의 시험과목 및 합격결정 기준(제46조 관련)

1. 시험과목 및 배점비율

구분	시험과목	배점비율
가. 관광통역안내사	국사	40%
	관광자원해설	20%
	관광법규(「관광기본법」·「관광진흥법」·「관광진흥개 발기금법」·「국제회의산업육성에 관한 법률」등의 관 광 관련 법규를 말한다. 이하 같다)	20%
	관광학개론	20%
	계	100%
나. 국내여행안내사	국사	30%
	관광자원해설	20%
	관광법규	20%
	관광학개론	30%
	계	100%
다. 호텔경영사	관광법규	10%
	호텔회계론	30%
	호텔인사 및 조직관리론	30%
	호텔마케팅론	30%
	계	100%

라. 호텔관리사	관광법규	30%
	관광학개론	30%
	호텔관리론	40%
	계	100%
마. 호텔서비스사	관광법규	30%
	호텔실무(현관·객실·식당 중심)	70%
	계	100%

2. **합격결정기준**: 필기시험의 합격기준은 매과목 4할 이상, 전과목의 점수가 위의 배점비율로 환산하여 6할 이상이어야 한다.

■ 관광진흥법 시행규칙 [별표 15] 〈개정 2021.9.24.〉

다른 외국어시험의 종류 및 합격에 필요한 점수 또는 급수(제47조 관련)

1. 다른 외국어시험의 종류

구분		내용
영어	토플(TOEFL)	아메리카합중국 이.티.에스(E.T.S: Education Testing Service)에서 시행하는 시험(Test of English as a Foreign Language)을 말한다.
	토익(TOEIC)	아메리카합중국 이.티.에스(E.T.S: Education Testing Service)에서 시행하는 시험(Test of English for International Communication)을 말한다.
	텝스(TEPS)	서울대학교영어능력검정시험(Test of English Proficiency, Seoul National University)을 말한다.
	지텔프(G-TELP, 레벨2)	아메리카합중국 샌디에이고 주립대(Sandiego State University)에서 시행하는 시험(General Test of English Language Proficiency)을 말한다.
	플렉스(FLEX)	한국외국어대학교와 대한상공회의소에서 공동 시행하는 어학능력검정시험(Foreign Language Examination)을 말한다.
	아이엘츠(IELTS)	영국의 영국문화원(British Council)에서 시행하는 영어능력검정시험(International English Language Testing System)을 말한다.

일본어	일본어능력시험 (JPT)	일본국 순다이(駿台)학원그룹에서 개발한 문제를 재단법인 국제교류진흥회에서 시행하는 시험(Japanese Proficiency Test)을 말한다.
	일본어검정시험 (日檢, NIKKEN)	한국시사일본어사와 일본국서간행회(日本國書刊行會)에서 공동개발하여 한국시사일본어사에서 시행하는 시험을 말한다.
	플렉스(FLEX)	한국외국어대학교와 대한상공회의소에서 공동 시행하는 어학능력검정시험(Foreign Language Examination)을 말한다.
	일본어능력시험 (JLPT)	일본국제교류기금 및 일본국제교육지원협회에서 시행하는 일본어능력시험(Japanese Language Proficiency test)을 말한다.
중국어	한어수평고시(HSK)	중국 교육부가 설립한 국가한어수평고시위원회(國家漢語水平考試委員會)에서 시행하는 시험(HanyuShuipingKaoshi)을 말한다.
	플렉스(FLEX)	한국외국어대학교와 대한상공회의소에서 공동시행하는 어학능력검정시험(Foreign Language Examination)을 말한다.
	실용중국어시험 (BCT)	중국국가한어국제추광영도소조판공실(中国国家汉语国际推广领导小组办公室)이 중국 북경대학교에 위탁 개발한 실용중국어시험(Business Chinese Test)을 말한다.
	중국어실용능력 시험(CPT)	중국어언연구소 출제 한국CPT관리위원회 주관 (주)시사중국어사에서 시행하는 생활실용커뮤니케이션 능력평가(Chinese Proficiency Test)를 말한다.
	대만중국어능력 시험(TOCFL)	중화민국 교육부 산하 국가화어측험추동공작위원회에서 시행하는 중국어능력시험(Test of Chinese as a Foreign Language)을 말한다.
프랑스어	플렉스(FLEX)	한국외국어대학교와 대한상공회의소에서 공동시행하는 어학능력검정시험(Foreign Language Examination)을 말한다.
	델프/달프 (DELF/DALF)	주한 프랑스대사관 문화과에서 시행하는 프랑스어 능력검정시험(Diplôme d'Etudes en Langue Française)을 말한다.
독일어	플렉스(FLEX)	한국외국어대학교와 대한상공회의소에서 공동시행하는 어학능력검정시험(Foreign Language Examination)을 말한다.
	괴테어학 검정시험(Goethe Zertifikat)	유럽 언어능력시험협회 ALTE(Association of Language Testers in Europe) 회원인 괴테-인스티튜트(Goethe Institut)에서 시행하는 독일어능력검정시험을 말한다.
스페인어	플렉스(FLEX)	한국외국어대학교와 대한상공회의소에서 공동시행하는 어학

		능력검정시험(Foreign Language Examination)을 말한다.
	델레(DELE)	스페인 문화교육부에서 주관하는 스페인어 능력 검정시험(Diploma de Español como Lengua Extranjera)을 말한다.
러시아어	플렉스(FLEX)	한국외국어대학교와 대한상공회의소에서 공동시행하는 어학능력검정시험(Foreign Language Examination)을 말한다.
	토르플(TORFL)	러시아 교육부 산하 시험기관 토르플 한국센터(계명대학교 러시아센터)에서 시행하는 러시아어 능력검정시험(Test of Russian as a Foreign Language)을 말한다.
이탈리아어	칠스(CILS)	이탈리아 시에나 외국인 대학(Università per Stranieri di Siena)에서 주관하는 이탈리아어 자격증명시험(Certificazione di Italiano come Lingua Straniera)을 말한다.
	첼리(CELI)	이탈리아 페루지아 국립언어대학(Università per Stranieri di Perugia)과 주한 이탈리아문화원에서 공동 시행하는 이탈리아어 능력검정시험(Certificato di Conoscenza della Lingua Italiana)을 말한다.
태국어, 베트남어, 말레이 · 인도네시아어, 아랍어	플렉스(FLEX)	한국외국어대학교에서 주관하는 어학능력검정시험(Foreign Language Examination)을 말한다. ※ 이 외국어시험은 부정기적으로 시행하는 수시시험임.

2. 합격에 필요한 다른 외국어시험의 점수 또는 급수

시험명	자격구분	관광통역 안내사	호텔 서비스사	호텔 관리사	호텔경영사	만점/ 최고급수
영어	토플 (TOEFL, PBT)	584점 이상	396점 이상	557점 이상	619점 이상	677점
	토플 (TOEFL, IBT)	81점 이상	51점 이상	76점 이상	88점 이상	120점
	토익 (TOEIC)	760점 이상	490점 이상	700점 이상	800점 이상	990점
	텝스 (TEPS)	372점 이상	201점 이상	367점 이상	404점 이상	600점

	지텔프 (G-TELP, 레벨2)		74점 이상	39점 이상	66점 이상	79점 이상	100점
	플렉스 (FLEX)		776점 이상	381점 이상	670점 이상	728점 이상	1000점
	아이엘츠 (IELTS)		5점	4점	5점	5점	9점
일본어	일본어능력시험 (JPT)		740점 이상	510점 이상	692점 이상	784점 이상	990점
	일본어검정시험 (日檢, NIKKEN)		750점 이상	500점 이상	701점 이상	795점 이상	1000점
	플렉스 (FLEX)		776점 이상	-	-	-	1000점
	일본어능력시험 (JLPT)		N1 이상				N1
중국어	한어수평고시 (HSK)		5급 이상	4급 이상	5급 이상	5급 이상	6급
	플렉스 (FLEX)		776점 이상	-	-	-	1000점
	실용 중국어시험 (BCT)	(B)	181점 이상				300점
		(B)L&R	601점 이상				1000점
	중국어실용능력시험 (CPT)		750점 이상				1000점
	대만중국어 능력시험 (TOCFL)		5급(유리) 이상				6급(정통)
프랑스어	플렉스 (FLEX)		776점 이상				1000점
	델프/달프 (DELF/DALF)		델프(DELF) B2 이상				달프(DALF) C2
독일어	플렉스 (FLEX)		776점 이상				1000점

언어	시험					
	괴테어학 검정시험 (Goethe Zertifikat)	괴테어학 검정시험 (Goethe-Zertifikat) B1(ZD) 이상				괴테어학 검정시험 (Goethe-Zertifikat) C2
스페인어	플렉스 (FLEX)	776점 이상				1000점
	델레 (DELE)	B2 이상				C2
러시아어	플렉스 (FLEX)	776점 이상				1000점
	토르플 (TORFL)	1단계 이상				4단계
이탈리아어	칠스(CILS)	레벨 2-B2 (Livello Due-B2) 이상				레벨 4-C2 (Livello Quattro-C2)
	첼리(CELI)	첼리(CELI) 3 이상				첼리(CELI) 5
태국어, 베트남어, 말레이 · 인도네시아어, 아랍어	플렉스 (FLEX)	600점 이상				1000점

3. 청각장애인 응시자의 합격에 필요한 다른 외국어시험의 점수 또는 급수

시험명	자격구분	호텔 서비스사	호텔 관리사	호텔경영사
영어	토플 (TOEFL, PBT)	264점 이상	371점 이상	412점 이상
	토플 (TOEFL, IBT)	51점 이상	76점 이상	88점 이상
	토익 (TOEIC)	245점 이상	350점 이상	400점 이상

	텝스 (TEPS)	121점 이상	221점 이상	243점 이상
	지텔프 (G-TELP, 레벨2)	39점 이상	66점 이상	79점 이상
	플렉스 (FLEX)	229점 이상	402점 이상	437점 이상
일본어	일본어능력시험 (JPT)	255점 이상	346점 이상	392점 이상
	일본어검정시험 (日檢,NIKKEN)	250점 이상	351점 이상	398점 이상
중국어	한어수평고시 (HSK)	3급 이상	4급 이상	4급 이상

비고

1. 위 표의 적용을 받는 "청각장애인"이란 「장애인복지법 시행규칙」 별표 1 제4호에 따른 청각장애인 중 장애의 정도가 심한 장애인을 말한다.
2. 청각장애인 응시자의 합격에 필요한 다른 외국어 시험의 기준 점수(이하 "합격 기준 점수"라 한다)는 해당 외국어시험에서 듣기부분을 제외한 나머지 부분의 합계 점수(지텔프 시험은 나머지 부분의 평균 점수를 말한다)를 말한다. 다만, 토플(TOEFL, IBT) 시험은 듣기부분을 포함한 합계 점수를 말한다.
3. 청각장애인의 합격 기준 점수를 적용받으려는 사람은 원서접수 마감일까지 청각장애인으로 유효하게 등록되어 있어야 하며, 원서접수 마감일부터 4일 이내에 「장애인복지법」 제32조제1항에 따른 장애인등록증의 사본을 원서접수 기관에 제출해야 한다.

■ 관광진흥법 시행규칙 [별표 16] 〈개정 2019.11.20.〉

시험의 면제기준(제51조 관련)

구분	면제대상 및 면제과목
1. 관광통역안내사	가. 「고등교육법」에 따른 전문대학 이상의 학교 또는 다른 법령에서 이와 동등 이상의 학력이 인정되는 교육기관에서 해당 외국어를 3년 이상 강의한 자에 대하여 해당 외국어시험을 면제

	나. 4년 이상 해당 언어권의 외국에서 근무하거나 유학(해당 언어권의 언어를 사용하는 학교에서 공부한 것을 말한다)을 한 경력이 있는 자 및 「초·중등교육법」에 따른 중·고등학교 또는 고등기술학교에서 해당 외국어를 5년 이상 강의한 자에 대하여 해당 외국어 시험을 면제 다. 「고등교육법」에 따른 전문대학 이상의 학교에서 관광분야를 전공(전공과목이 관광법규 및 관광학개론 또는 이에 준하는 과목으로 구성되는 전공과목을 30학점 이상 이수한 경우를 말한다)하고 졸업한 자(졸업예정자 및 관광분야 과목을 이수하여 다른 법령에서 이와 동등한 학력을 취득한 자를 포함한다)에 대하여 필기시험 중 관광법규 및 관광학개론 과목을 면제 라. 관광통역안내사 자격증을 소지한 자가 다른 외국어를 사용하여 관광안내를 하기 위하여 시험에 응시하는 경우 필기시험을 면제 마. 문화체육관광부장관이 정하여 고시하는 교육기관에서 실시하는 60시간 이상의 실무교육과정을 이수한 사람에 대하여 필기시험 중 관광법규 및 관광학개론 과목을 면제. 이 경우 실무교육과정의 교육과목 및 그 비중은 다음과 같음 　1) 관광법규 및 관광학개론: 30% 　2) 관광안내실무: 20% 　3) 관광자원안내실습: 50%
2. 국내여행안내사	가. 「고등교육법」에 따른 전문대학 이상의 학교에서 관광분야를 전공(전공과목이 관광법규 및 관광학개론 또는 이에 준하는 과목으로 구성되는 전공과목을 30학점 이상 이수한 경우를 말한다)하고 졸업한 자(졸업예정자 및 관광분야 과목을 이수하여 다른 법령에서 이와 동등한 학력을 취득한 자를 포함한다)에 대하여 필기시험을 면제 나. 여행안내와 관련된 업무에 2년 이상 종사한 경력이 있는 자에 대하여 필기시험을 면제 다. 「초·중등교육법」에 따른 고등학교나 고등기술학교를 졸업한 자 또는 다른 법령에서 이와 동등한 학력이 있다고 인정되는 교육기관에서 관광분야의 학과를 이수하고 졸업한 자(졸업예정자를 포함한다)에 대하여 필기시험을 면제

3. 호텔경영사	가. 호텔관리사 자격을 취득한 자로서 그 자격을 취득한 후 4성급 이상의 관광호텔에서 부장급 이상으로 3년 이상 종사한 경력이 있는 자에 대하여 필기시험을 면제 나. 호텔관리사 자격을 취득한 자로서 그 자격을 취득한 후 3성급 관광호텔의 총괄 관리 및 경영업무에 3년 이상 종사한 경력이 있는 자에 대하여 필기시험을 면제 다. 국내호텔과 체인호텔 관계에 있는 해외호텔에서 호텔경영 업무에 종사한 경력이 있는 자로서 해당 국내 체인호텔에 파견근무를 하려는 자에 대하여 필기시험 및 외국어시험을 면제
4. 호텔관리사	「고등교육법」에 따른 대학 이상의 학교 또는 다른 법령에서 이와 동등 이상의 학력이 인정되는 교육기관에서 호텔경영 분야를 전공하고 졸업한 자(졸업예정자를 포함한다)에 대하여 필기시험을 면제
5. 호텔서비스사	가. 「초·중등교육법」에 따른 고등학교 또는 고등기술학교 이상의 학교를 졸업한 자 또는 다른 법령에서 이와 동등한 학력이 있다고 인정되는 교육기관에서 관광분야의 학과를 이수하고 졸업한 자(졸업예정자를 포함한다)에 대하여 필기시험을 면제 나. 관광숙박업소의 접객업무에 2년 이상 종사한 경력이 있는 자에 대하여 필기시험을 면제

2. 자격 취소

　문화체육관광부 장관과 시·도지사는 관광종사원이 ① 거짓이나 그 밖의 부정한 방법으로 자격을 취득한 때, ② 피성년후견인·피한정후견인, 파산선고를 받고 복권되지 아니한 자, 「관광진흥법」을 위반하여 징역 이상의 실형을 선고받고 그 집행이 끝나거나 집행을 받지 아니하기로 확정된 후 2년이 지나지 아니한 자 또는 형의 집행유예 기간에 있는 자 중 어느 하나에 해당하게 된 때, ③ 관광종사원으로서 직무를 수행하는 데에 부정 또는 비위(非違) 사실이 있을 때, ④ 관광종사원 자격증을 다른 사람에게 빌려주거나 빌리며, 알선했을 때는 그 자격을 취소하거나 6개월 이내의 기간을 정하여 자격의

정지를 명할 수 있고, ①과 ④에 해당할 경우는 그 자격을 취소해야 한다. 문화체육관광
부령으로 정하는 관광종사원의 자격 취소 등에 관한 처분기준은 「관광진흥법 시행규칙」
[별표 17]과 같다.

제40조(자격취소 등) 문화체육관광부장관(관광종사원 중 대통령령으로 정하는 관
광종사원에 대하여는 시 · 도지사)은 제38조제1항에 따라 자격을 가진 관광종사
원이 다음 각 호의 어느 하나에 해당하면 문화체육관광부령으로 정하는 바에
따라 그 자격을 취소하거나 6개월 이내의 기간을 정하여 자격의 정지를 명할
수 있다. 다만, 제1호 및 제5호에 해당하면 그 자격을 취소하여야 한다.
<개정 2008.2.29., 2011.4.5., 2016.2.3.>

1. 거짓이나 그 밖의 부정한 방법으로 자격을 취득한 경우
2. 제7조제1항 각 호(제3호는 제외한다)의 어느 하나에 해당하게 된 경우
3. 관광종사원으로서 직무를 수행하는 데에 부정 또는 비위(非違) 사실이 있는
   경우
4. 삭제 〈2007.7.19.〉
5. 제38조제8항을 위반하여 다른 사람에게 관광종사원 자격증을 대여한 경우

■ 관광진흥법 시행규칙 [별표 17] 〈개정 2024.11.7.〉

관광종사원에 대한 행정처분 기준(제56조 관련)

1. 일반기준
   가. 위반행위가 둘 이상이면 그 중 무거운 처분기준에 따른다. 다만, 둘 이상의 처분기준이
      모두 자격정지인 경우에는 각 처분기준을 합산한 기간을 넘지 않는 범위에서 무거운 처
      분기준의 2분의 1 범위에서 가중할 수 있다.
   나. 위반행위의 횟수에 따른 가중된 행정처분의 기준은 최근 1년간 같은 위반행위로 행정처
      분을 받은 경우에 적용한다. 이 경우 기간의 계산은 위반행위에 대한 행정처분을 받은
      날과 그 처분 후 다시 같은 위반행위를 하여 적발된 날을 기준으로 한다.

다. 나목에 따라 가중된 처분을 하는 경우 가중처분의 적용 차수는 그 위반행위 전 처분차수 (나목에 따른 기간 내에 처분이 둘 이상 있었던 경우에는 높은 차수를 말한다)의 다음 차수로 한다.

라. 처분권자는 그 처분기준이 자격정지인 경우에는 위반행위의 동기·내용·횟수 및 위반의 정도 등 다음 1)부터 3)까지의 규정에 해당하는 사유를 고려하여 처분기준의 2분의 1 범위에서 그 처분을 감경할 수 있다.

    1) 위반행위가 고의나 중대한 과실이 아닌 사소한 부주의나 오류로 인한 것으로 인정되는 경우

    2) 위반의 내용·정도가 경미하여 소비자에게 미치는 피해가 적다고 인정되는 경우

    3) 위반 행위자가 처음 해당 위반행위를 한 경우로서 3년 이상 관광종사원으로서 모범적으로 일해 온 사실이 인정되는 경우

2. 개별기준

위반행위	근거법령	행정처분기준			
		1차 위반	2차 위반	3차 위반	4차 위반
가. 거짓이나 그 밖의 부정한 방법으로 자격을 취득한 경우	법 제40조제1호	자격취소			
나. 법 제7조제1항 각 호(제3호는 제외한다)의 어느 하나에 해당하게 된 경우	법 제40조제2호	자격취소			
다. 관광종사원으로서 직무를 수행하는 데에 부정 또는 비위(非違)사실이 있는 경우	법 제40조제3호	자격정지 1개월	자격정지 3개월	자격정지 5개월	자격취소

3

관광사업자 단체

관광법규 제**3**장

관광사업자 단체

제1절 한국관광협회중앙회

1. 한국관광협회중앙회 설립과 정관

지역별 관광협회와 업종별 관광협회는 관광사업의 건전한 발전을 위하여 관광업계를 대표하는 한국관광협회중앙회(KTA: Korea Tourism Association)를 설립할 수 있다. 협회를 설립하려는 자는 대통령령으로 정하는 바에 따라 문화체육관광부 장관의 허가를 받아야 하며, 법인으로 하고 설립등기를 함으로써 성립한다. 한국관광협회중앙회는 지역별 관광협회와 업종별 관광협회의 대표자 3분의 1 이상으로 구성하는 발기인이 정관을 작성하여 지역별 관광협회와 업종별 관광협회의 대표자 과반수로 구성되는 창립총회의 의결을 거쳐야 하며, 협회의 설립 후 임원이 임명될 때까지 필요한 업무는 발기인이 수행한다.

정관의 내용은 목적, 명칭, 사무소의 소재지, 회원이나 총회, 임원, 업무, 회계, 해산(解散) 등에 관한 사항, 그 밖에 운영에 관한 중요 사항 등이 포함되어야 한다.

제41조(한국관광협회중앙회 설립) ① 제45조에 따른 지역별 관광협회 및 업종별 관광협회는 관광사업의 건전한 발전을 위하여 관광업계를 대표하는 한국관광협회중앙회(이하 "협회"라 한다)를 설립할 수 있다.

② 협회를 설립하려는 자는 대통령령으로 정하는 바에 따라 문화체육관광부장관의 허가를 받아야 한다. <개정 2008.2.29.>

③ 협회는 법인으로 한다.

④ 협회는 설립등기를 함으로써 성립한다.

제42조(정관) 협회의 정관에는 다음 각 호의 사항을 적어야 한다.

1. 목적
2. 명칭
3. 사무소의 소재지
4. 회원 및 총회에 관한 사항
5. 임원에 관한 사항
6. 업무에 관한 사항
7. 회계에 관한 사항
8. 해산(解散)에 관한 사항
9. 그 밖에 운영에 관한 중요 사항

2. 업무와 민법의 준용

한국관광협회중앙회는 관광사업의 발전을 위한 업무, 관광사업 진흥에 필요한 조사·연구와 홍보, 관광 통계, 관광종사원의 교육과 사후관리, 회원의 공제사업, 국가나 지방자치단체로부터 위탁받은 업무, 관광안내소의 운영, 앞의 일과 관련된 수익사업 등의 업무를 수행한다. 공제사업은 문화체육관광부 장관의 허가를 받아야 하며, 공제사업의 내용과 운영에 필요한 사항은 「관광진흥법 시행령」 제39조(공제사업의 허가 등), 제40조

(공제사업의 내용)에 나타나 있다. 이 협회에 관하여 이 법에 규정된 것 외에는 「민법」 중 사단법인(社團法人)에 관한 규정을 준용한다.

한국관광협회중앙회의 주요 사업을 보면 한국관광명품점(http://souvenir.or.kr), 관광 공제회(https://www.ktasb.or.kr), 호텔업 등급 결정(https://www.hotelrating.or.kr), 관광종사원 자격증 발급, 관광인 신년 교류, 관광의 날 기념식, 내나라여행박람회 (http://www.naenara.or.kr), 관광진흥개발기금 융자선정, 관광산업포럼, 시도국제관광 전 지원, 관광안내인력 교육(http://www.ktouredu.kr), 출입국안내편의 제고, 시니어 꿈 꾸는 여행자(https://seniordream.org/SeniorTravel), 여행 수용태세 개선, 관광산업 일자 리 박람회 홍보, 통계조사연구, 한국관광장학재단(http://www.ktsf.co.kr), PATA(Pacific Asia Travel Association) 한국지부, 국내여행안내사 재교육 등이다.

제43조(업무) ①협회는 다음 각 호의 업무를 수행한다.

1. 관광사업의 발전을 위한 업무
2. 관광사업 진흥에 필요한 조사·연구 및 홍보
3. 관광 통계
4. 관광종사원의 교육과 사후관리
5. 회원의 공제사업
6. 국가나 지방자치단체로부터 위탁받은 업무
7. 관광안내소의 운영
8. 제1호부터 제7호까지의 규정에 의한 업무에 따르는 수익사업

② 제1항제5호에 따른 공제사업은 문화체육관광부장관의 허가를 받아야 한다. <개정 2008.2.29.>

③ 제2항에 따른 공제사업의 내용 및 운영에 필요한 사항은 대통령령으로 정한다.

관광진흥법 시행령

제39조(공제사업의 허가 등) ① 법 제43조제2항에 따라 협회가 공제사업의 허가를 받으려면 공제규정을 첨부하여 문화체육관광부장관에게 신청하여야 한다. <개정 2008.2.29.>

② 제1항에 따른 공제규정에는 사업의 실시방법, 공제계약, 공제분담금 및 책임준비금의 산출방법에 관한 사항이 포함되어야 한다.

③ 제1항에 따른 공제규정을 변경하려면 문화체육관광부장관의 승인을 받아야 한다. <개정 2008.2.29.>

④ 공제사업을 하는 자는 공제규정에서 정하는 바에 따라 매 사업연도 말에 그 사업의 책임준비금을 계상하고 적립하여야 한다.

⑤ 공제사업에 관한 회계는 협회의 다른 사업에 관한 회계와 구분하여 경리하여야 한다.

제40조(공제사업의 내용) 법 제43조제3항에 따른 공제사업의 내용은 다음 각 호와 같다.

1. 관광사업자의 관광사업행위와 관련된 사고로 인한 대물 및 대인배상에 대비하는 공제 및 배상업무

2. 관광사업행위에 따른 사고로 인하여 재해를 입은 종사원에 대한 보상업무

3. 그 밖에 회원 상호간의 경제적 이익을 도모하기 위한 업무

제44조(「민법」의 준용) 협회에 관하여 이 법에 규정된 것 외에는 「민법」 중 사단법인(社團法人)에 관한 규정을 준용한다.

제2절 지역별 · 업종별 관광협회

관광사업자는 지역별 또는 업종별로 그 분야의 관광사업의 건전한 발전을 위하여 지역별 관광협회는 특별시 · 광역시 · 특별자치시 · 도 및 특별자치도를 단위로 설립하되, 필요하다고 인정되는 지역에는 지부를 둘 수 있으며, 업종별 관광협회는 업종별로 업무의 특수성을 고려하여 전국을 단위로 설립할 수 있다. 업종별 관광협회는 문화체육관광부 장관의 설립 허가를, 지역별 관광협회는 시 · 도지사의 설립 허가를 받아야 한다.

제45조(지역별 · 업종별 관광협회) ① 관광사업자는 지역별 또는 업종별로 그 분야의 관광사업의 건전한 발전을 위하여 대통령령으로 정하는 바에 따라 지역별 또는 업종별 관광협회를 설립할 수 있다.

② 제1항에 따른 업종별 관광협회는 문화체육관광부장관의 설립허가를, 지역별 관광협회는 시 · 도지사의 설립허가를 받아야 한다. <개정 2008.2.29.>

③ 시 · 도지사는 해당 지방자치단체의 조례로 정하는 바에 따라 제1항에 따른 지역별 관광협회가 수행하는 사업에 대하여 예산의 범위에서 사업비의 전부 또는 일부를 지원할 수 있다. <신설 2023.3.21.>

제46조(협회에 관한 규정의 준용) 지역별 관광협회 및 업종별 관광협회의 설립 · 운영 등에 관하여는 제41조부터 제44조까지의 규정을 준용한다.

지역별 관광협회는 17개 광역자치단체(시 · 도지사)별로 구성되어 있으며, 업종별 관광협회는 11개로 한국호텔업협회, 한국여행업협회, 한국카지노업관광협회, 한국외국인관광시설협회, 한국종합유원시설업협회, 한국MICE협회, 한국관광펜션업협회, 한국관광유람선업협회, 대한캠핑장협회, 한국PCO협회, 한국휴양콘도미니엄협회 등이다.

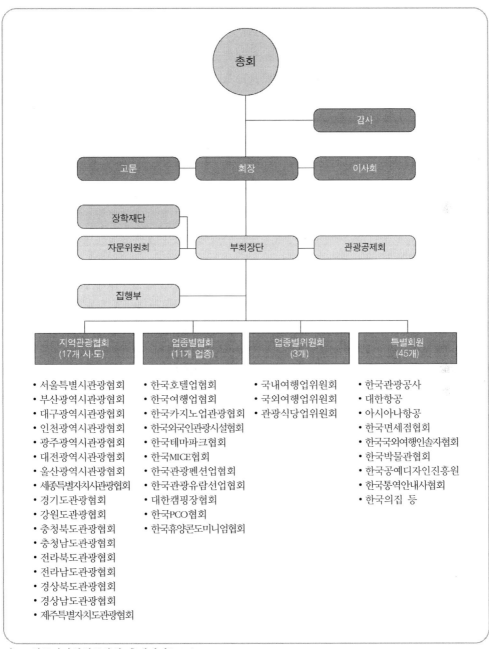

[그림 Ⅲ-1] 한국관광협회중앙회 조직도

관 광 법 규

4

관광의 진흥과 홍보

관광법규 제**4**장

관광의 진흥과 홍보

제1절 관광정보와 관광통계

1. 관광정보 활용

문화체육관광부 장관은 관광에 관한 정보의 활용과 관광을 통한 국제 친선을 도모하기 위하여 관광과 관련된 국제기구와의 협력 관계를 증진해야 하며, 이 업무를 원활히 수행하기 위하여 관광사업자·관광사업자 단체 또는 한국관광공사에 필요한 사항을 권고·조정할 수 있고 특별한 사유가 없으면 문화체육관광부 장관의 권고나 조정에 협조하여야 한다.

전 세계에는 수많은 국제기구가 있으며 관광과 관련된 국제기구 또한 많이 활동하고 있다. 그중 반드시 알아야 할 관광국제기구 몇 곳을 살펴보면 다음과 같다.

〈표 Ⅲ-14〉 관광국제기구

명칭	BI	내용
UNWTO 세계관광 기구	UNWTO	1975년에 정부 간 협력기구로 개편되어 설립됨. UNWTO는 공신력을 가진 각종 통계자료 발간을 비롯하여 교육, 조사, 연구, 관광편의 촉진, 관광지 개발, 관광자료 제공 등에 역점을 두고 활동하고 있으며, 관광 분야에서 UN 및 전문기구와 협력하는 중심역할을 수행함.
OECD 경제협력 개발기구	OECD	유럽경제협력기구를 모체로 하여 1961년 선진 20개국의 회원국으로 설립됨. 회원국의 경제 성장 도모, 자유무역 확대, 개발도상국 원조 등을 주요 임무로 하고 있으며, 2018년 7월 5일 기준으로 36개 정회원국으로 구성되어 있고, 프랑스 파리에 본부를 두고 있음.
APEC 아시아· 태평양 경제협력체	APEC	1989년 호주 캔버라에서 제1차 각료회의를 개최하면서 발족하였으며, 역내 경제협력관계 강화의 구심점이 되고 있음. 1991년 하와이에서 회의를 가진 이후 역내 관광 발전을 저해하는 각종 제한조치 완화, 환경적으로 지속가능한 관광개발 등의 현안에 대해서 협의하고 있음.
PATA 아시아· 태평양 관광협회	PATA Pacific Asia Travel Association	아시아·태평양지역의 관광진흥, 지역발전 도모 및 구미 관광객 유치를 위한 마케팅을 목적으로 1951년에 설립. 태국 방콕에 본부를 두고 있으며 북미, 태평양, 유럽, 중국, 중동에 각각 지역본부가 있다. 우리나라는 한국관광공사 등 총 13개 관광 관련 기관이나 업체가 PATA 본부 회원으로 가입되어 있으며, 매년 연차총회와 교역전에 참가하여 세계 여행업계 동향을 파악하고 한국관광 홍보 및 판촉 상담 활동을 전개하고 있음.
WTTC 세계여행 관광협의회	WORLD TRAVEL & TOURISM COUNCIL	전 세계 관광 관련 가장 유명한 100여 개 업계 리더들이 회원으로 가입한 대표적인 관광 관련 민간기구. 1990년에 설립, 영국 런던에 본부를 두고 있다.

자료: 저자

제47조(관광정보 활용 등) ① 문화체육관광부장관은 관광에 관한 정보의 활용과 관광을 통한 국제 친선을 도모하기 위하여 관광과 관련된 국제기구와의 협력 관계를 증진하여야 한다. <개정 2008.2.29.>

② 문화체육관광부장관은 제1항에 따른 업무를 원활히 수행하기 위하여 관광사업자·관광사업자 단체 또는 한국관광공사(이하 "관광사업자등"이라 한다)에 필요한 사항을 권고·조정할 수 있다. <개정 2008.2.29., 2023.8.8.>

③ 관광사업자등은 특별한 사유가 없으면 제2항에 따른 문화체육관광부장관의 권고나 조정에 협조하여야 한다. <개정 2008.2.29.>

2. 관광통계

문화체육관광부 장관과 지방자치단체의 장은 관광개발기본계획과 권역별 관광개발계획을 효과적으로 수립·시행하고 관광산업에 활용하게 하려면 국내외의 관광통계를 작성할 수 있으며, 이를 위하여 필요하면 실태조사를 하거나, 공공기관·연구소·법인·단체·민간기업·개인 등에게 협조를 요청할 수 있다. 그 외 관광통계의 작성·관리나 활용에 필요한 사항은 외국인 방한(訪韓) 관광객의 관광행태에 관한 사항(외래관광객조사), 국민의 관광행태에 관한 사항(국민여행조사), 관광사업자의 경영에 관한 사항(관광산업조사), 관광지와 관광단지의 현황과 관리에 관한 사항 등이 매년 보고서로 작성되어 배포되고 있다. 한국문화관광연구원(https://www.kcti.re.kr)이 운영관리하고 있는 관광지식정보시스템(https://know.tour.go.kr)은 관광통계, 관광정책, 관광자원 등 크게 3개 분야로 구성되어 있다. 관광통계는 국제관광통계(세계관광지표, 국가별 관광통계, 국가별 관광경쟁력 순위, 국가별 여행수지), 관광객통계(출입국관광통계, 한국관광수지, 주요 관광지 입장객 통계), 조사통계(국민여행조사, 외래관광객조사, 관광사업체조사), 관광산업통계(관광숙박업 등록 현황, 관광숙박업 운영 실적, 여행업, 카지노업, 국제회의업(MICE), 관광사업체 등의 현황, 항공 통계), 관광 예산과 인력 현황, 관광자원통계(관광지, 관광단지, 관광특구, 문화관광축제, 안보관광지, 관광통역안내사, 유관 시설) 등이다. 관광정책은 관광정책 초점, 관광지식플러스, 투어고인포, 카드뉴스 등으로 구성되어 있으며, 관광자원은 관광자원 조회, 보유자료 현황, 외국어 표기 안내 등이 있다.

제47조의2(관광통계) ① 문화체육관광부장관과 지방자치단체의 장은 제49조제1항 및 제2항에 따른 관광개발기본계획 및 권역별 관광개발계획을 효과적으로 수립·시행하고 관광산업에 활용하도록 하기 위하여 국내외의 관광통계를 작성할 수 있다.

② 문화체육관광부장관과 지방자치단체의 장은 관광통계를 작성하기 위하여 필요하면 실태조사를 하거나, 공공기관·연구소·법인·단체·민간기업·개인 등에게 협조를 요청할 수 있다.

③ 제1항 및 제2항에서 규정한 사항 외에 관광통계의 작성·관리 및 활용에 필요한 사항은 대통령령으로 정한다.

[본조신설 2009.3.25.]

제2절　관광복지

「헌법」제10조에는 모든 국민은 인간으로서의 존엄과 가치를 가지며, 행복을 추구할 권리를 가진다고 명시되어 있다. 행복을 추구하는 것은 여러 가지 방법이 있는데 그중 하나가 관광을 통하여 행복해질 수 있다. 국민이 국내여행을 하든 국외여행을 하든 여러 가지 목적으로 관광함으로써 심신을 정화할 수 있기 때문에 관광은 국민의 기본 권리이기도 하다. 이를 위해 국가가 관광취약계층의 여행권(旅行權)을 확대하고 장려하는 데 필요한 정책을 강구하는 것이 관광복지의 실천이다.

1. 장애인·고령자와 관광취약계층의 관광복지

국가와 지방자치단체는 장애인을 비롯하여 신체, 정신, 경제, 사회 여건 등으로 관광 활동에 제약을 받는 관광취약계층의 여행 기회를 확대하고 관광 활동을 장려하는 데 필요한 시책을 마련하며, 장애인의 관광 지원 사업과 단체에 대하여 경비를 보조하는 등 필요한 지원을 해야 한다.

제47조의3(장애인 · 고령자 관광 활동의 지원) ① 국가 및 지방자치단체는 장애인 · 고령자의 여행 기회를 확대하고 장애인 · 고령자의 관광 활동을 장려 · 지원하기 위하여 관련 시설을 설치하는 등 필요한 시책을 강구하여야 한다. <개정 2023.3.21., 2024.2.27.>

② 국가 및 지방자치단체는 장애인 · 고령자의 여행 및 관광 활동 권리를 증진하기 위하여 장애인 · 고령자의 관광 지원 사업과 장애인 · 고령자 관광 지원 단체에 대하여 경비를 보조하는 등 필요한 지원을 할 수 있다. <개정 2023.3.21.>

[본조신설 2014.5.28.] [제목개정 2023.3.21.]

제47조의4(관광취약계층의 관광복지 증진 시책 강구) 국가 및 지방자치단체는 경제적 · 사회적 여건 등으로 관광 활동에 제약을 받고 있는 관광취약계층의 여행 기회를 확대하고 관광 활동을 장려하기 위하여 필요한 시책을 강구하여야 한다. [본조신설 2014.5.28.]

---

2. 여행이용권의 지급과 관리

국가와 지방자치단체는 「국민기초생활 보장법」에 따른 수급자, 차상위계층에 해당하는 사람 중 자활급여 수급자, 「장애인복지법」에 따른 장애 수당 수급자 또는 장애아동 수당 수급자, 「장애인연금법」에 따른 장애인연금 수급자, 「국민건강보험법 시행령」 [별표 2] 제3호라목에 해당하는 사람, 「한부모가족지원법」 제5조에 따른 지원 대상자, 그 밖에 경제적·사회적 제약 등으로 인하여 관광 활동을 영위하기 위하여 지원이 필요한 사람으로서 문화체육관광부 장관이 정하여 고시하는 기준에 해당하는 사람 등의 관광취약계층에게 여행이용권을 지급할 수 있다. 여행이용권은 「관광진흥법」 제2조제11의2호에서 '관광취약계층이 관광 활동을 영위할 수 있도록 금액이나 수량이 기재(전자적 또는 자기적 방법에 따른 기록을 포함)된 증표'로 규정하고 있다.

여행이용권의 발급, 정보시스템의 구축·운영 등 여행이용권 업무의 효율적 수행을 위하여 한국문화예술위원회 위원장을 전담 기관으로 정하며, 특별자치시장·시장(제주특별자치도의 경우에는 「제주특별자치도 설치 및 국제자유도시 조성을 위한 특별법」에 따른 행정시장)·군수·구청장은 여행이용권을 발급한다.

제47조의5(여행이용권의 지급 및 관리) ① 국가 및 지방자치단체는 「국민기초생활 보장법」에 따른 수급권자, 그 밖에 소득수준이 낮은 저소득층 등 대통령령으로 정하는 관광취약계층에게 여행이용권을 지급할 수 있다.

② 국가 및 지방자치단체는 여행이용권의 수급자격 및 자격유지의 적정성을 확인하기 위하여 필요한 가족관계증명·국세·지방세·토지·건물·건강보험 및 국민연금에 관한 자료 등 대통령령으로 정하는 자료를 관계 기관의 장에게 요청할 수 있고, 해당 기관의 장은 특별한 사유가 없으면 요청에 따라야 한다. 다만, 「전자정부법」 제36조제1항에 따른 행정정보 공동이용을 통하여 확인할 수 있는 사항은 예외로 한다.

③ 국가 및 지방자치단체는 제2항에 따른 자료의 확인을 위하여 「사회복지사업법」 제6조의2제2항에 따른 정보시스템을 연계하여 사용할 수 있다.

④ 국가 및 지방자치단체는 여행이용권의 발급, 정보시스템의 구축·운영 등 여행이용권 업무의 효율적 수행을 위하여 대통령령으로 정하는 바에 따라 전담 기관을 지정할 수 있다.

⑤ 제1항부터 제4항까지에서 규정한 사항 외에 여행이용권의 지급·이용 등에 필요한 사항은 대통령령으로 정한다.

⑥ 문화체육관광부장관은 여행이용권의 이용 기회 확대 및 지원 업무의 효율성

을 제고하기 위하여 여행이용권을 「문화예술진흥법」 제15조의4에 따른 문화이용권 등 문화체육관광부령으로 정하는 이용권과 통합하여 운영할 수 있다.

[본조신설 2014.5.28.]

제3절 관광진흥과 관광홍보

1. 국제협력과 해외진출 지원

문화체육관광부 장관은 관광산업의 국제협력과 해외시장 진출을 촉진하기 위하여 국제전시회의 개최와 참가 지원, 외국자본의 투자유치, 해외 마케팅과 홍보활동, 해외 진출에 관한 정보 제공, 수출 관련 협력체계의 구축 등의 사업을 지원할 수 있으며, 사업을 효율적으로 지원하기 위하여 관계 기관 또는 단체에 이를 위탁하거나 대행하게 할 수 있으며, 이에 필요한 비용을 보조할 수 있다.

제47조의6(국제협력 및 해외진출 지원) ① 문화체육관광부장관은 관광산업의 국제협력 및 해외시장 진출을 촉진하기 위하여 다음 각 호의 사업을 지원할 수 있다.
  1. 국제전시회의 개최 및 참가 지원
  2. 외국자본의 투자유치
  3. 해외마케팅 및 홍보활동
  4. 해외진출에 관한 정보제공
  5. 수출 관련 협력체계의 구축
  6. 그 밖에 국제협력 및 해외진출을 위하여 필요한 사업
  ② 문화체육관광부장관은 제1항에 따른 사업을 효율적으로 지원하기 위하여

대통령령으로 정하는 관계 기관 또는 단체에 이를 위탁하거나 대행하게 할 수
있으며, 이에 필요한 비용을 보조할 수 있다.

[본조신설 2018.12.11.]

2. 관광산업 진흥사업

문화체육관광부 장관은 관광산업의 활성화를 위하여 관광산업 발전을 위한 정책·제
도의 조사·연구와 기획, 관광 관련 창업 촉진과 창업자의 성장·발전 지원, 관광산업
전문인력 수급분석과 육성, 관광산업 관련 기술의 연구개발과 실용화, 지역에 특화된 관
광상품 및 서비스 등의 발굴·육성 등의 사업을 추진할 수 있다.

제47조의7(관광산업 진흥 사업) 문화체육관광부장관은 관광산업의 활성화를 위하
여 대통령령으로 정하는 바에 따라 다음 각 호의 사업을 추진할 수 있다.

1. 관광산업 발전을 위한 정책·제도의 조사·연구 및 기획
2. 관광 관련 창업 촉진 및 창업자의 성장·발전 지원
3. 관광산업 전문인력 수급분석 및 육성
4. 관광산업 관련 기술의 연구개발 및 실용화
5. 지역에 특화된 관광 상품 및 서비스 등의 발굴·육성
6. 그 밖에 관광산업 진흥을 위하여 필요한 사항

[본조신설 2018.12.24.]

---

3. 스마트관광산업의 육성

「관광진흥법」 제47조의8에서 스마트관광산업은 '관광에 정보통신기술(ICT)을 융합하
여 관광객에게 맞춤형 서비스를 제공하고 관광콘텐츠·인프라를 지속해서 발전시킴으

로써 경제적 또는 사회적 부가가치를 창출하는 산업'이라고 정의한다. 다시 풀어쓰면 AR, VR, 빅데이터, 챗봇, O2O, 모빌리티 등 신기술에 관광을 융복합하여 관광객들에게 차별화된 경험, 편의, 서비스를 제공하고, 관광인프라를 지속적으로 발전시켜 만족도를 강화하는 관광 활동이라고 할 수 있다(한국관광공사, 2019). 예를 들면, SNS 간편로그인을 통한 여행플래너, 맛집 추천, 관광마일리지, 디지털 스탬핑, 스마트관광오디오, 미디어파사드, 스마트 짐배송, 실시간 주차장 확인 등이다.

국가와 지방자치단체는 기술기반의 관광산업 경쟁력을 강화하고 지역관광을 촉진하고 스마트관광산업을 육성하기 위해 정책ㆍ제도의 조사ㆍ연구와 기획, 스마트관광산업 관련 창업 촉진과 창업자의 성장ㆍ발전 지원, 스마트관광산업 관련 기술의 연구개발과 실용화, 스마트관광산업 기반 지역관광 개발, 스마트관광산업 진흥에 필요한 전문 인력 양성 등의 사업을 추진하고 지원할 수 있다.

제47조의8(스마트관광산업의 육성) ① 국가와 지방자치단체는 기술기반의 관광산업 경쟁력을 강화하고 지역관광을 활성화하기 위하여 스마트관광산업(관광에 정보통신기술을 융합하여 관광객에게 맞춤형 서비스를 제공하고 관광콘텐츠ㆍ인프라를 지속적으로 발전시킴으로써 경제적 또는 사회적 부가가치를 창출하는 산업을 말한다. 이하 같다)을 육성하여야 한다.

② 문화체육관광부장관은 스마트관광산업의 육성을 위하여 다음 각 호의 사업을 추진ㆍ지원할 수 있다.

1. 스마트관광산업 발전을 위한 정책ㆍ제도의 조사ㆍ연구 및 기획
2. 스마트관광산업 관련 창업 촉진 및 창업자의 성장ㆍ발전 지원
3. 스마트관광산업 관련 기술의 연구개발 및 실용화
4. 스마트관광산업 기반 지역관광 개발
5. 스마트관광산업 진흥에 필요한 전문인력 양성
6. 그 밖에 스마트관광산업 육성을 위하여 필요한 사항

[본조신설 2021.6.15.]

〈표 Ⅲ-15〉「2022 스마트관광도시 조성사업」 최종 대상지 선정 결과

유형	지자체	사업대상구역	사업명
교통 연계형	울산광역시(남구)	장생포 고래문화특구	고래가 만드는 미래의 물결, Smart Whale City 울산
	충북 청주시	문화제조창 등 원도심과 주변	디지로그시티 청주!, 나를 기록하다
관광 명소형	경북 경주시	경주 황리단길 일원	다시 천년! 경주로 ON, 경주로움을 스마트하게 ON하다
	전북 남원시	광한루 전통문화체험지구	흥과 얼이 살아 숨쉬는 문화체험 스마트관광도시 남원
강소형	강원 양양군	서퍼비치로드	내 손안의 파도, 스마트한 여행! 스마트 서프시티 양양
	경남 하동군	화개장터, 최참판댁, 쌍계사 등	신개념 체류형 스마트관광 마을 다온(茶-on)
• 민관협력을 통해 ICT기반의 관광콘텐츠·인프라 육성을 추진해 관광기업 혁신과 산업기반 선진화, 지역관광활성화 도모 • 후보사업지 각 0.5억 원, 최종사업지 각 35억 원 국비 지원, 지자체 자부담비 1:1 매칭 필수			

자료: 한국관광공사

4. 관광홍보와 관광자원 개발

  문화체육관광부 장관 또는 시·도지사는 국제관광의 촉진과 국민관광의 건전한 발전을 위하여 국내외 관광 홍보활동을 조정하거나 관광 선전물을 심사, 그 밖에 필요한 사항을 지원할 수 있으며, 관광 홍보를 원활히 추진하는 데 필요하면 관광사업자 등에게 해외 관광시장에 대한 정기적인 조사, 관광 홍보물의 제작, 관광안내소의 운영 등에 필요한 사항을 권고하거나 지도할 수 있다. 지방자치단체의 장, 관광사업자, 관광지·관광단지의 조성계획승인을 받은 자는 관광지·관광단지·관광특구·관광시설 등 관광자원을 안내하거나 홍보하는 내용의 옥외광고물을 설치할 수 있다. 또한, 문화체육관광부 장관과 지방자치단체의 장은 관광객의 유치, 관광복지의 증진과 관광진흥을 위하여 문화, 체육, 레저, 산업시설 등의 관광 자원화 사업, 해양관광의 개발사업, 자연생태의 관광 자

원화 사업, 관광상품의 개발사업, 국민의 관광복지 증진 사업, 유휴자원을 활용한 관광 자원화 사업 등을 추진할 수 있다.

제48조(관광 홍보 및 관광자원 개발) ① 문화체육관광부장관 또는 시·도지사는 국제 관광의 촉진과 국민 관광의 건전한 발전을 위하여 국내외 관광 홍보 활동을 조정하거나 관광 선전물을 심사하거나 그 밖에 필요한 사항을 지원할 수 있다. <개정 2008.2.29.>

② 문화체육관광부장관 또는 시·도지사는 제1항에 따라 관광홍보를 원활히 추진하기 위하여 필요하면 문화체육관광부령으로 정하는 바에 따라 관광사업 자등에게 해외관광시장에 대한 정기적인 조사, 관광 홍보물의 제작, 관광안내 소의 운영 등에 필요한 사항을 권고하거나 지도할 수 있다. <개정 2008.2.29.>

③ 지방자치단체의 장, 관광사업자 또는 제54조제1항이나 제2항에 따라 관광지·관광단지의 조성계획승인을 받은 자는 관광지·관광단지·관광특구·관광시설 등 관광자원을 안내하거나 홍보하는 내용의 옥외광고물(屋外廣告物)을 「옥외 광고물 등의 관리와 옥외광고산업 진흥에 관한 법률」의 규정에도 불구하고 대 통령령으로 정하는 바에 따라 설치할 수 있다. <개정 2016.1.6., 2024.10.22.>

④ 문화체육관광부장관과 지방자치단체의 장은 관광객의 유치, 관광복지의 증 진 및 관광 진흥을 위하여 대통령령 또는 조례로 정하는 바에 따라 다음 각 호 의 사업을 추진할 수 있다. <개정 2008.2.29., 2016.2.3., 2023.6.20.>

1. 문화, 체육, 레저 및 산업시설 등의 관광자원화사업

2. 해양관광의 개발사업 및 자연생태의 관광자원화사업

3. 관광상품의 개발에 관한 사업

4. 국민의 관광복지 증진에 관한 사업

5. 유휴자원을 활용한 관광자원화사업

6. 주민 주도의 지역관광 활성화 사업

[시행일 : 2025.4.23.]

제4절 지속가능한 관광

1. 지역축제

　문화체육관광부 장관은 지역축제의 체계적 육성과 활성화를 위하여 지역축제에 대한 실태조사와 평가를 할 수 있고, 다양한 지역관광자원을 개발·육성하기 위하여 우수한 지역축제를 문화관광축제로 지정하고 지원할 수 있다. 문화관광축제의 지정 기준은 축제의 특성과 콘텐츠, 축제의 운영 능력, 관광객 유치 효과와 경제적 파급효과 등을 고려하여 선정하며, 문화관광축제로 지정받으려는 지역축제의 개최자는 담당 특별시·광역시·특별자치시·도·특별자치도를 거쳐 문화체육관광부 장관에게 지정 신청을 해야 한다.

　2020년부터 기존 문화관광축제 등급제를 폐지, 개정된 「관광진흥법 시행령」(2019년 4월) 및 문화관광축제 지원 제도 개선 계획에 따라 등급 구분 없이 문화관광축제를 지정하고 있다. 지정된 축제는 2년간 국비(보조금) 지원과 함께 문화관광축제 명칭 사용, 한국관광공사를 통한 국내외 홍보·마케팅 지원 등을 받게 된다. 기존 문화관광축제는 대표, 최우수, 우수, 유망 등 4등급으로 구분하였으며, 예산 차등 지원(1년간, 축제당 최대 2억 7천만 원~7천만 원)이었으나 2020년부터는 등급 구분 없이 예산 균등 지원(2년간, 축제당 6천만 원 이내)으로 변경되었다.

> **제48조의2(지역축제 등)** ① 문화체육관광부장관은 지역축제의 체계적 육성 및 활성화를 위하여 지역축제에 대한 실태조사와 평가를 할 수 있다.
> ② 문화체육관광부장관은 지역축제의 통폐합 등을 포함한 그 발전방향에 대하여 지방자치단체의 장에게 의견을 제시하거나 권고할 수 있다.
> ③ 문화체육관광부장관은 다양한 지역관광자원을 개발·육성하기 위하여 우수한 지역축제를 문화관광축제로 지정하고 지원할 수 있다.

④ 제3항에 따른 문화관광축제의 지정 기준 및 지원 방법 등에 필요한 사항은 대통령령으로 정한다.

[본조신설 2009.3.25.]

〈표 Ⅲ-16〉 문화관광축제 평가지표 총괄

구분	지표	속성	가중치	평가
1. 콘텐츠(40)	1-1. 콘텐츠 차별성	비계량	11	전문가
	1-2. 콘텐츠 적합성	비계량	8	
	1-3. 축제 핵심 소재 위기 대응 노력	비계량	4	
	1-4. 콘텐츠 활용 확산 노력	비계량	6	
	1-5. 관광객 콘텐츠 만족도	계량	11	소비자
2. 조직 역량·운영(22)	2-1. 축제 전담조직 운영 지속성	비계량	5	전문가
	2-2. 축제 전담조직 구성	비계량	2	
	2-3. 환경변화 대응 역량	비계량	3	
	2-4. 축제 전문인력 양성 노력	비계량	3	
	2-5. 친환경 축제 구현 노력	비계량	3	
	2-6. 축제 인지도 및 인지도 증가율	계량	6	소비자
3. 지역 사회 기여(25)	3-1. 지역주민 관여도	비계량	8	전문가
	3-2. 지역관광 활성화 노력	비계량	9	전문가
	3-3. 지역주민 지지/호응도	계량	8	지역민
4. 자체 관리 시스템(13)	4-1. (필수) 성과관리시스템	비계량	7	전문가
	4-2. (선택) 기타 자체 지표	비계량	6	
가점	열린 축제 실천	비계량	최대 2점	
	성인지 감수성 실천	비계량		
감점	과도한 예산지출 수반 프로그램 (연예인 등)	비계량	최대 -2점	
	주제 무관 의례 식순/행사 과도한 포함	비계량		
합 계			100	-

자료: 한국관광공사(2022)

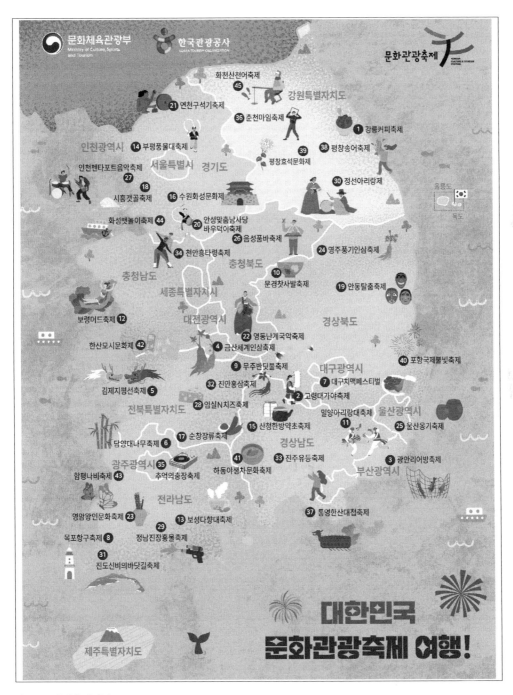

자료: 문화체육관광부(2024)

[그림 Ⅲ-2] 2024-2025년 문화관광축제

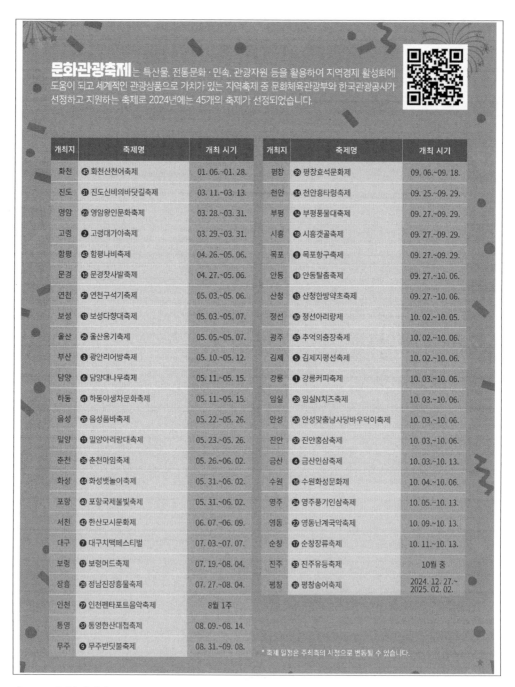

문화관광축제는 특산물, 전통문화·민속, 관광자원 등을 활용하여 지역경제 활성화에 도움이 되고 세계적인 관광상품으로 가치가 있는 지역축제 중 문화체육관광부와 한국관광공사가 선정하고 지원하는 축제로 2024년에는 45개의 축제가 선정되었습니다.

개최지	축제명	개최 시기	개최지	축제명	개최 시기
화천	㊺ 화천산천어축제	01. 06.~01. 28.	평창	㊴ 평창효석문화제	09. 06.~09. 18.
진도	㉛ 진도신비의바닷길축제	03. 11.~03. 13.	천안	㉞ 천안흥타령축제	09. 25.~09. 29.
영암	㉓ 영암왕인문화축제	03. 28.~03. 31.	부평	⑭ 부평풍물대축제	09. 27.~09. 29.
고령	❷ 고령대가야축제	03. 29.~03. 31.	시흥	⑱ 시흥갯골축제	09. 27.~09. 29.
함평	㊸ 함평나비축제	04. 26.~05. 06.	목포	❽ 목포항구축제	09. 27.~09. 29.
문경	❿ 문경찻사발축제	04. 27.~05. 06.	안동	⑲ 안동탈춤축제	09. 27.~10. 06.
연천	㉑ 연천구석기축제	05. 03.~05. 06.	산청	⑮ 산청한방약초축제	09. 27.~10. 06.
보성	⑬ 보성다향대축제	05. 03.~05. 07.	정선	㉚ 정선아리랑제	10. 02.~10. 05.
울산	㉕ 울산옹기축제	05. 05.~05. 07.	광주	㉟ 추억의충장축제	10. 02.~10. 06.
부산	❸ 광안리어방축제	05. 10.~05. 12.	김제	❺ 김제지평선축제	10. 02.~10. 06.
담양	❻ 담양대나무축제	05. 11.~05. 15.	강릉	❶ 강릉커피축제	10. 03.~10. 06.
하동	㊶ 하동야생차문화축제	05. 11.~05. 15.	임실	㉘ 임실N치즈축제	10. 03.~10. 06.
음성	㉖ 음성품바축제	05. 22.~05. 26.	안성	⑳ 안성맞춤남사당바우덕이축제	10. 03.~10. 06.
밀양	⑪ 밀양아리랑대축제	05. 23.~05. 26.	진안	㊲ 진안홍삼축제	10. 03.~10. 06.
춘천	㊱ 춘천마임축제	05. 26.~06. 02.	금산	❹ 금산인삼축제	10. 03.~10. 13.
화성	㊹ 화성뱃놀이축제	05. 31.~06. 02.	수원	⑯ 수원화성문화제	10. 04.~10. 06.
포항	㊵ 포항국제불빛축제	05. 31.~06. 02.	영주	㉔ 영주풍기인삼축제	10. 05.~10. 13.
서천	㊷ 한산모시문화제	06. 07.~06. 09.	영동	㉒ 영동난계국악축제	10. 09.~10. 13.
대구	❼ 대구치맥페스티벌	07. 03.~07. 07.	순창	⑰ 순창장류축제	10. 11.~10. 13.
보령	⑫ 보령머드축제	07. 19.~08. 04.	진주	㉝ 진주유등축제	10월 중
장흥	㉙ 정남진장흥물축제	07. 27.~08. 04.	평창	㊳ 평창송어축제	2024. 12. 27.~ 2025. 02. 02.
인천	㉗ 인천펜타포트음악축제	8월 1주			
통영	㊳ 통영한산대첩축제	08. 09.~08. 14.			
무주	❾ 무주반딧불축제	08. 31.~09. 08.		* 축제 일정은 주최측의 사정으로 변동될 수 있습니다.	

자료: 문화체육관광부(2024)

[그림 Ⅲ-3] 2024-2025년 문화관광축제

2. 지속가능한 관광활성화

관광을 통한 국가 경제와 지역경제의 활성화, 세수 수입의 증대, 일자리 창출, 지역주민 소득의 증가 등 긍정적 측면이 주목받았던 시대가 지나고 관광의 대중화, 일상화에 따른 과잉(Over Tourism)을 넘어 관광을 공포(Tourism Phobia)로 보는 관점이 시작하였다. 이탈리아의 베네치아, 스페인의 바르셀로나 등 세계적 관광명소뿐만 아니라 제주도, 서울 등 관광객으로 넘쳐나는 도시들은 관광의 긍정적 효과보다는 지역주민의 삶에 피해를 주는 등 부정적 효과가 두드러지면서 새로운 관광정책의 필요성이 대두되었다. 「관광진흥법」 제48조의3(지속가능한 관광활성화)은 2019년 법 개정을 통해 신설되었고 2021년에 또 한차례 제도적 보완을 통해 정부와 지방자치단체에서 적극적으로 대응책을 마련할 수 있는 법적 근거를 마련하였다.

문화체육관광부 장관은 에너지·자원의 사용을 최소화하고 기후변화에 대응하며 환경 훼손을 줄이고, 지역주민의 삶과 균형을 이루며 지역경제와 상생발전 할 수 있는 지속가능한 관광자원의 개발을 장려하기 위하여 정보 제공과 재정지원 등 필요한 조치를 마련할 수 있으며, 시·도지사나 시장·군수·구청장은 수용 범위를 초과한 관광객의 방문으로 자연환경이 훼손되거나 주민의 평온한 생활환경을 해칠 우려가 있어 관리할 필요가 있다고 인정되는 지역을 조례로 정하는 바에 따라 '특별관리지역'으로 지정할 수 있다.

제48조의3(지속가능한 관광활성화) ① 문화체육관광부장관은 에너지·자원의 사용을 최소화하고 기후변화에 대응하며 환경 훼손을 줄이고, 지역주민의 삶과 균형을 이루며 지역경제와 상생발전 할 수 있는 지속가능한 관광자원의 개발을 장려하기 위하여 정보제공 및 재정지원 등 필요한 조치를 강구할 수 있다. <개정 2019.12.3.>

② 시·도지사나 시장·군수·구청장은 다음 각호의 어느 하나에 해당하는 지역을 조례로 정하는 바에 따라 특별관리지역으로 지정할 수 있다. 이 경우 특

별관리지역이 같은 시·도 내에서 둘 이상의 시·군·구에 걸쳐 있는 경우에는 시·도지사가 지정하고, 둘 이상의 시·도에 걸쳐 있는 경우에는 해당 시·도지사가 공동으로 지정한다. <신설 2019.12.3., 2021.4.13., 2023.10.31.>

1. 수용 범위를 초과한 관광객의 방문으로 자연환경이 훼손되거나 주민의 평온한 생활환경을 해칠 우려가 있어 관리할 필요가 있다고 인정되는 지역

2. 차량을 이용한 숙박·취사 등의 행위로 자연환경이 훼손되거나 주민의 평온한 생활환경을 해칠 우려가 있어 관리할 필요가 있다고 인정되는 지역. 다만, 다른 법령에서 출입, 주차, 취사 및 야영 등을 금지하는 지역은 제외한다.

③ 문화체육관광부장관은 특별관리지역으로 지정할 필요가 있다고 인정하는 경우에는 시·도지사 또는 시장·군수·구청장으로 하여금 해당 지역을 특별관리지역으로 지정하도록 권고할 수 있다. <신설 2021.4.13.>

④ 시·도지사나 시장·군수·구청장은 특별관리지역을 지정·변경 또는 해제할 때에는 대통령령으로 정하는 바에 따라 미리 주민의 의견을 들어야 하며, 문화체육관광부장관 및 관계 행정기관의 장과 협의하여야 한다. 다만, 대통령령으로 정하는 경미한 사항을 변경하려는 경우에는 예외로 한다.
<신설 2019.12.3., 2021.4.13.>

⑤ 시·도지사나 시장·군수·구청장은 특별관리지역을 지정·변경 또는 해제할 때에는 특별관리지역의 위치, 면적, 지정일시, 지정·변경·해제사유, 특별관리지역 내 조치사항, 그 밖에 조례로 정하는 사항을 해당 지방자치단체 공보에 고시하고, 문화체육관광부장관에게 제출하여야 한다. <신설 2019.12.3., 2021.4.13.>

⑥ 시·도지사나 시장·군수·구청장은 특별관리지역에 대하여 조례로 정하는 바에 따라 관광객 방문시간 제한, 편의시설 설치, 이용수칙 고지, 이용료 징수, 차량·관광객 통행 제한 등 필요한 조치를 할 수 있다. <신설 2019.12.3., 2021.4.13., 2023.10.31.>

⑦ 시·도지사나 시장·군수·구청장은 제6항에 따른 조례를 위반한 사람에게 「지방자치법」 제27조에 따라 1천만 원 이하의 과태료를 부과·징수할 수 있다.
<신설 2021.4.13.>

⑧ 시·도지사나 시장·군수·구청장은 특별관리지역에 해당 지역의 범위, 조치사항 등을 표시한 안내판을 설치하여야 한다. <신설 2021.4.13.>

⑨ 문화체육관광부장관은 특별관리지역 지정 현황을 관리하고 이와 관련된 정보를 공개하여야 하며, 특별관리지역을 지정·운영하는 지방자치단체와 그 주민 등을 위하여 필요한 지원을 할 수 있다. <신설 2021.4.13.>

⑩ 그 밖에 특별관리지역의 지정 요건, 지정 절차 등 특별관리지역 지정 및 운영에 필요한 사항은 해당 지방자치단체의 조례로 정한다. <신설 2021.4.13.>

[본조신설 2009.3.25.]

관광진흥법 시행령 제41조의10(특별관리지역의 지정·변경·해제) ① 시·도지사 또는 시장·군수·구청장은 법 제48조의3제4항 본문에 따라 주민의 의견을 들으려는 경우에는 해당 지역의 주민을 대상으로 공청회를 개최해야 한다. <개정 2021.10.14.>

② 시·도지사 또는 시장·군수·구청장은 법 제48조의3제4항 본문에 따른 협의를 하려는 경우에는 문화체육관광부령으로 정하는 서류를 문화체육관광부장관 및 관계 행정기관의 장에게 제출해야 한다. <신설 2021.10.14.>

③ 법 제48조의3제4항 본문에 따라 협의 요청을 받은 문화체육관광부장관 및 관계 행정기관의 장은 협의 요청을 받은 날부터 30일 이내에 의견을 제출해야 한다. <개정 2021.10.14.>

④ 법 제48조의3제4항 단서에서 "대통령령으로 정하는 경미한 사항을 변경하는 경우"란 다음 각 호의 변경에 해당하지 않는 경우를 말한다. <신설 2021.10.14.>

1. 특별관리지역의 위치 또는 면적의 변경

2. 특별관리지역의 지정기간의 변경

3. 특별관리지역 내 조치사항 중 다음 각 목에 해당하는 사항의 변경

　가. 관광객 방문제한 시간

　나. 특별관리지역 방문에 부과되는 이용료

다. 차량·관광객 통행제한 지역

라. 그 밖에 가목부터 다목까지에 준하는 조치사항으로서 주민의 의견을 듣거나 문화체육관광부장관 및 관계 행정기관의 장과 협의를 할 필요가 있다고 인정되는 사항

[본조신설 2020.6.2.]

[종전 제41조의9에서 이동, 종전 제41조의10은 제41조의11로 이동 <2023.12.12.>]

3. 지역관광협의회

지역관광 활성화를 위해서는 지역 관광지를 적극적으로 발굴하고 경쟁력을 강화해야 한다. 지역이 주도하는 관광산업이 구축되기 위해서는 중앙정부, 지방자치단체, 주민사업체 등이 유기적으로 협업할 수 있어야 하는데 중앙정부는 관광전략 수립, 관광캠페인, 계획공모형 관광개발, DMO(Destination Management Organization) 설립 지원, 오버투어리즘(Over Tourism) 지침 등을 개발하고, 지방자치단체는 관광 안내 체계 개선, 문화관광해설사 발굴과 교육훈련과 배치, 관광 품질 개선, 관광편의 확대 등을 도모하며, 주민사업체는 우수한 관광서비스와 인재 제공, 지역관광상품 발굴 등에 노력해야 한다. 지자체와 주민사업체 간의 가교 구실은 한국형 DMO, 관광두레PD 등 관광기획자 중심이 되어야 한다.

한국형 DMO는 관광사업자, 관광 관련 사업자, 관광 관련 단체, 주민 등으로 조직된 지역의 관광진흥을 위하여 광역과 기초자치단체 단위의 '지역관광협의회'라고 하며, 「관광진흥법」 제48조의9에 따라 설립할 수 있다. 지역 내 관광진흥을 위해서 이해관계자가 고루 참여해야 하며, 해당 지방자치단체장의 허가를 받아야 한다. 지역관광협의회는 지역의 관광수용태세 개선을 위한 업무, 지역관광 홍보와 마케팅 지원 업무, 관광사업자와 관광 관련 사업자 및 관광 관련 단체에 대한 지원, 업무에 따르는 수익사업, 지방자치단체로부터 위탁받은 업무 등을 수행하며, 설립과 지원 등에 필요한 사항은 해당 지방자치단체의 조례로 정한다.

〈표 Ⅲ-17〉 2022년도 지역관광추진조직(DMO) 육성 지원 사업

구분	광역	기초	사업자(명)	비고
본지원 (1~2년차)	경남	진주시	(재)진주문화관광재단	1년차
	전남	신안군	(사)신안군관광협의회	
		해남군	(재)해남문화관광재단	
	충남	공주시	(사)공주시관광협의회	
		금산군	(재)금산축제관광재단	
	강원	동해시	(사)동해문화관광재단	
	강원	평창군	(사)평창군관광협의회	2년차
	충북	영동군	(재)영동축제관광재단	
	경남	남해군	(재)남해군관광문화재단	
		통영시	(재)통영한산대첩문화재단	
	전남	광양시	(사)광양시관광협의회	
후속지원 (3년차)	충남	홍성군	㈜행복한여행나눔	3년차
	전북	고창군	(재)고창문화관광재단	
	경기	고양시	(사)고양시관광컨벤션협의회	

• 지역관광 추진조직 육성을 위한 체계적(단계별) 지원
• 1단계(1년차, 2년차) : 국비 1.5억 원(60%), 지방비 1억 원(40%) 재원 분담
• 2단계(3년차) : 국비 1억 원(50%), 지방비 1억 원(50%), 1천만 원(국비의 10%) 자부담

〈표 Ⅲ-18〉 2024년 지역관광추진조직(DMO) 사업자 선정결과

【지역관광추진조직(DMO) 육성 지원 사업개요】

▪ **(추진목적)** 지역 내 주민, 사업체 등으로 구성된 협의체 구성 및 소통과 참여를 통해 지역 내 관광 현안을 주도적으로 해결하고, 지속가능 관광발전을 위한 역량 강화

▪ **(추진경과)** 2020년~, 34개소 선정·지원

▪ **(수행주체/예산)** 한국관광공사, DMO(20여 개소) / 3,499백만 원

□ 공모 개요

  ㅇ (선정규모) 10개(1년차 6개, 3년차 4개)

  ㅇ (지원규모) 1년차(국 100, 지 100), 3년차(국 150, 지 100, 자 12.5)

  ㅇ (추진경과) 공고 · 접수(1.10.~2.8.), 서류심사(2.16.), 발표심사(2.26.~27.)

□ 선정 결과: 22개소

단계	연차	광역	기초	사업자명
1단계	1년차 (6개소)	강원	영월군	(재)영월문화관광재단
			횡성군	(재)횡성문화관광재단
		경북	영덕군	(재)영덕문화관광재단
			청도군	(사)경북시민재단
		광주	동구	동구문화관광재단
		전북	김제시	사회적협동조합 김제농촌활력센터
2단계	3년차 (4개소)	강원	동해시	(재)동해문화관광재단
		전남	강진군	(재)강진군문화관광재단
			신안군	(사)신안군관광협의회
		충북	영동군	(재)영동축제관광재단

* 공모와 별도로 2023년 사업 성과평가 결과에 따라 1단계(2년차) 지원대상 선정(밀양, 하동, 완주, 김해), 2단계(4년차/5년차) 지원대상 선정(남해, 평창/홍성), 관광거점도시(5개) DMO 당연지원('20년~, 5년간)
자료: 한국관광공사(2024)

제48조의9(지역관광협의회 설립) ① 관광사업자, 관광 관련 사업자, 관광 관련 단체, 주민 등은 공동으로 지역의 관광진흥을 위하여 광역 및 기초 지방자치단체 단위의 지역관광협의회(이하 "협의회"라 한다)를 설립할 수 있다.

② 협의회에는 지역 내 관광진흥을 위한 이해 관련자가 고루 참여하여야 하며, 협의회를 설립하려는 자는 해당 지방자치단체의 장의 허가를 받아야 한다.

③ 협의회는 법인으로 한다.

④ 협의회는 다음 각 호의 업무를 수행한다.

1. 지역의 관광수용태세 개선을 위한 업무

2. 지역관광 홍보 및 마케팅 지원 업무

3. 관광사업자, 관광 관련 사업자, 관광 관련 단체에 대한 지원

4. 제1호부터 제3호까지의 업무에 따르는 수익사업

5. 지방자치단체로부터 위탁받은 업무

⑤ 협의회의 운영 등에 필요한 경비는 회원이 납부하는 회비와 사업 수익금 등으로 충당하며, 지방자치단체의 장은 협의회의 운영 등에 필요한 경비의 일부를 예산의 범위에서 지원할 수 있다.

⑥ 협의회의 설립 및 지원 등에 필요한 사항은 해당 지방자치단체의 조례로 정한다.

⑦ 협의회에 관하여 이 법에 규정된 것 외에는 「민법」 중 사단법인에 관한 규정을 준용한다.

[본조신설 2015.5.18.]

4. 한국관광품질인증

관광산업의 지속가능한 성장과 관광산업을 국가 경제의 기반산업으로 육성하기 위해서는 관광산업의 양적 성장과 더불어 관광산업의 품질을 향상하는 것이 필요하다. 이러한 관광산업의 품질 향상은 관광객의 만족도를 증대시킴과 동시에 국가 이미지를 높이는 효과를 얻게 되고, 결과적으로는 다른 경제 분야까지 긍정적인 파급효과로 연결되는 선순환구조를 창출할 수 있다. 이러한 관광서비스의 품질 향상을 도모하고 전문적이고 체계적인 품질 관리를 위해서 관광 부문에 대한 품질 인증 제도를 마련할 필요가 있어 그 근거를 마련하고 인증제도의 운용에 필요한 사항을 규정하기 위해 2018년에 한국관광품질인증제를 법제화하였다.

관광객의 편의를 돕고 관광서비스의 수준을 향상하기 위하여 관광사업과 이와 밀접한 관련이 있는 사업 중 야영장업, 외국인관광 도시민박업, 한옥체험업, 관광식당업, 관광면세업, 관광숙박업이 아닌 「공중위생관리법」 제2조제1항제2호에 따른 숙박업, 「외국인관광객 등에 대한 부가가치세 및 개별소비세 특례규정」 제4조제2항에 따른 외국인관광

객면세판매장, 「식품위생법 시행령」 제21조제8호 나목의 일반음식점 영업 등을 문화체육관광부 장관은 '한국관광 품질인증'을 할 수 있으며, 「관광진흥개발기금법」에 따른 기금의 대여 또는 보조, 국내 또는 국외에서의 홍보, 그 밖에 시설 등의 운영과 개선을 위하여 필요한 사항 등에 지원을 할 수 있다.

　한국관광 품질인증의 인증 기준은 관광객 편의를 위한 시설과 서비스를 갖출 것, 관광객 응대를 위한 전문인력을 확보할 것, 재난과 안전 관리 위험으로부터 관광객을 보호할 수 있는 사업장 안전 관리 방안을 수립할 것, 해당 사업의 관련 법령을 지킬 것 등이며 세부 사항은 「관광진흥법 시행규칙」 [별표 17의5]와 같다.

■ 관광진흥법 시행규칙 [별표 17의5] 〈개정 2020.12.16.〉

한국관광 품질인증의 세부 인증 기준(제57조의6 관련)

1. 서류평가 통과 기준: 다음 각 목의 사항을 모두 갖추었을 것
　가. 제57조의7제1항제1호 · 제2호 · 제4호의 서류를 모두 제출하였을 것
　나. 가목에 따라 제출한 서류를 심사한 결과 위법 · 부당한 사실이 없을 것
　다. 한국관광 품질인증 신청서를 제출한 날 이전 3개월간 관할 허가 · 등록 · 지정 또는 신고 기관의 장으로부터 허가 · 등록 · 지정의 취소, 사업의 전부 또는 일부의 정지, 영업의 정지 또는 일부 시설의 사용중지나 영업소 폐쇄 처분을 받지 않았을 것

2. 현장평가 통과 기준: 다음 각 목의 사항을 모두 갖추었을 것
　가. 해당 사업의 관련 법령에 따른 허가 · 등록 · 지정 또는 신고 요건을 계속하여 갖추고 있을 것
　나. 평가 분야별 득점의 합이 100점 만점을 기준으로 하여 70점 이상일 것. 다만, 일부 사업의 경우 득점하여야 하는 총점을 업무 규정으로 다르게 정할 수 있음.

평가 분야	평가 항목	배점 비중
가. 시설 및 서비스 분야	건물의 외관 · 내부시설의 유지 · 관리	60%
	장애인을 위한 편의시설의 설치 · 관리	
	매뉴얼에 따른 서비스 품질관리	
	업무 규정에 따른 서비스이행표준의 준수	

나. 인력의 전문성 분야	관광객 응대에 필요한 종사원의 전문성		20%
	외국인 관광객 응대를 위한 외국어 능력		
	종사원의 서비스 교육·훈련 이수 결과		
다. 안전관리 분야	정기적인 소방안전점검 및 관리		20%
	안전관리에 필요한 장비의 구비·관리		
	비상재해대비시설의 설치·관리		
	화재 등으로 발생한 손해에 대한 배상체계 구비		
총　　계			100%

비고

1. 평가 분야별 배점 비중은 업무 규정이 정하는 바에 따라 총계의 10퍼센트 범위에서 조정될 수 있으나, 배점 비중의 총계는 항상 100퍼센트가 되어야 함.
2. 평가 항목별 구체적인 평가지표는 한국관광 품질인증의 대상별 특성에 따라 업무 규정으로 정함.
  다. 아래 표에 따른 한국관광 품질인증의 대상별 필수사항을 모두 갖추었을 것

구분	필수 사항
외국인관광 도시민박업, 한옥체험업	- 객실, 침구, 욕실, 조리시설에 대한 청결 수준이 보통(5단계 평가 시 3단계) 이상일 것
관광면세업	- 내국인 출입이 가능할 것 - 품질보증서 등을 구비할 것 - 외국인관광객에게 부가가치세 등을 환급해 줄 수 있는 설비를 갖추고 관련 정보를 제공할 것 - 주변의 교통에 지장을 주지 않을 것 - 종사자가 외국어 능력을 갖출 것
숙박업	- 관광객 응대를 위한 안내 데스크가 개방형 구조일 것 - 주차장에 가림막 등 폐쇄형 구조물이 없을 것 - 시간제로 운영하지 않을 것 - 청소년 보호를 위해 성인방송 제공을 제한할 것 - 요금표를 게시할 것 - 객실, 침구, 욕실, 조리시설에 대한 청결 수준이 보통(5단계 평가 시 3단계) 이상일 것

외국인관광객면세판매장	- 내국인 출입이 가능할 것 - 품질보증서 등을 구비할 것 - 외국인관광객에게 부가가치세 등을 환급해 줄 수 있는 설비를 갖추고 관련 정보를 제공할 것
음식점업	- 「식품위생법」 제47조의2에 따른 위생등급을 지정받은 업소일 것 - 식기, 수저에 대한 청결 수준이 보통(5단계 평가 시 3단계) 이상일 것 - 남녀 화장실이 분리되어 있을 것 - 식재료의 원산지 표기와 실제 원산지가 동일할 것 - 한글 외에 최소 1개 이상의 외국어가 병기된 메뉴판을 제공할 것

한국관광 품질인증을 받기 위해서는 한국관광 품질인증 신청서를 작성하여 사업자등록증 사본, 해당 사업의 관련 법령을 준수하여 허가·등록 또는 지정을 받거나 신고를 하였음을 증명할 수 있는 서류, 한국관광 품질인증의 인증 기준 전부 또는 일부와 인증 기준이 유사하다고 문화체육관광부 장관이 인정하여 고시하는 인증이 유효함을 증명할 수 있는 서류 등을 갖추어 한국관광공사에 제출해야 한다. 한국관광 품질인증의 인증표지는 「관광진흥법 시행령」 [별표 4의2]와 같다.

■ 관광진흥법 시행령 [별표 4의2] 〈개정 2020.6.2.〉

한국관광 품질인증의 인증표지(제41조의13 관련)

1. 인증표지의 기본형은 흰색을 바탕으로 하여 위와 같이 하고, 로고는 붉은색과 파란색, 글자는 검은색으로 한다.

2. 비례 적용 및 최소사용 크기는 다음의 기준에 따른다.

비례 적용 (정비례로 확대 또는 축소하여 사용)	최소사용 크기
	10mm

제48조의10(한국관광 품질인증) ① 문화체육관광부장관은 관광객의 편의를 돕고 관광서비스의 수준을 향상시키기 위하여 관광사업 및 이와 밀접한 관련이 있는 사업으로서 대통령령으로 정하는 사업을 위한 시설 및 서비스 등(이하 "시설등"이라 한다)을 대상으로 품질인증(이하 "한국관광 품질인증"이라 한다)을 할 수 있다.

② 한국관광 품질인증을 받은 자는 대통령령으로 정하는 바에 따라 인증표지를 하거나 그 사실을 홍보할 수 있다.

③ 한국관광 품질인증을 받은 자가 아니면 인증표지 또는 이와 유사한 표지를 하거나 한국관광 품질인증을 받은 것으로 홍보하여서는 아니 된다.

④ 문화체육관광부장관은 한국관광 품질인증을 받은 시설등에 대하여 다음 각 호의 지원을 할 수 있다.

1. 「관광진흥개발기금법」에 따른 관광진흥개발기금의 대여 또는 보조

2. 국내 또는 국외에서의 홍보

3. 그 밖에 시설등의 운영 및 개선을 위하여 필요한 사항

⑤ 문화체육관광부장관은 한국관광 품질인증을 위하여 필요한 경우에는 특별자치시장·특별자치도지사·시장·군수·구청장 및 관계 기관의 장에게 자료 제출을

요청할 수 있다. 이 경우 자료 제출을 요청받은 특별자치시장·특별자치도지사·시장·군수·구청장 및 관계 기관의 장은 특별한 사유가 없으면 이에 따라야 한다.

⑥ 한국관광 품질인증의 인증 기준·절차·방법, 인증표지 및 그 밖에 한국관광 품질인증 제도 운영에 필요한 사항은 대통령령으로 정한다.

[본조신설 2018.3.13.]

제48조의11(한국관광 품질인증의 취소) 문화체육관광부장관은 한국관광 품질인증을 받은 자가 다음 각 호의 어느 하나에 해당하는 경우에는 그 인증을 취소할 수 있다. 다만, 제1호에 해당하는 경우에는 인증을 취소하여야 한다.

1. 거짓이나 그 밖의 부정한 방법으로 인증을 받은 경우
2. 제48조의10제6항에 따른 인증 기준에 적합하지 아니하게 된 경우

[본조신설 2018.3.13.]

5. 일·휴양연계 관광산업의 육성

코로나19를 겪으면서 일과 휴양이 동시에 가능한 공간과 시간을 제공하는 사회적 분위기가 무르익으면서 2023년 8월에 관광진흥법에서 일·휴양연계 관광산업의 육성 조항이 신설되었다. 우리가 흔히 말하고 있는 워케이션(Workation)이다. 워케이션은 일(Work)과 휴가(Vacation)를 합성한 신조어로 휴양지나 관광지에서 근무라는 개념으로 많이 사용하고 있다.

워케이션은 원격근무, 재택근무 등을 통한 노동자의 직무만족도와 생산성 향상, 기업의 비용절감 등의 비즈니스 측면과 지역관광으로 지역경제 활성화를 도모할 수 있는 효과를 논의할 수 있다.

제48조의12(일·휴양연계관광산업의 육성) ① 국가와 지방자치단체는 관광산업과 지역관광을 활성화하기 위하여 일·휴양연계관광산업(지역관광과 기업의 일·휴양연계제도를 연계하여 관광인프라를 조성하고 맞춤형 서비스를 제공함으로

써 경제적 또는 사회적 부가가치를 창출하는 산업을 말한다. 이하 같다)을 육
성하여야 한다.

② 문화체육관광부장관은 다양한 지역관광자원을 개발·육성하기 위하여 일·
휴양연계관광산업의 관광 상품 및 서비스를 발굴·육성할 수 있다.

③ 지방자치단체는 일·휴양연계관광산업의 활성화를 위하여 기업 또는 근로
자에게 조례로 정하는 바에 따라 업무공간, 체류비용의 일부 등을 지원할 수
있다.

[본조신설 2023.8.8.]

제5절 문화관광해설사

1. 문화관광해설사의 양성과 활용계획

「관광진흥법」 제2조12호에 문화관광해설사란 "관광객의 이해와 감상, 체험 기회를 높
이기 위하여 역사·문화·예술·자연 등 관광자원 전반에 대한 전문적인 해설을 제공하
는 자"로 정의하고 있다. 문화체육관광부 장관은 문화관광해설사를 효과적이고 체계적
으로 양성·활용하기 위하여 해마다 문화관광해설사의 양성과 활용계획을 수립하고, 이
를 지방자치단체의 장에게 알려야 하며, 지방자치단체의 장은 문화관광해설사 양성과
활용계획에 따라 관광객의 규모, 관광자원의 보유 현황, 문화관광해설사에 대한 수요 등
을 고려하여 해마다 문화관광해설사의 양성·배치·활용 등에 관한 사항을 포함하여 문
화관광해설사 운영계획을 수립·시행해야 한다.

제48조의4(문화관광해설사의 양성 및 활용계획 등) ① 문화체육관광부 장관은 문화관광해설사를 효과적이고 체계적으로 양성·활용하기 위하여 해마다 문화관광해설사의 양성 및 활용계획을 수립하고, 이를 지방자치단체의 장에게 알려야 한다.
② 지방자치단체의 장은 제1항에 따른 문화관광해설사 양성 및 활용계획에 따라 관광객의 규모, 관광자원의 보유 현황, 문화관광해설사에 대한 수요 등을 고려하여 해마다 문화관광해설사 운영계획을 수립·시행하여야 한다. 이 경우 문화관광해설사의 양성·배치·활용 등에 관한 사항을 포함하여야 한다.
[본조신설 2011.4.5.]

2. 문화관광해설사 양성교육과정의 개설·운영

문화체육관광부 장관 또는 시·도지사는 문화관광해설사 양성을 위한 교육과정을 개설하여 운영할 수 있으며, 교육과정의 개설·운영 기준은 「관광진흥법 시행규칙」 [별표 17의2]와 같고, 세부 사항은 [문화관광해설사 양성 교육과정의 개설·운영 및 배치·활용에 관한 고시]에 구체적으로 잘 나타나 있다.

■ 관광진흥법 시행규칙 [별표 17의2] 〈개정 2019.4.25.〉

문화관광해설사 양성교육과정의 개설 · 운영 기준(제57조의3제1항 관련)

구분	개설 · 운영 기준		
교육과목 및 교육시간	교육과목(실습을 포함한다)		교육시간
	기본 소양	1) 문화관광해설사의 역할과 자세 2) 문화관광자원의 가치 인식 및 보호 3) 관광객의 특성 이해 및 관광약자 배려	20시간
	전문 지식	4) 관광정책 및 관광산업의 이해 5) 한국 주요 문화관광자원의 이해 6) 지역 특화 문화관광자원의 이해	40시간

	현장 실무	7) 해설 시나리오 작성 및 해설 기법 8) 해설 현장 실습 9) 관광 안전관리 및 응급처치	40시간
	합 계		100시간
교육시설	1) 강의실 2) 강사대기실 3) 회의실 4) 그 밖에 교육에 필요한 기자재 및 시스템		

비고
1)부터 9)까지의 모든 과목을 교육해야 하며, 이론교육은 정보통신망을 통한 온라인 교육을 포함하여 구성할 수 있다.

제48조의6(문화관광해설사 양성교육과정의 개설·운영) ① 문화체육관광부장관 또는 시·도지사는 문화관광해설사 양성을 위한 교육과정을 개설(開設)하여 운영할 수 있다.

② 제1항에 따른 교육과정의 개설·운영에 필요한 사항은 문화체육관광부령으로 정한다.

[전문개정 2018.12.11.]

3. 문화관광해설사의 선발과 활용

문화체육관광부 장관 또는 지방자치단체의 장은 교육과정을 이수한 자를 문화관광해설사로 선발하여 활용할 수 있으며, 이론과 실습을 평가하고, 3개월 이상의 실무 수습을 마친 자에게 자격을 부여할 수 있고, 예산의 범위에서 문화관광해설사의 활동에 필요한 비용 등을 지원할 수 있다. 그 외 문화관광해설사의 선발, 배치 및 활용 등에 필요한 세부적인 사항은 '문화관광해설사 양성 교육과정의 개설·운영 및 배치·활용에 관한 고시' [별표 1]과 같다.

제48조의8(문화관광해설사의 선발 및 활용) ① 문화체육관광부장관 또는 지방자치단체의 장은 제48조의6제1항에 따른 교육과정을 이수한 사람을 문화관광해설사로 선발하여 활용할 수 있다. <개정 2018.12.11., 2023.8.8.>

② 문화체육관광부장관 또는 지방자치단체의 장은 제1항에 따라 문화관광해설사를 선발하는 경우 문화체육관광부령으로 정하는 바에 따라 이론 및 실습을 평가하고, 3개월 이상의 실무수습을 마친 사람에게 자격을 부여할 수 있다. <개정 2023.8.8.>

③ 문화체육관광부장관 또는 지방자치단체의 장은 예산의 범위에서 문화관광해설사의 활동에 필요한 비용 등을 지원할 수 있다.

④ 그 밖에 문화관광해설사의 선발, 배치 및 활용 등에 필요한 사항은 문화체육관광부령으로 정한다.

[본조신설 2011.4.5.]

■ 문화관광해설사 양성교육과정의 개설 · 운영 및 배치 · 활용에 관한 고시 [별표 1]

문화관광해설사 양성교육과정의 개설 · 운영 기준(제6조 관련)

1. **교육 구성** : 문화관광해설사 양성을 위한 교육은 이론교육과 실습교육으로 구성되어야 하며, 현장체험을 포함한 실습교육은 전체 교육시간의 50% 이상 되어야 한다.
2. **교육 내용** : 아래의 구성형식을 갖춘 교육과목별 세부운영계획이 마련되어야 한다.

구성의 순서	구성의 세부항목
(1) 제목	○ 교육과목의 내용을 포괄하는 대표성 있는 제목을 선정
(2) 소개	○ 교육과목에 대한 배경, 취지, 기대효과 및 기본목표
(3) 요약	○ 교육과목에 포함되어 있는 활동의 제목, 주제, 개념 및 측정이 가능한 목표
(4) 진행과정	○ 교육대상, 교육장소, 교육 가능인원, 교육 소요시간, 준비물 및 주요개념 ○ 교육목표 ○ 진행과정에 대한 순서(시간) 및 진행시 유의사항 ○ 기대효과 ○ 교육교재, 활동지 및 활동자료(CD 등으로 제작 가능) ※ 한 교육과목 내 여러 개의 활동이 진행되는 경우에는 각각의 활동에 대하여 위의 내용을 모두 제시하여야 한다.

(5) 평가	○ 교육과목의 평가방법에 대한 서술 ○ 교육진행자 및 참가자의 평가지(평가지가 있는 경우에 한한다) ○ 평가결과에 대한 분석방법 및 보고 양식 제시
(6) 참고자료	○ 주요 소재에 대하여 구체적이고 전문적인 내용을 자세히 서술 ○ 기타 교육과목 또는 활동 진행시에 참고할 만한 서적 또는 웹 사이트 주소 　등을 제시
(7) 단어 설명	○ 해당 교육과목에서 주요하게 다루었던 단어에 대한 사전적 의미 설명

3. **평가방법** : 교육목표를 달성하기 위한 평가계획 및 수료기준, 평가결과 수료기준에 미달하는 경우에 대한 교육취소, 재교육 등 방안이 마련되어야 한다.

4. **강사 및 교육시설 등**

　가. 강사구성 : 교육과목별 전문강사는 다음 각 호의 하나에 해당하는 자격을 갖춘 자로 구성하여야 한다.

　　(1) 해당 교육과목을 전문대학 이상의 교육기관에서 시간강의를 담당하는 자, 또는 그 이상의 자격이 있는 자

　　(2) 해당 교육과목에 대한 실무행정을 2년 이상 담당한 경력이 있는 공무원

　　(3) 10년 이상 활동한 경력이 있는 우수 문화관광해설사

　나. 교육교재 : 이론교육 및 실습교육이 상호 연계되어 이루어질 수 있도록 교육과목별로 적정한 교육교재(활동지, 활동자료 포함)가 제시되어야 한다. 이 경우, 교육교재는 저작권법에 저촉되지 않아야 한다.

　다. 교육시설 : 교육 기간 중 교육 참가자들이 교육을 수강하는 데 불편함이 없고 안정적으로 교육이 이루어질 수 있도록 아래 시설을 갖춰야 한다.

　　(1) 강의실 : $80m^2$ 이상 강의실 1개 이상. 단, 50인을 초과하는 경우 초과 1인당 $1.5m^2$씩 추가 확보하여야 함

　　(2) 강사대기실 및 회의실

　　(3) 교육기자재 : 강의실 내 빔 프로젝터, 스크린, 마이크, 음향시설 구비

관광법규

5

관광지 등의 개발

관광법규 제**5**장

관광지 등의 개발

제1절 관광개발기본계획

1. 관광개발기본계획

문화체육관광부 장관은 관광자원을 효율적으로 개발하고 관리하기 위하여 전국을 대상으로 전국의 관광 여건과 관광 동향(動向), 전국의 관광수요와 공급, 관광자원 보호·개발·이용·관리, 관광권역(觀光圈域), 관광권역별 관광개발의 기본방향, 그 밖에 관광개발 등에 관한 사항을 포함하는 관광개발기본계획을 10년마다 수립해야 한다. 특별자치도지사를 제외한 시·도지사는 관광개발기본계획에 따라 구분된 권역을 대상으로 권역의 관광 여건과 관광 동향, 권역의 관광수요와 공급, 관광자원의 보호·개발·이용·관리, 관광지 및 관광단지의 조성·정비·보완, 관광지 및 관광단지의 실적 평가, 관광지 연계, 관광사업의 추진, 환경보전, 그 밖에 그 권역의 관광자원 개발, 관리 및 평가를 위하여 필요한 사항 등을 포함하는 권역별 관광개발계획을 5년마다 수립해야 한다.

〈표 III-19〉 관광개발기본계획 비전과 관광권역

구분	비전	관광권역
제1차(1992~2001)	전 국토의 관광지화 구상	5대권 24개발 소권
제2차(2002~2011)	21세기 한반도 시대를 열어가는 관광대국 실현	16개 시·도
제3차(2012~2021)	글로벌 녹색한국을 선도하는 품격있는 선진관광	• 광역관광권 • 초광역 관광벨트
제4차(2022~2031)	미래를 여는 관광한국, 관광으로 행복한 국민	3+4 광역연합관광권
권역 설정		

5대권 24개발 소권(제1차)	16개 시·도(제2차)
광역관광권(제3차)	3+4 광역연합관광권(제4차)

관광개발기본계획은 「관광진흥법」 제49조에 근거하여 법률에 따라 국가관광개발의 위상을 정하고 있는 법정계획이고 문화체육관광부 장관이 수립하는 신뢰할 수 있는 행정계획에 따라 지금까지 제4차 관광개발기본계획이 수립되었으며 주요 내용을 정리하면 다음과 같다.

제49조(관광개발기본계획 등) ① 문화체육관광부 장관은 관광자원을 효율적으로 개발하고 관리하기 위하여 전국을 대상으로 다음과 같은 사항을 포함하는 관광개발기본계획(이하 "기본계획"이라 한다)을 수립하여야 한다. <개정 2008.2.29.>

1. 전국의 관광 여건과 관광 동향(動向)에 관한 사항

2. 전국의 관광 수요와 공급에 관한 사항

3. 관광자원 보호 · 개발 · 이용 · 관리 등에 관한 기본적인 사항

4. 관광권역(觀光圈域)의 설정에 관한 사항

5. 관광권역별 관광개발의 기본방향에 관한 사항

6. 그 밖에 관광개발에 관한 사항

② 시 · 도지사(특별자치도지사는 제외한다)는 기본계획에 따라 구분된 권역을 대상으로 다음 각 호의 사항을 포함하는 권역별 관광개발계획(이하 "권역계획" 이라 한다)을 수립하여야 한다. <개정 2008.6.5., 2009.3.25.>

1. 권역의 관광 여건과 관광 동향에 관한 사항

2. 권역의 관광 수요와 공급에 관한 사항

3. 관광자원의 보호 · 개발 · 이용 · 관리 등에 관한 사항

4. 관광지 및 관광단지의 조성 · 정비 · 보완 등에 관한 사항

4의2. 관광지 및 관광단지의 실적 평가에 관한 사항

5. 관광지 연계에 관한 사항

6. 관광사업의 추진에 관한 사항

7. 환경보전에 관한 사항

8. 그 밖에 그 권역의 관광자원의 개발, 관리 및 평가를 위하여 필요한 사항

> **제50조(기본계획)** ① 시·도지사는 기본계획의 수립에 필요한 관광 개발사업에 관한 요구서를 문화체육관광부장관에게 제출하여야 하고, 문화체육관광부장관은 이를 종합·조정하여 기본계획을 수립하고 공고하여야 한다. <개정 2008.2.29.>
>
> ② 문화체육관광부장관은 수립된 기본계획을 확정하여 공고하려면 관계 부처의 장과 협의하여야 한다. <개정 2008.2.29.>
>
> ③ 확정된 기본계획을 변경하는 경우에는 제1항과 제2항을 준용한다.
>
> ④ 문화체육관광부장관은 관계 기관의 장에게 기본계획의 수립에 필요한 자료를 요구하거나 협조를 요청할 수 있고, 그 요구 또는 협조 요청을 받은 관계 기관의 장은 정당한 사유가 없으면 요청에 따라야 한다. <개정 2008.2.29.>

2. 권역별 관광개발계획

권역별 관광개발계획 즉, 권역계획(圈域計劃)은 그 지역을 담당하는 시·도지사(특별자치도지사는 제외)가 수립한다. 문화체육관광부 장관은 권역계획이 기본계획에 부합되도록 권역계획의 수립 기준과 방법을 포함하는 권역계획 수립지침을 작성하여 특별시장·광역시장·특별자치시장·도지사에게 보내야 한다. 권역계획 수립지침은 기본계획과 권역계획의 관계, 권역계획의 기본사항과 수립 절차, 권역계획의 수립 시 고려사항 및 주요 항목, 그 밖에 권역계획의 수립에 필요한 사항 등으로 구성한다.

제4차 관광개발기본계획(2022~2031)은 제7차 권역별 관광개발계획(2022~2027)과 수립 시기가 같아 제4차 관광개발기본계획의 비전과 방향성을 공유 후 지역 의견을 수렴하고 권역계획의 권역별 방향을 반영하였다. 제4차 관광개발기본계획의 17개 시·도 개발 방향은 다음과 같다.

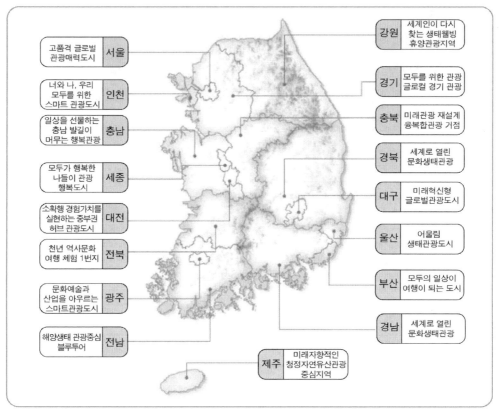

자료: 문화체육관광부(2021)

[그림 Ⅲ-4] 제7차 권역별 관광개발계획 개발 방향

제51조(권역계획) ① 권역계획(圈域計劃)은 그 지역을 관할하는 시 · 도지사(특별자치도지사는 제외한다. 이하 이 조에서 같다)가 수립하여야 한다. 다만, 둘 이상의 시 · 도에 걸치는 지역이 하나의 권역계획에 포함되는 경우에는 관계되는 시 · 도지사와의 협의에 따라 수립하되, 협의가 성립되지 아니한 경우에는 문화체육관광부장관이 지정하는 시 · 도지사가 수립하여야 한다. <개정 2008.2.29., 2008.6.5.>
② 시 · 도지사는 제1항에 따라 수립한 권역계획을 문화체육관광부장관의 조정과 관계 행정기관의 장과의 협의를 거쳐 확정하여야 한다. 이 경우 협의요청을 받은 관계 행정기관의 장은 특별한 사유가 없으면 그 요청을 받은 날부터 30일

이내에 의견을 제시하여야 한다. <개정 2007.7.19., 2008.2.29., 2023.8.8.>

③ 시·도지사는 권역계획이 확정되면 그 요지를 공고하여야 한다.

④ 확정된 권역계획을 변경하는 경우에는 제1항부터 제3항까지의 규정을 준용한다. 다만, 대통령령으로 정하는 경미한 사항의 변경에 대하여는 관계 부처의 장과의 협의를 갈음하여 문화체육관광부장관의 승인을 받아야 한다.

<개정 2008.2.29.>

⑤ 그 밖에 권역계획의 수립 기준 및 방법 등에 필요한 사항은 대통령령으로 정하는 바에 따라 문화체육관광부장관이 정한다. <신설 2020.6.9.>

제2절 관광지와 관광단지

「관광진흥법」 제2조제6호와 같은 조 제7호에 의하면 "관광지"란 자연적 또는 문화적 관광자원을 갖추고 관광객을 위한 기본적인 편의시설을 설치하는 지역으로서 이 법에 따라 지정된 곳을 말하며, "관광단지"란 관광객의 다양한 관광 및 휴양을 위하여 각종 관광시설을 종합적으로 개발하는 관광 거점 지역으로서 이 법에 따라 지정된 곳을 뜻한다. 관광지와 관광단지는 시장·군수·구청장의 신청에 따라 시·도지사가 지정하는데, 사전에 문화체육관광부 장관과 관계 행정 기관의 장과 협의해야 한다. 특별자치시와 특별자치도는 특별자치시장과 특별자치도지사가 지정한다. 관광지와 관광단지의 구분 기준은 「관광진흥법 시행규칙」 [별표 18]과 같다.

■ 관광진흥법 시행규칙 [별표 18] 〈개정 2014.12.31.〉

관광지·관광단지의 구분기준(제58조제2항 관련)

1. 관광단지: 가목의 시설을 갖추고, 나목의 시설 중 1종 이상의 필요한 시설과 다목 또는 라목의 시설 중 1종 이상의 필요한 시설을 갖춘 지역으로서 총면적이 50만제곱미터 이상인 지역(다만, 마목 및 바목의 시설은 임의로 갖출 수 있다)

시설구분	시설종류	구비기준
가. 공공편익시설	화장실, 주차장, 전기시설, 통신시설, 상하수도시설 또는 관광안내소	각 시설이 관광객이 이용하기에 충분할 것
나. 숙박시설	관광호텔, 수상관광호텔, 한국전통호텔, 가족호텔 또는 휴양콘도미니엄	관광숙박업의 등록기준에 부합할 것
다. 운동·오락시설	골프장, 스키장, 요트장, 조정장, 카누장, 빙상장, 자동차경주장, 승마장, 종합체육시설, 경마장, 경륜장 또는 경정장	「체육시설의 설치·이용에 관한 법률」제10조에 따른 등록체육시설업의 등록기준, 「한국마사회법 시행령」제5조에 따른 시설·설비기준 또는 「경륜·경정법 시행령」제5조에 따른 시설·설비기준에 부합할 것
라. 휴양·문화시설	민속촌, 해수욕장, 수렵장, 동물원, 식물원, 수족관, 온천장, 동굴자원, 수영장, 농어촌휴양시설, 산림휴양시설, 박물관, 미술관, 활공장, 자동차야영장, 관광유람선 또는 종합유원시설	관광객이용시설업의 등록기준 또는 유원시설업의 설비기준에 부합할 것
마. 접객시설	관광공연장, 관광유흥음식점, 관광극장유흥업점, 외국인전용유흥음식점, 관광식당 등	관광객이용시설업의 등록기준 또는 관광편의시설업의 지정기준에 적합할 것
바. 지원시설	관광종사자 전용숙소, 관광종사자 연수시설, 물류·유통 관련 시설	관광단지의 관리·운영 및 기능 활성화를 위해서 필요한 시설일 것

(비고)
1. 관광단지의 총면적 기준은 시·도지사가 그 지역의 개발목적·개발·계획·설치시설 및 발전전망 등을 고려하여 일부 완화하여 적용할 수 있다.
2. 관광지: 제1호가목의 시설을 갖춘 지역(다만, 나목부터 바목까지의 시설은 임의로 갖출 수 있다)

〈표 III-19〉 관광지 지정 현황

('24.5. 기준)

시·도	지정개소	관광 지명
부산	5	기장도예촌, 용호씨사이드, 금련산 청소년수련원, 태종대, 해운대
인천	2	마니산, 서포리
대구	2	비슬산, 화원
경기	14	대성, 산장, 수동, 장흥, 용문산, 신륵사, 한탄강, 공릉, 임진각, 내리, 백운계곡, 산정호수, 소요산, 궁평
강원	42	호반, 구곡폭포, 청평사, 간현, 옥계, 주문진, 연곡, 등명, 대관령 어흘리, 무릉계곡, 망상, 추암, 구문소, 속초해수욕장, 척산온천, 장호, 맹방, 삼척해수욕장, 초당, 팔봉산, 홍천온천, 어답산, 유현문화, 고씨동굴, 영월온천, 마차탄광문화촌, 미탄마하생태, 화암, 아우라지, 고석정, 직탕, 광덕계곡, 후곡약수터, 내설악 용대, 방동약수터, 스피디움, 송지호, 삼포 문암, 화진포, 오색, 지경, 통일전망대 생태안보교육
충북	22	세계무술공원, 충온온천, 능암온천, 충주호체험, 교리, 능강, 금월봉, 계산, 제천온천, 만남의광장, 성내, 속리산레저, 구병산, 장계, 송호, 다리안, 수옥정, 괴강, 무극, 천동, 레인보우힐링, 온달
충남	23	천안종합휴양, 태조산, 곰나루, 마곡사, 마곡온천, 공주문화, 대천해수욕장, 무창포해수욕장, 죽도, 아산온천, 간월도, 삽교호, 왜목마을, 난지도, 구드레, 서동요역사, 금강하구둑, 춘장대해수욕장, 칠갑산도립온천, 예당, 덕산온천, 만리포해수욕장, 안면도
전북	21	석정온천, 금강호, 은파, 김제온천, 벽골제, 남원, 모항, 변산해수욕장, 위도, 모악산, 금마, 미륵사지, 왕궁보석테마, 웅포, 사선대, 오수의견, 방화동, 내장산리조트, 백제가요정읍사, 마이산회봉온천, 운일암반일암
전남	27	대구면도요지, 곡성 도림사, 지리산온천, 나주호, 담양호, 회산연꽃방죽, 율포해수욕장, 한국차소리 문화공원, 불갑사, 성기동, 마한문화, 영산호 쌀문화테마공원, 신지명사십리, 장성호, 홍길동테마파크, 정남진우산도, 녹진, 아리랑마을, 해신장보고, 회동, 사포, 땅끝, 우수영, 도곡온천, 운주사, 화순온천, 대광해수욕장
경북	32	경산온천, 고령부례, 문경온천, 문경상리, 오전약수, 다덕약수, 경천대, 문장대온천, 회상나루, 안동하회, 예안현, 고래불, 장사해수욕장, 선바위, 문수, 부석사, 영주순흥, 풍기온천, 치산, 포리, 예천삼강, 개척사, 울릉도, 백암온천, 성류굴, 의성탑산온천, 신화랑, 청도온천, 청도용암온천, 주왕산, 가산산성, 호미곶
경남	21	거가대교, 장목, 가조, 수승대, 당항포, 송정, 표충사, 실안, 금서, 전통한방휴양, 중산, 벽계, 오목내, 부곡온천, 마금산온천, 도남, 묵계, 농월정, 미숭산, 합천보조댐, 합천호
제주	14	제주남원, 돈내코, 수망, 미천굴, 토산, 표선, 곽지, 제주상상나라탐라공화국, 김녕해수욕장, 돌문화공원, 봉개휴양림, 용머리, 함덕 해안, 협재 해안
합계	225	전체 관광지 면적 합계: 120,227,204㎡

자료: 문화체육관광부(2024)

〈표 Ⅲ-20〉 관광단지 지정 현황

('24.5. 기준)

자치단체		명 칭	위 치	지정면적 (㎡)	사업시행자	단지 지정	조성 계획
부산	기장군	오시리아	부산광역시 기장군 기장읍 당사리 542	3,662,486	부산도시공사	'05.03.	'22.12.
인천	강화군	강화종합리조트	인천광역시 강화군 길상면 선두리 산281-1번지 일원	652,369	㈜해강개발	'12.07.	'20.01.
광주	광산구	어등산	광주광역시 광산구 운수동 500	2,736,219	광주광역시도시공사	'06.01.	'19.12.
울산 (2)	북구	강동	울산광역시 북구 정자동 산35-2	1,367,240	울산 북구	'09.11.	'20.04.
	울주군	울산 알프스	울산광역시 울주군 삼동면 조일리 산25-1번지 일원	1,499,978	-	'24.03.	미수립
경기 (2)	안성시	안성 죽산	안성시 죽산면 당목리 129	1,352,312	㈜송백개발/㈜서해종합건설	'16.10.	'22.10.
	평택시	평택호	평택시 현덕면 권관리 301-1	663,013	평택도시공사	'77.03.	'20.02.
강원 (16)	고성군 (2)	델피노골프앤리조트	고성군 토성면 원암리 474-2	900,018	㈜대명레저산업	'12.05.	'20.10.
		고성 켄싱턴 설악밸리	고성군 토성면 신평리 471-60번지 일원	849,114	㈜이랜드파크	'23.02.	'23.02.
	속초시	설악한화리조트	속초시 장사동 24-1	1,332,578	한화호텔앤드리조트㈜	'10.08.	'21.06.
	양양군	양양국제공항	양양군 손양면 동호리 496-4	2,730,219	㈜새서울레저	'15.12.	'20.12.
	원주시 (3)	원주 오크밸리	원주시 지정면 월송리 1061	11,349,949	한솔개발㈜	'95.03.	'23.03.
		원주 더 네이처	원주시 문막읍 궁촌리 산 121	1,444,086	경안개발㈜	'15.01.	'22.10.
		원주 루첸	원주시 문막읍 비두리 산239-1	2,644,254	㈜지프러스	'17.04.	'22.04.
	춘천시 (2)	라비에벨	춘천시 동산면 조양리 산63, 홍천군 북방면 전차곡리 산	4,843,796	㈜코오롱글로벌	'09.09.	'17.10.
		신영	춘천시 동산면 군자리 산 224	1,695,993	㈜신영종합개발	'10.02.	'20.12.
	평창군 (3)	휘닉스파크	평창군 봉평면 면온리 1095-1	4,233,039	㈜휘닉스중앙	'98.10.	'18.12.
		평창 용평	평창군 대관령면 용산리 130	16,219,204	㈜용평리조트	'01.02.	'19.04.
		대관령 알펜시아	평창군 대관령면 용산리 425	4,836,966	강원도개발공사	'05.09.	'06.04.
	홍천군 (2)	비발디파크	홍천군 서면 팔봉리 1290-14	7,052,479	㈜소노인터내셔널	'08.11.	'22.09.
		홍천 샤인데일	홍천군 서면 동막리 650번지 일원	2,421,331		'24.01.	미수립
	횡성군 (2)	웰리힐리파크	횡성군 둔내면 두원리 204	4,830,709	㈜신안종합리조트	'05.06.	'20.11.
		드림마운틴	횡성군 서원면 석화리 산261-1	1,796,574	케이앤드씨	'16.03.	'20.12.
경북 (6)	경주시 (4)	보문	경주시 보문로 446	8,515,243	경북관광공사	'75.04.	'20.11.
		감포해양	경주시 감포읍 동해안로 1748	1,804,215	경북관광공사	'93.12.	'19.02.
		마우나오션	경주시 양남면 동남로 982	6,419,256	㈜엠오디	'94.03.	'20.12.
		북경주 웰니스	경주시 안강읍 검단장골길 181-17	809,797	㈜월성종합개발	'21.07.	미수립
	김천시	김천 온천	김천시 부항면 부항로 1679-15	1,424,423	㈜우촌개발	'96.03.	'05.01.
	안동시	안동문화	안동시 관광단지로 346-69	1,655,181	경북관광공사	'03.12.	'20.05.
경남 (3)	거제시	거제 남부	경남 거제시 남부면 탑포리 산 24-11	3,693,875	㈜경동건설	'19.5.	미수립
	창원시	창원 구산해양	창원시 마산합포구 구산면 구복길 52-78	2,842,634	창원시장	'11.04.	'15.03.
		응동복합레저	경남 창원시 진해구 제덕동 898-1	2,101,234	창원시장, 경남개발공사	'12.02.	'18.09.
전북	남원시	드래곤	전북 남원시 대산면 옥율리 산31	795,133	신한레저주식회사	'18.09.	'20.06.
전남 (5)	여수시 (3)	여수 화양	여수시 화양면 화양로 470-14	9,873,525	에이치제이매그놀리아 용평디오션호텔앤리조트	'03.10.	'20.12.
		여수경도 해양	여수시 대경도길 111	2,152,973	와이케이디벨롭먼트	'09.12.	'20.10.
		여수챌린지파크	전남 여수시 화양면 나진리 산333-2	510,424	여수챌린지파크관광(수)	'19.05.	'19.05.
	진도군	진도 대명리조트	진도군 의신면 송군길 31-28	559,089	소노호텔앤리조트	'16.12.	'19.11.
	해남군	해남 오시아노	해남군 화원면 한주광로 201	5,073,425	한국관광공사	'92.09.	'21.11.
충북	증평군	증평 에듀팜 특구	충북 증평군 도안면 연촌리 산59-21	2,622,825	블랙스톤에듀팜리조트	'17.12.	'20.08.
충남 (3)	부여군	백제문화	부여군 규암면 백제문로 374	3,024,905	㈜호텔롯데	'15.01.	'18.02.
	천안시	골드힐카운티리조트	천안시 입장면 기로리 8-6번지 일원	1,692,980	㈜버드우드	'11.12.	'22.06.
	보령시	원산도 대명리조트	보령시 원산도리 산 219-2	966,748	㈜소노인터내셔널	'22.11.	'22.11.
제주 (8)	서귀포시 (5)	중문	서귀포시 색달동 2864-36	3,200,925	한국관광공사	'71.01.	'20.12.
		성산포해양	서귀포시 성산읍 고성리 127-2	746,939	휘닉스중앙제주	'06.01.	'20.10.
		신화역사공원	서귀포시 안덕면 서광리 산35-7	3,985,601	제주국제자유도시개발 센터	'06.12.	'21.01.
		제주헬스케어타운	서귀포시 동홍동 2032	1,539,339	제주국제자유도시개발센터	'09.12.	'19.10.
		록인제주	서귀포시 표선면 가시리 600	523,766	㈜록인제주	'13.12.	'22.12.
	제주시 (3)	애월국제문화복합단지	제주시 애월읍 어음리 산70-11	587,726	이랜드테마파크제주	'18.05.	'19.07.
		프로젝트 ECO	제주 제주시 봉성리 산35	696,932	㈜제주대동	'18.05.	'22.12.
		묘산봉	제주 제주시 구좌읍 김녕리 5160-1	4,221,984	㈜제이제이 한라	'20.01.	'20.01.
		50개		153,155,023			

□ 관광(단)지 현황도

2024년 관광지 · 관광단지(225개소 · 50개소)

제52조(관광지의 지정 등) ① 관광지 및 관광단지(이하 "관광지등"이라 한다)는 문화체육관광부령으로 정하는 바에 따라 시장·군수·구청장의 신청에 의하여 시·도지사가 지정한다. 다만, 특별자치시 및 특별자치도의 경우에는 특별자치시장 및 특별자치도지사가 지정한다. <개정 2008.2.29., 2008.6.5., 2009.3.25., 2018.6.12.>

② 시·도지사는 제1항에 따른 관광지등을 지정하려면 사전에 문화체육관광부장관 및 관계 행정기관의 장과 협의하여야 한다. 다만, 「국토의 계획 및 이용에 관한 법률」 제30조에 따라 같은 법 제36조제1항제2호다목에 따른 계획관리지역(같은 법의 규정에 따라 도시·군관리계획으로 결정되지 아니한 지역인 경우에는 종전의 「국토이용관리법」 제8조에 따라 준도시지역으로 결정·고시된 지역을 말한다)으로 결정·고시된 지역을 관광지등으로 지정하려는 경우에는 그러하지 아니하다. <개정 2011.4.5., 2011.4.14.>

③ 문화체육관광부장관 및 관계 행정기관의 장은 「환경영향평가법」 등 관련 법령에 특별한 규정이 있거나 정당한 사유가 있는 경우를 제외하고는 제2항 본문에 따른 협의를 요청받은 날부터 30일 이내에 의견을 제출하여야 한다. <개정 2018.6.12.>

④ 문화체육관광부장관 및 관계 행정기관의 장이 제3항에서 정한 기간(「민원 처리에 관한 법률」 제20조제2항에 따라 회신기간을 연장한 경우에는 그 연장된 기간을 말한다) 내에 의견을 제출하지 아니하면 협의가 이루어진 것으로 본다. <신설 2018.6.12.>

⑤ 관광지등의 지정 취소 또는 그 면적의 변경은 관광지등의 지정에 관한 절차에 따라야 한다. 이 경우 대통령령으로 정하는 경미한 면적의 변경은 제2항 본문에 따른 협의를 하지 아니할 수 있다. <개정 2007.7.19., 2018.6.12.>

⑥ 시·도지사는 제1항 또는 제5항에 따라 지정, 지정취소 또는 그 면적변경을 한 경우에는 이를 고시하여야 한다. <개정 2007.7.19., 2018.6.12.>

⑦ 제1항에도 불구하고 지정 당시 「인구감소지역 지원 특별법」 제2조제1호에 따른 인구감소지역에 속하는 지역의 경우 문화체육관광부령으로 정하는 면적

기준에 해당하는 관광단지는 문화체육관광부령으로 정하는 바에 따라 해당 인
구감소지역을 관할하는 시장·군수·구청장이 지정한다. <신설 2024.10.22.>

⑧ 제7항에 따른 관광단지의 지정, 지정취소 및 면적의 변경에 관하여는 제2항
부터 제6항까지를 준용한다. 이 경우 "시·도지사"는 "시장·군수·구청장"으
로, "문화체육관광부장관"은 "시·도지사"로 본다. <신설 2024.10.22.>

[시행일 : 2025.4.23.]

제3절 조성계획

1. 조성계획 수립과 승인

「관광진흥법」 제2조제8호, 제9호, 제10호에 의하면 "민간개발자"란 관광단지를 개발
하려는 개인이나 「상법」 또는 「민법」에 따라 설립된 법인, "조성계획"이란 관광지나 관
광단지의 보호 및 이용을 증진하는 데 필요한 관광시설의 조성과 관리에 관한 계획, "지
원시설"이란 관광지나 관광단지의 관리·운영 및 기능 활성화에 필요한 관광지와 관광
단지 안팎의 시설을 뜻한다.

관광지와 관광단지를 신청하는 시장·군수·구청장은 조성계획을 작성하여 시·도지
사의 승인을 받아야 하며, 이를 변경하려는 때도 같다. 다만, 관광단지를 개발하려는 공
공기관 등 공공법인(한국관광공사 또는 한국관광공사가 관광단지 개발을 위하여 출자한
법인, 한국토지주택공사, 지방공사 및 지방공단, 제주국제자유도시개발센터) 또는 민간
개발자는 조성계획을 작성하여 시·도지사의 승인을 받을 수 있다.

관광지와 관광단지의 조성계획 승인 또는 변경승인을 받으려는 자는 관광시설계획
서·투자계획서, 관광지와 관광단지 관리계획서, 지번·지목·지적·소유자나 시설별
면적이 표시된 토지조서, 조감도 등과 민간개발자는 해당 토지의 소유권 또는 사용권을

증명할 수 있는 서류(사유지의 3분의 2 이상을 취득하면 취득한 토지에 대한 소유권을 증명할 수 있는 서류와 국·공유지에 대한 소유권 또는 사용권을 증명할 수 있는 서류)를 첨부하여 조성계획의 승인 또는 변경승인을 신청해야 한다. 관광시설계획, 투자계획, 관광지 등의 관리계획에 포함되어야 할 내용은 「관광진흥법 시행규칙」 제60조(관광시설 계획 등의 작성)에 나타나 있으며, 관광시설계획에 따른 공공편익시설, 숙박시설, 상가 시설, 관광 휴양·오락시설 및 그 밖의 시설지구로 구분된 토지이용계획 등은 각 시설지구 안에 설치할 수 있는 시설은 「관광진흥법 시행규칙」 [별표 19]와 같다.

제54조(조성계획의 수립 등) ① 관광지등(제52조제7항에 따라 지정된 관광단지는 제외한다)을 관할하는 시장·군수·구청장은 조성계획을 작성하여 시·도지사의 승인을 받아야 한다. 이를 변경(대통령령으로 정하는 경미한 사항의 변경은 제외한다)하려는 경우에도 또한 같다. 다만, 관광단지를 개발하려는 공공기관 등 문화체육관광부령으로 정하는 공공법인 또는 민간개발자(이하 "관광단지개발자"라 한다)는 조성계획을 작성하여 대통령령으로 정하는 바에 따라 시·도지사의 승인을 받을 수 있다. <개정 2008.2.29., 2011.4.5., 2024.10.22.>

② 제1항 단서에도 불구하고 제52조제7항에 따라 지정된 관광단지의 경우 관광단지개발자는 조성계획을 작성하여 대통령령으로 정하는 바에 따라 시장·군수·구청장의 승인 또는 변경승인(대통령령으로 정하는 경미한 사항의 변경은 제외한다)을 받아야 한다. <신설 2024.10.22.>

③ 시·도지사 또는 시장·군수·구청장(시장·군수·구청장의 경우에는 제52조제7항에 따라 지정된 관광단지로 한정한다. 이하 이 조에서 같다)은 제1항 또는 제2항에 따른 조성계획을 승인하거나 변경승인을 하고자 하는 때에는 관계 행정기관의 장과 협의하여야 한다. 이 경우 협의요청을 받은 관계 행정기관의 장은 특별한 사유가 없으면 그 요청을 받은 날부터 30일 이내에 의견을 제시하여야 한다. <개정 2007.7.19., 2023.8.8., 2024.10.22.>

④ 시·도지사 또는 시장·군수·구청장이 제1항 또는 제2항에 따라 조성계획을 승인

또는 변경승인한 때에는 지체 없이 이를 고시하여야 한다. <개정 2007.7.19., 2024.10.22.>

⑤ 민간개발자가 관광단지를 개발하는 경우에는 제58조제13호 및 제61조를 적용하지 아니한다. 다만, 조성계획상의 조성 대상 토지면적 중 사유지의 3분의 2 이상을 취득한 경우 남은 사유지에 대하여는 그러하지 아니하다. <개정 2009.3.25., 2024.10.22.>

⑥ 제1항부터 제4항까지에도 불구하고 관광지등을 관할하는 특별자치시장 및 특별자치도지사는 관계 행정기관의 장과 협의하여 조성계획을 수립하고, 조성계획을 수립한 때에는 지체 없이 이를 고시하여야 한다. <신설 2008.6.5., 2018.6.12., 2024.10.22.>

⑦ 제1항 또는 제2항에 따라 조성계획의 승인을 받은 자(제6항에 따라 특별자치시장 및 특별자치도지사가 조성계획을 수립한 경우를 포함한다. 이하 "사업시행자"라 한다)가 아닌 자로서 조성계획을 시행하기 위한 사업(이하 "조성사업"이라 한다)을 하려는 자가 조성하려는 토지면적 중 사유지의 3분의 2 이상을 취득한 경우에는 대통령령으로 정하는 바에 따라 사업시행자(사업시행자가 관광단지개발자인 경우는 제외한다)에게 남은 사유지의 매수를 요청할 수 있다. <신설 2019.12.3., 2024.10.22.>

[시행일: 2025.4.23.]

제60조(관광시설계획 등의 작성) ① 영 제46조제1항에 따라 작성되는 조성계획에는 다음 각 호의 사항이 포함되어야 한다. <개정 2009.3.31., 2019.6.12.>

1. 관광시설계획

　　가. 공공편익시설, 숙박시설, 상가시설, 관광 휴양·오락시설 및 그 밖의 시설지구로 구분된 토지이용계획

　　나. 건축연면적이 표시된 시설물설치계획(축척 500분의 1부터 6천분의 1까지의 지적도에 표시한 것이어야 한다)

　　다. 조경시설물, 조경구조물 및 조경식재계획이 포함된 조경계획

　　라. 그 밖의 전기·통신·상수도 및 하수도 설치계획

　　마. 관광시설계획에 대한 관련부서별 의견(지방자치단체의 장이 조성계획을 수립하는 경우만 해당한다)

2. 투자계획

　가. 재원조달계획

　나. 연차별 투자계획

3. 관광지등의 관리계획

　가. 관광시설계획에 포함된 시설물의 관리계획

　나. 관광지등의 관리를 위한 인원 확보 및 조직에 관한 계획

　다. 그 밖의 관광지등의 효율적 관리방안

■ 관광진흥법 시행규칙 [별표 19] 〈개정 2019.6.12.〉

관광지등의 시설지구 안에 설치할 수 있는 시설(제60조제2항 관련)

시설지구	설치할 수 있는 시설
공공편익시설지구	도로, 주차장, 관리사무소, 안내시설, 광장, 정류장, 공중화장실, 금융기관, 관공서, 폐기물처리시설, 오수처리시설, 상하수도시설, 그 밖에 공공의 편익시설과 관련되는 시설로서 관광지등의 기반이 되는 시설
숙박시설지구	「공중위생관리법」 및 이 법에 따른 숙박시설, 그 밖에 관광객의 숙박과 체재에 적합한 시설
상가시설지구	판매시설, 「식품위생법」에 따른 업소, 「공중위생관리법」에 따른 업소(숙박업은 제외한다), 사진관, 그 밖의 물품이나 음식 등을 판매하기에 적합한 시설
관광 휴양·오락 시설지구	1. 휴양·문화시설: 공원, 정자, 전망대, 조경휴게소, 의료시설, 노인시설, 삼림욕장, 자연휴양림, 연수원, 야영장, 온천장, 보트장, 유람선터미널, 낚시터, 청소년수련시설, 공연장, 식물원, 동물원, 박물관, 미술관, 수족관, 문화원, 교양관, 도서관, 자연학습장, 과학관, 국제회의장, 농·어촌휴양시설, 그 밖에 휴양과 교육·문화와 관련된 시설
	2. 운동·오락시설: 「체육시설의 설치·이용에 관한 법률」에 따른 체육시설, 이 법에 따른 유원시설, 「게임산업진흥에 관한 법률」에 따른 게임제공업소, 케이블카(리프트카), 수렵장, 어린이놀이터, 무도장, 그 밖의 운동과 놀이에 직접 참여하거나 관람하기에 적합한 시설
기타시설지구	위의 지구에 포함되지 아니하는 시설
(비고) 개별시설에 각종 부대시설이 복합적으로 있는 경우에는 그 시설의 주된 기능을 중심으로 시설지구를 구분한다.	

2. 조성계획의 시행

관광지와 관광단지를 신청하는 시장·군수·구청장은 조성계획을 작성하여 시·도지사의 승인을 받아야 하며, 그 승인을 받은 자를 '사업시행자', 조성계획을 시행하기 위한 사업을 '조성사업'이라고 하며, 조성사업은 사업시행자가 행한다. 「관광진흥법」과 다른 법령에 특별한 규정이 없는 한 조성사업의 시행자는 관광지는 시장·군수·구청장이 되고, 관광단지는 시장·군수·구청장, 한국관광공사와 그 자회사, 한국토지주택공사, 지방공사와 지방공단, 민간개발자가 된다.

사업시행자가 아닌 자로서 조성사업을 하려는 자는 사업시행자가 특별자치시장·특별자치도지사·시장·군수·구청장이면 특별자치시장·특별자치도지사·시장·군수·구청장의 허가를 받아서 조성사업을 할 수 있고, 사업시행자가 관광단지개발자이면, 관광단지개발자와 협의하여 조성사업을 할 수 있다. 사업시행자가 아닌 자로서 조성사업(시장·군수·구청장이 조성계획의 승인을 받은 사업만 해당)을 시행하려는 자가 사업계획의 승인을 받으면 특별자치시장·특별자치도지사·시장·군수·구청장의 허가를 받지 아니하고 그 조성사업을 시행할 수 있다.

관광단지개발자는 필요하면 용지의 매수 업무와 손실보상 업무(민간개발자면 남은 사유지를 수용하거나 사용)를 담당 지방자치단체의 장에게 위탁(위탁업무의 시행지 및 시행 기간, 위탁업무의 종류·규모·금액, 위탁업무 수행에 필요한 비용과 그 지급 방법, 그 밖에 위탁업무를 수행하는 데에 필요한 사항)할 수 있으며, 지방자치단체의 장은 그 업무를 위탁한 자에게 수수료를 청구할 수 있는데, 그 산정 기준은 「관광진흥법 시행규칙」 [별표 20]과 같다.

■ 관광진흥법 시행규칙 [별표 20]

용지매수 및 보상업무의 위탁수수료 산정기준표(제63조 관련)

용지매수의 금액별	위탁수수료의 기준 (용지매수대금에 대한 백분율)	비고
10억원 이하	2.0퍼센트 이내	1. "용지매수의 금액"이란 용지매입비, 시설의 매수 및 인건비, 관리보상비 및 지장물보상비와 이주위자료의 합계액을 말한다.
10억원 초과 30억원 이하	1.7퍼센트 이내	2. 감정수수료 및 등기수수료 등 법정수수료는 위탁수수료의 기준을 정할 때 고려하지 아니한다.
30억원 초과 50억원 이하	1.3퍼센트 이내	3. 개발사업의 완공 후 준공 및 관리처분을 위한 측량, 지목변경, 관리이전을 위한 소유권의 변경절차를 위한 관리비는 이 기준수수료의 100분의 30의 범위에서 가산할 수 있다.
50억원 초과	1.0퍼센트 이내	4. 지역적인 특수조건이 있는 경우에는 이 위탁료율을 당사자가 상호 협의하여 증감 조정할 수 있다.

제55조(조성계획의 시행) ① 조성사업은 이 법 또는 다른 법령에 특별한 규정이 있는 경우 외에는 사업시행자가 행한다. <개정 2008.6.5., 2018.6.12., 2019.12.3.>

② 제54조에 따라 조성계획의 승인을 받아 관광지등을 개발하려는 자가 관광지등의 개발 촉진을 위하여 조성계획의 승인 전에 대통령령으로 정하는 바에 따라 시·도지사 또는 시장·군수·구청장(시장·군수·구청장의 경우에는 제52조제7항에 따라 지정된 관광단지로 한정한다)의 승인을 받아 그 조성사업에 필요한 토지를 매입한 경우에는 사업시행자로서 토지를 매입한 것으로 본다. <개정 2018.12.11., 2024.10.22.>

③ 사업시행자가 아닌 자로서 조성사업을 하려는 자는 대통령령으로 정하는 기준과 절차에 따라 사업시행자가 특별자치시장·특별자치도지사·시장·군수·

구청장인 경우에는 특별자치시장·특별자치도지사·시장·군수·구청장의 허가를 받아서 조성사업을 할 수 있고, 사업시행자가 관광단지개발자인 경우에는 관광단지개발자와 협의하여 조성사업을 할 수 있다. <개정 2008.6.5., 2018.6.12.>

④ 사업시행자가 아닌 자로서 조성사업(시장·군수·구청장이 조성계획의 승인을 받은 사업만 해당한다. 이하 이 항에서 같다)을 시행하려는 자가 제15조제1항 및 제2항에 따라 사업계획의 승인을 받은 경우에는 제3항에도 불구하고 특별자치시장·특별자치도지사·시장·군수·구청장의 허가를 받지 아니하고 그 조성사업을 시행할 수 있다. <개정 2008.6.5., 2018.6.12.>

⑤ 관광단지를 개발하려는 공공기관 등 문화체육관광부령으로 정하는 관광단지개발자는 필요하면 용지의 매수 업무와 손실보상 업무(민간개발자인 경우에는 제54조제5항 단서에 따라 남은 사유지를 수용하거나 사용하는 경우만 해당한다)를 대통령령으로 정하는 바에 따라 관할 지방자치단체의 장에게 위탁할 수 있다. <개정 2008.2.29., 2011.4.5., 2024.10.22.>

[시행일 : 2025.4.23.]

3. 수용과 사용

사업시행자는 조성사업의 시행에 필요한 토지와 물건 또는 권리(토지에 관한 소유권 외의 권리, 토지에 정착한 입목(立木)이나 건물, 그 밖의 물건과 이에 관한 소유권 외의 권리, 물의 사용에 관한 권리, 토지에 속한 흙과 돌 또는 모래와 조약돌)를 수용하거나 사용할 수 있다. 다만, 농업 용수권(用水權)이나 그 밖의 농지개량 시설을 수용 또는 사용할 때는 미리 농림축산식품부 장관의 승인을 받아야 한다.

제61조(수용 및 사용) ① 사업시행자는 제55조에 따른 조성사업의 시행에 필요한 토지와 다음 각 호의 물건 또는 권리를 수용하거나 사용할 수 있다. 다만, 농업 용수권(用水權)이나 그 밖의 농지개량 시설을 수용 또는 사용하려는 경우에는

미리 농림축산식품부장관의 승인을 받아야 한다. <개정 2008.2.29., 2013.3.23.>

1. 토지에 관한 소유권 외의 권리

2. 토지에 정착한 입목이나 건물, 그 밖의 물건과 이에 관한 소유권 외의 권리

3. 물의 사용에 관한 권리

4. 토지에 속한 토석 또는 모래와 조약돌

② 제1항에 따른 수용 또는 사용에 관한 협의가 성립되지 아니하거나 협의를 할 수 없는 경우에는 사업시행자는 「공익사업을 위한 토지 등의 취득 및 보상에 관한 법률」 제28조제1항에도 불구하고 조성사업 시행 기간에 재결(裁決)을 신청할 수 있다.

③ 제1항에 따른 수용 또는 사용의 절차, 그 보상 및 재결 신청에 관하여는 이 법에 규정되어 있는 것 외에는 「공익사업을 위한 토지 등의 취득 및 보상에 관한 법률」을 적용한다.

사업시행자는 관광지 등의 안에 있는 공동시설의 유지·관리 및 보수에 드는 비용의 전부 또는 일부를 대통령령으로 정하는 바에 따라 관광지등에서 사업을 경영하는 자에게 분담하게 할 수 있다.

또한, 그 비용을 내야 할 의무가 있는 자가 이행하지 않으면 사업시행자는 그 지역을 관할하는 특별자치시장·특별자치도지사·시장·군수·구청장에게 그 징수를 위탁할 수 있다.

제64조(유지·관리 및 보수비용) 사업시행자는 관광지 등의 안에 있는 공동시설의 유지·관리 및 보수에 드는 비용의 전부 또는 일부를 대통령령으로 정하는 바에 따라 관광지등에서 사업을 경영하는 자에게 분담하게 할 수 있다.

[전문개정 2025.1.31.]

[시행일 : 2025.8.1.]

제65조(강제징수) ① 제64조에 따라 관광지 등의 안에 있는 공동시설의 유지·관리 및 보수에 드는 비용을 내야 할 의무가 있는 자가 이를 이행하지 아니하면

사업시행자는 대통령령으로 정하는 바에 따라 그 지역을 관할하는 특별자치시장·특별자치도지사·시장·군수·구청장에게 그 징수를 위탁할 수 있다. <개정 2008.6.5., 2018.6.12., 2025.1.31.>

② 제1항에 따라 징수를 위탁받은 특별자치시장·특별자치도지사·시장·군수·구청장은 지방세 체납처분의 예에 따라 이를 징수할 수 있다. 이 경우 특별자치시장·특별자치도지사·시장·군수·구청장에게 징수를 위탁한 자는 특별자치시장·특별자치도지사·시장·군수·구청장이 징수한 금액의 100분의 10에 해당하는 금액을 특별자치시·특별자치도·시·군·구에 내야 한다. <개정 2008.6.5., 2018.6.12.> [시행일 : 2025.8.1.]

제66조(이주대책) ① 사업시행자는 조성사업의 시행에 따른 토지·물건 또는 권리를 제공함으로써 생활의 근거를 잃게 되는 자를 위하여 대통령령으로 정하는 내용이 포함된 이주대책을 수립·실시하여야 한다.

② 제1항에 따른 이주대책의 수립에 관하여는 「공익사업을 위한 토지 등의 취득 및 보상에 관한 법률」 제78조제2항·제3항과 제81조를 준용한다.

「관광진흥법 시행령」

제55조(유지·관리 및 보수 비용의 분담) ① 사업시행자는 법 제64조제3항에 따라 공동시설의 유지·관리 및 보수 비용을 분담하게 하려는 경우에는 공동시설의 유지·관리·보수 현황, 분담금액, 납부방법, 납부기한 및 산출내용을 적은 서류를 첨부하여 관광지등에서 사업을 경영하는 자에게 그 납부를 요구하여야 한다.

② 제1항에 따른 공동시설의 유지·관리 및 보수 비용의 분담비율은 시설사용에 따른 수익의 정도에 따라 사업시행자가 사업을 경영하는 자와 협의하여 결정한다.

③ 사업시행자는 유지·관리·보수 비용의 분담 및 사용 현황을 매년 결산하여 비용분담자에게 통보하여야 한다.

4. 관광지 등의 관리

　국가·지방자치단체 또는 사업시행자는 관광지 등의 조성사업과 그 운영에 관련되는 도로, 전기, 상·하수도 등 공공시설을 우선하여 설치하도록 노력해야 하며[관광진흥법 제57조(공공시설의 우선 설치)], 관광단지에 전기를 공급하는 자는 관광단지 조성사업의 시행자가 요청하는 경우 관광단지에 전기를 공급하기 위한 전기간선시설(電氣幹線施設)과 배전시설(配電施設)을 관광단지 조성계획에서 도시·군계획시설로 결정된 도로까지 설치[관광진흥법 제57조의2(관광단지의 전기시설 설치)]한다. 사업시행자가 관광지 등 조성사업의 전부 또는 일부를 완료한 때에는 바로 시·도지사에게 준공검사를 받아야 한다[관광진흥법 제58조의2(준공검사)]. 사업시행자가 조성사업의 시행으로 「국토의 계획 및 이용에 관한 법률」 제2조제13호에 따른 공공시설(도로·공원·철도·수도, 그 밖에 대통령령으로 정하는 공공용 시설)을 새로 설치하거나 기존의 공공시설에 대체되는 시설을 설치하면 그 귀속에 관해서는 같은 법 제65조를 준용하며, 이때 "행정청이 아닌 경우"는 "사업시행자인 경우"로 본다[관광진흥법 제58조의3(공공시설 등의 귀속)]. 사업시행자는 조성한 토지, 개발된 관광시설과 지원시설의 전부 또는 일부를 매각하거나 임대하거나 타인에게 위탁하여 경영하게 할 수 있고, 토지·관광시설 또는 지원시설을 매수·임차하거나 그 경영을 수탁한 자는 그 토지나 관광시설 또는 지원시설에 관한 권리·의무를 승계한다[관광진흥법 제59조(관광지등의 처분)].

　관광지 등에서 조성사업을 하거나 건축, 그 밖의 시설을 한 자는 관광지 등에 입장하는 자로부터 입장료를 징수할 수 있고, 관광시설을 관람하거나 이용하는 자로부터 관람료나 이용료를 징수할 수 있으며, 입장료·관람료 또는 이용료의 징수 대상의 범위와 그 금액은 관광지 등이 소재하는 지방자치단체의 조례로 정하고, 지방자치단체는 입장료·관람료 또는 이용료를 징수하면 이를 관광지 등의 보존·관리와 그 개발에 필요한 비용에 충당해야 한다. 또한, 지방자치단체는 지역관광 활성화를 위하여 관광지등에서 조성사업을 하거나 건축, 그 밖의 시설을 한 자(국가 또는 지방자치단체 제외)가 지역사랑상품권을 활용하여 관광객에게 환급하는 경우 조례로 정하는 바에 따라 환급한 입장료·관람료 또는 이용료의 전부 또는 일부에 해당하는 비용을 지원할 수 있다[관광진흥법 제67조(입장료 등의 징수와 사용)].

사업시행자는 관광지 등의 관리 · 운영에 필요한 대책을 세워야 하며, 필요하면 관광
사업자 단체에 관광지 등의 관리 · 운영을 위탁할 수 있다[관광진흥법 제69조(관광지 등
의 관리)].

제4절 관광특구

1. 관광특구의 지정

「관광진흥법」제2조제11호에서 "관광특구"란 '외국인 관광객의 유치 촉진 등을 위하
여 관광 활동과 관련된 관계 법령의 적용이 배제되거나 완화되고, 관광 활동과 관련된
서비스 · 안내 체계 및 홍보 등 관광 여건을 집중적으로 조성할 필요가 있는 지역으로
이 법에 따라 지정된 곳'이라고 말한다.

관광특구는 통계작성을 담당하는 조직과 전문인력이 확보되어 있고, 관광 통계 관련
정책연구 또는 관광 통계 추정 등의 실적이 있는 통계 전문 기관의 통계 결과 ① 해당
지역의 최근 1년간 외국인 관광객 수가 10만 명(서울특별시는 50만 명) 이상, ② 관광안
내시설, 공공편익시설, 숙박시설 등이 갖추어져 외국인 관광객의 관광수요를 충족시킬
수 있는 지역, ③ 관광 활동과 직접적인 관련성이 없는 토지의 비율이 10%를 초과하지
않으며, ①, ②, ③의 요건을 갖춘 지역이 서로 분리되어 있지 않고 위에 언급한 모든
요건을 갖춘 지역 중에서 시장 · 군수 · 구청장의 신청(특별자치시와 특별자치도 제외)
에 따라 시 · 도지사가 지정하며, 관광특구 지정요건의 세부 기준은 「관광진흥법 시행
규칙」[별표 21]과 같다.

제70조(관광특구의 지정) ① 관광특구는 다음 각 호의 요건을 모두 갖춘 지역 중에서 시장·군수·구청장의 신청(특별자치시 및 특별자치도의 경우는 제외한다)에 따라 시·도지사가 지정한다. 이 경우 관광특구로 지정하려는 대상지역이 같은 시·도 내에서 둘 이상의 시·군·구에 걸쳐 있는 경우에는 해당 시장·군수·구청장이 공동으로 지정을 신청하여야 하고, 둘 이상의 시·도에 걸쳐 있는 경우에는 해당 시장·군수·구청장이 공동으로 지정을 신청하고 해당 시·도지사가 공동으로 지정하여야 한다. <개정 2007.7.19., 2008.2.29., 2008.6.5., 2018.6.12., 2018.12.24., 2019.12.3., 2024.10.22.>

1. 외국인 관광객 수가 대통령령으로 정하는 기준 이상일 것

2. 시·도의 조례로 정하는 바에 따라 관광안내시설, 공공편익시설 및 숙박시설 등을 갖추어 외국인 관광객의 관광수요를 충족시킬 수 있는 지역일 것. 이 경우 관광특구로 지정하려는 대상지역이 둘 이상의 시·도에 걸쳐 있는 경우에는 해당 시·도의 조례로 정하는 시설을 모두 갖추어야 한다.

3. 관광활동과 직접적인 관련성이 없는 토지의 비율이 대통령령으로 정하는 기준을 초과하지 아니할 것

4. 제1호부터 제3호까지의 요건을 갖춘 지역이 서로 분리되어 있지 아니할 것

② 제1항 각 호 외의 부분 전단에도 불구하고 「지방자치법」 제198조제2항제1호에 따른 인구 100만 이상 대도시(이하 "특례시"라 한다)의 시장은 관할 구역 내에서 제1항 각 호의 요건을 모두 갖춘 지역을 관광특구로 지정할 수 있다. <신설 2022.5.3., 2024.10.22.>

1. 제1항제1호 및 제3호의 요건을 모두 갖춘 지역일 것

2. 특례시의 조례로 정하는 바에 따라 관광안내시설, 공공편익시설 및 숙박시설 등을 갖추어 외국인 관광객의 관광수요를 충족시킬 수 있는 지역일 것

3. 제1호 및 제2호의 요건을 갖춘 지역이 서로 분리되어 있지 아니할 것

③ 관광특구의 지정·취소·면적변경 및 고시에 관하여는 제52조제2항·제3항·제5항 및 제6항을 준용한다. 이 경우 "시·도지사"는 "시·도지사 또는 특

례시의 시장"으로 본다. <개정 2018.6.12., 2022.5.3.> [시행일 : 2025.10.23.]

제70조의2(관광특구 지정을 위한 조사·분석) 제70조제1항 및 제2항에 따라 시·도지사 또는 특례시의 시장이 관광특구를 지정하려는 경우에는 같은 조 제1항 또는 제2항 각 호의 요건을 갖추었는지 여부와 그 밖에 관광특구의 지정에 필요한 사항을 검토하기 위하여 대통령령으로 정하는 전문기관에 조사·분석을 의뢰하여야 한다. <개정 2022.5.3., 2024.10.22.>

[본조신설 2019.12.3.] [제목개정 2022.5.3.] [시행일 : 2025.10.23.]

■ 관광진흥법 시행규칙 [별표 21] 〈개정 2016.3.28.〉

관광특구 지정요건의 세부기준(제64조제1항 관련)

시설구분	시설종류	구비기준
가. 공공편익시설	화장실, 주차장, 전기시설, 통신시설, 상하수도시설	각 시설이 관광객이 이용하기에 충분할 것
나. 관광안내 시설	관광안내소, 외국인통역안내소, 관광지 표지판	각 시설이 관광객이 이용하기에 충분할 것
다. 숙박시설	관광호텔, 수상관광호텔, 한국전통호텔, 가족호텔 및 휴양콘도미니엄	영 별표 1의 등록기준에 부합되는 관광숙박시설이 1종류 이상일 것
라. 휴양·오락시설	민속촌, 해수욕장, 수렵장, 동물원, 식물원, 수족관, 온천장, 동굴자원, 수영장, 농어촌휴양시설, 산림휴양시설, 박물관, 미술관, 활공장, 자동차야영장, 관광유람선 및 종합유원시설	영 별표 1의 등록기준에 부합되는 관광객이용시설 또는 별표 1의2의 시설 및 설비기준에 부합되는 유원시설이 1종류 이상일 것
마. 접객시설	관광공연장, 관광유흥음식점, 관광극장유흥업점, 외국인전용유흥음식점, 관광식당	영 별표 1의 등록기준에 부합되는 관광객이용시설 또는 별표 2의 지정기준에 부합되는 관광편의시설로서 관광객이 이용하기에 충분할 것
바. 상가시설	관광기념품전문판매점, 백화점, 재래시장, 면세점 등	1개소 이상일 것

<표 Ⅲ-21> 관광특구 지정 현황

(2024.7.22. 현재)

지역	특구명	지정 지역(소재지)	면적 (㎢)	최초 지정일
서울(7)	명동·남대문·북창동 ·다동·무교동	명동, 회현동, 소공동, 무교동·다동 각 일부지역	0.87	2000.03.30
	이태원	용산구 이태원동·한남동 일원	0.38	1997.09.29
	동대문 패션타운	중구 광희동·을지로5~7가·신당1동 일원	0.58	2002.05.23
	종로·청계	종로구 종로1가~6가·서린동·관철동·관수동· 예지동 일원, 창신동 일부 지역(광화문 빌딩~숭인동 4거리)	0.54	2006.03.30
	잠실	송파구 잠실동·신천동·석촌동·송파동·방이동	2.31	2012.03.15
	강남마이스	강남구 삼성동 무역센터 일대	0.19	2014.12.18
	홍대 문화예술	마포구 홍대 일대(서교동, 동고동, 합정동, 상수동 일원)	1.13	2021.12.02
부산(2)	해운대	해운대구 우동·중동·송정동·재송동 일원	6.23	1994.08.31
	용두산자갈치	중구 부평동·광복동·남포동 전지역, 중앙동·동광동·대청동·보수동 일부	1.08	2008.05.14
대구(1)	동성로	성내1·2·3동, 남산1·2동, 대봉1동, 삼덕동 일원	1.16	2024.07.22
인천(1)	월미	중구 신포동·연안동·신흥동·북성동·동인천동 일원	3.00	2001.06.26
대전(1)	유성	유성구 봉명동·구암동·장대동·궁동·어은동·도룡동	5.86	1994.08.31
경기(5)	동두천	동두천시 중앙동·보산동·소요동 일원	0.40	1997.01.18
	평택시 송탄	평택시 서정동·신장1·2동·지산동·송북동 일원	0.49	1997.05.30
	고양	고양시 일산 서구, 동구 일부 지역	3.94	2015.08.06
	수원 화성	경기도 수원시 팔달구, 장안구 일대	1.83	2016.01.15
	통일동산	경기도 파주시 탄현면 성동리, 법흥리 일원	3.01	2019.4.30
강원(2)	설악	속초시·고성군 및 양양군 일부 지역	138.10	1994.08.31
	대관령	강릉시·동해시·평창군·횡성군 일원	428.27	1997.01.18
충북(3)	수안보온천	충주시 수안보면 온천리·안보리 일원	9.22	1997.01.18
	속리산	보은군 내속리면 사내리·상판리·중판리·갈목리 일원	43.53	1997.01.18
	단양	단양군 단양읍·매포읍 일원(2개읍 5개리)	4.45	2005.12.30
충남(2)	아산시온천	아산시 음봉면 신수리 일원	3.71	1997.01.18
	보령해수욕장	보령시 신흑동, 웅천읍 독산관당리, 남포면 월전리 일원	2.52	1997.01.18
전북(2)	무주 구천동	무주군 설천면·무풍면	7.61	1997.01.18
	정읍 내장산	정읍시 내장지구·용산지구	3.45	1997.01.18
전남(2)	구례	구례군 토지면·마산면·광의면·산동면 일부	78.02	1997.01.18
	목포	북항·유달산·원도심·삼학도·갓바위·평화광장 일원	6.89	2007.09.28
경북(4)	경주시	경주 시내지구·보문지구·불국지구	32.65	1994.08.31
	백암온천	울진군 온정면 소태리 일원	1.74	1997.01.18
	문경	문경시 문경읍·가은읍·마성면·농암면 일원	1.85	2010.01.18
	포항 영일만	영일대해수욕장, 해안도로, 환호공원, 송도해수욕장, 송도송림, 운하관, 포항운하, 죽도시장, 시내 실개천 일대	2.41	2019.8.12
경남(2)	부곡온천	창녕군 부곡면 거문리·사창리 일원	4.82	1997.01.18
	미륵도	통영시 미수1·2동·봉평동·도남동·산양읍 일원	32.90	1997.01.18
제주(1)	제주도	제주도 전역 (부속도서 제외)	1,809.56	1994.08.31
14개 시·도 35개소				

시·도지사는 관광특구의 지정 신청을 받으면 그 신청이 관광특구 지정요건을 갖추었는지와 그 밖에 관광특구의 지정에 필요한 사항을 검토하기 위하여 ① 한국문화관광연구원 또는 ② 정부출연연구기관으로서 관광정책과 관광산업에 관한 연구를 수행하는 기관, 혹은 ③1) 관광특구 지정 신청에 대한 조사·분석 업무를 수행할 조직을 갖추고, 2) 관련된 분야의 박사학위를 취득한 전문인력을 확보하고 있으며, 3) 전문적인 조사·연구·평가 등을 한 실적이 있는 1), 2), 3)의 요건을 모두 갖춘 기관 또는 단체 중에 조사·분석을 의뢰해야 한다.

2. 관광특구의 진흥계획과 관광특구에 관한 지원

특별자치시장·특별자치도지사·시장·군수·구청장은 담당 구역 내 관광특구를 방문하는 외국인 관광객의 유치 촉진을 위하여 관광특구진흥계획을 수립할 때는 해당 특별자치시·특별자치도·시·군·구 주민의 의견을 들을 수 있고, 외국인 관광객을 위한 관광 편의시설의 개선, 특색 있고 다양한 축제, 행사, 홍보, 관광객 유치를 위한 제도 개선, 관광특구를 중심으로 주변 지역과 연계한 관광코스의 개발, 그 밖에 관광 질서 확립과 관광서비스 개선 등 관광객 유치를 위하여 필요한 사항(범죄예방 계획, 바가지요금, 퇴폐행위, 호객행위 근절 대책, 관광불편신고센터의 운영계획, 관광특구 안의 접객시설 등 관련 시설 종사원 교육계획, 외국인 관광객을 위한 토산품 등 관광상품 개발·육성계획) 등을 포함한 관광특구진흥계획을 수립·시행한다.

국가나 지방자치단체는 관광특구를 방문하는 외국인 관광객의 관광 활동을 위한 편의 증진 등 관광특구 진흥을 위하여 필요한 지원을 할 수 있는데, 문화체육관광부 장관은 관광특구를 방문하는 관광객의 편리한 관광 활동을 위하여 관광특구 안의 문화·체육·숙박·상가·교통·주차시설로서 관광객 유치를 위하여 특히 필요하다고 인정되는 시설에 대하여 「관광진흥개발기금법」에 따라 관광진흥개발기금을 대여하거나 보조할 수 있다.

제71조(관광특구의 진흥계획) ① 특별자치시장·특별자치도지사·시장·군수·구청장은 관할 구역 내 관광특구를 방문하는 외국인 관광객의 유치 촉진 등을 위

하여 관광특구진흥계획을 수립하고 시행하여야 한다. <개정 2008.6.5., 2018.6.12.>

② 제1항에 따른 관광특구진흥계획에 포함될 사항 등 관광특구진흥계획의 수립·시행에 필요한 사항은 대통령령으로 정한다.

제72조(관광특구에 대한 지원) ① 국가나 지방자치단체는 관광특구를 방문하는 외국인 관광객의 관광 활동을 위한 편의 증진 등 관광특구 진흥을 위하여 필요한 지원을 할 수 있다.

② 문화체육관광부장관은 관광특구를 방문하는 관광객의 편리한 관광 활동을 위하여 관광특구 안의 문화·체육·숙박·상가·교통·주차시설로서 관광객 유치를 위하여 특히 필요하다고 인정되는 시설에 대하여 「관광진흥개발기금법」에 따라 관광진흥개발기금을 대여하거나 보조할 수 있다. <개정 2008.2.29., 2009.3.25., 2019.12.3.>

3. 관광특구 평가

시·도지사는 관광특구진흥계획의 집행 상황을 연 1회 평가해야 하고, 관광 관련 학계, 기관, 단체의 전문가와 지역주민, 관광 관련 업계 종사자가 포함된 평가단을 조직해야 한다. 평가 결과 관광특구 지정요건에 맞지 않거나 추진실적이 미흡한 관광특구는 지정취소·면적조정·개선 권고 등 필요한 조치를 해야 하는데, 관광특구의 지정요건에 3년 연속 미달하여 개선될 여지가 없다고 판단될 때, 진흥계획의 추진실적이 미흡하여 개선 권고를 3회 이상 이행하지 않았을 때는 관광특구 지정취소, 진흥계획의 추진실적이 미흡한 관광특구는 지정 면적의 조정 또는 투자와 사업계획 등의 개선 권고가 포함된다.

문화체육관광부 장관은 관광특구의 촉진을 위하여 그 지정요건의 충족 여부, 최근 3년간의 진흥계획 추진실적, 외국인 관광객의 유치 실적 등의 사항을 3년마다 평가하며, 평가 결과 우수한 관광특구는 필요한 지원을 할 수 있다.

제73조(관광특구에 대한 평가 등) ① 시·도지사 또는 특례시의 시장은 대통령령으로 정하는 바에 따라 제71조에 따른 관광특구진흥계획의 집행 상황을 평가하고, 우수

한 관광특구에 대하여는 필요한 지원을 할 수 있다. <개정 2008.2.29., 2019.12.3., 2022.5.3.>

② 시·도지사 또는 특례시의 시장은 제1항에 따른 평가 결과 제70조에 따른 관광특구지정 요건에 맞지 아니하거나 추진 실적이 미흡한 관광특구에 대하여는 대통령령으로 정하는 바에 따라 관광특구의 지정취소·면적조정·개선권고 등 필요한 조치를 하여야 한다. <개정 2021.4.13., 2022.5.3.>

③ 문화체육관광부 장관은 관광특구의 활성화를 위하여 관광특구에 대한 평가를 3년마다 실시하여야 한다. <신설 2019.12.3.>

④ 문화체육관광부 장관은 제3항에 따른 평가 결과 우수한 관광특구에 대하여는 필요한 지원을 할 수 있다. <신설 2019.12.3.>

⑤ 문화체육관광부 장관은 제3항에 따른 평가 결과 제70조에 따른 관광특구지정 요건에 맞지 아니하거나 추진실적이 미흡한 관광특구에 대하여는 대통령령으로 정하는 바에 따라 해당 시·도지사 또는 특례시의 시장에게 관광특구의 지정취소·면적조정·개선권고 등 필요한 조치를 할 것을 요구할 수 있다. <신설 2019.12.3., 2022.5.3.>

⑥ 제3항에 따른 평가의 내용, 절차 및 방법 등에 필요한 사항은 대통령령으로 정한다. <신설 2019.12.3.> [시행일: 2023.5.4.]

관광진흥법 시행령 제60조(진흥계획의 평가 및 조치) ① 시·도지사는 법 제73조 제1항에 따라 진흥계획의 집행 상황을 연 1회 평가하여야 하며, 평가 시에는 관광 관련 학계·기관 및 단체의 전문가와 지역주민, 관광 관련 업계 종사자가 포함된 평가단을 구성하여 평가하여야 한다.

② 시·도지사는 제1항에 따른 평가 결과를 평가가 끝난 날부터 1개월 이내에 문화체육관광부장관에게 보고하여야 하며, 문화체육관광부장관은 시·도지사가 보고한 사항 외에 추가로 평가가 필요하다고 인정되면 진흥계획의 집행 상황을 직접 평가할 수 있다. <개정 2008.2.29.>

③ 법 제73조제2항에 따라 시·도지사는 진흥계획의 집행 상황에 대한 평가 결과에 따라 다음 각 호의 구분에 따른 조치를 해야 한다. <개정 2021.10.14.>

1. 관광특구의 지정요건에 3년 연속 미달하여 개선될 여지가 없다고 판단되는 경우에는 관광특구 지정 취소

2. 진흥계획의 추진실적이 미흡한 관광특구로서 제3호에 따라 개선권고를 3회 이상 이행하지 아니한 경우에는 관광특구 지정 취소

3. 진흥계획의 추진실적이 미흡한 관광특구에 대하여는 지정 면적의 조정 또는 투자 및 사업계획 등의 개선 권고

[제목개정 2020.6.2.]

관광진흥법 시행령 제60조의2(관광특구의 평가 및 조치) ① 문화체육관광부장관은 법 제73조제3항에 따라 관광특구에 대하여 다음 각 호의 사항을 평가해야 한다.

1. 법 제70조에 따른 관광특구 지정 요건을 충족하는지 여부

2. 최근 3년간의 진흥계획 추진 실적

3. 외국인 관광객의 유치 실적

4. 그 밖에 관광특구의 활성화를 위하여 평가가 필요한 사항으로서 문화체육관광부령으로 정하는 사항

② 문화체육관광부장관은 법 제73조제3항에 따른 관광특구의 평가를 위하여 평가 대상지역의 특별자치시장·특별자치도지사·시장·군수·구청장에게 평가 관련 자료의 제출을 요구할 수 있으며, 필요한 경우 현지조사를 할 수 있다.

③ 문화체육관광부장관은 법 제73조제3항에 따라 관광특구에 대한 평가를 하려는 경우에는 세부 평가계획을 수립하여 평가 대상지역의 특별자치시장·특별자치도지사·시장·군수·구청장에게 평가실시일 90일 전까지 통보해야 한다.

④ 문화체육관광부장관은 법 제73조제5항에 따라 다음 각 호의 구분에 따른 조치를 해당 시·도지사 또는 특례시의 시장에게 요구할 수 있다. <개정 2023.5.2.>

1. 법 제70조에 따른 관광특구의 지정 요건에 맞지 않아 개선될 여지가 없다고 판단되는 경우: 관광특구 지정 취소

2. 진흥계획 추진 실적이 미흡한 경우: 면적조정 또는 개선권고

3. 제2호에 따른 면적조정 또는 개선권고를 이행하지 않은 경우: 관광특구 지정 취소

⑤ 시·도지사 또는 특례시의 시장은 제4항 각 호의 구분에 따른 조치 요구를 받은 날부터 1개월 이내에 조치계획을 문화체육관광부장관에게 보고해야 한다. <개정 2023.5.2.>

[본조신설 2020.6.2.] [종전 제60조의2는 제60조의3으로 이동 <2020.6.2.>]

4. 다른 법률에 대한 특례

관광특구 안에서는 「식품위생법」 제43조에 따른 영업 제한에 관한 규정을 적용하지 않으며, 관광숙박업, 국제회의업, 종합여행업, 관광공연장업, 관광식당업, 여객자동차터미널시설업, 관광면세업은 「건축법」 제43조에도 불구하고 연간 180일 이내의 기간에 해당 지방자치단체의 조례로 정하는 바에 따라 공개 공지(空地: 공터)를 사용하여 외국인 관광객을 위한 공연과 음식을 제공할 수 있다.

제74조(다른 법률에 대한 특례) ① 관광특구 안에서는 「식품위생법」 제43조에 따른 영업제한에 관한 규정을 적용하지 아니한다. <개정 2009.2.6., 2011.4.5.>

② 관광특구 안에서 대통령령으로 정하는 관광사업자는 「건축법」 제43조에도 불구하고 연간 180일 이내의 기간 동안 해당 지방자치단체의 조례로 정하는 바에 따라 공개 공지(空地: 공터)를 사용하여 외국인 관광객을 위한 공연 및 음식을 제공할 수 있다. 다만, 울타리를 설치하는 등 공중(公衆)이 해당 공개 공지를 사용하는 데에 지장을 주는 행위를 하여서는 아니 된다. <신설 2011.4.5., 2017.3.21.>

③ 관광특구 관할 지방자치단체의 장은 관광특구의 진흥을 위하여 필요한 경우에는 시·도경찰청장 또는 경찰서장에게 「도로교통법」 제2조에 따른 차마(車馬) 또는 노면전차의 도로통행 금지 또는 제한 등의 조치를 하여줄 것을 요청할 수 있다. 이 경우 요청받은 시·도경찰청장 또는 경찰서장은 「도로교통법」 제6조

에도 불구하고 특별한 사유가 없으면 지체 없이 필요한 조치를 하여야 한다.
<신설 2011.4.5., 2018.3.27., 2020.12.22.>

[제목개정 2011.4.5.]

관광진흥법 시행령 제60조의3(「건축법」에 대한 특례를 적용받는 관광사업자의 범위)

법 제74조제2항 본문에서 "대통령령으로 정하는 관광사업자"란 다음 각 호의 어느 하나에 해당하는 관광사업을 경영하는 자를 말한다. <개정 2021.3.23.>

1. 법 제3조제1항제2호에 따른 관광숙박업

2. 법 제3조제1항제4호에 따른 국제회의업

3. 제2조제1항제1호가목에 따른 종합여행업

4. 제2조제1항제3호마목에 따른 관광공연장업

5. 제2조제1항제6호라목, 사목 및 카목에 따른 관광식당업, 여객자동차터미널 시설업 및 관광면세업

[전문개정 2017.6.20.] [제60조의2에서 이동 <2020.6.2.>]

6

보칙과 벌칙

관광법규 제**6**장

보칙과 벌칙

제1절 보칙

1. 재정지원

문화체육관광부 장관은 관광에 관한 사업을 하는 지방자치단체, 관광사업자 단체 또는 관광사업자에게 국고보조금을 지급할 수 있으며, 사업 개요(건설공사면 시설 내용 포함) 와 효과, 사업자의 자산과 부채에 관한 사항, 사업공정계획, 총사업비와 보조금액의 산출 내용, 사업 경비 중 보조금으로 충당하는 부분 외의 경비 조달 방법 등의 사항을 기재한 서류를 첨부해서 문화체육관광부 장관에게 제출해야 한다. 지방자치단체는 그 담당 구역 안에서 관광사업자 단체 또는 관광사업자에게 조례로 정하는 바에 따라 보조금을 지급할 수 있고, 국가와 지방자치단체는 「국유재산법」, 「공유재산 및 물품 관리법」, 그 밖의 다른 법령에도 불구하고 관광지 등의 사업시행자에 대하여 국유·공유 재산의 임대료를 감면할 수 있고 그 비율은 고용 창출, 지역경제 활성화에 미치는 영향 등을 고려하여 공유 재산 임대료의 100분의 30의 범위에서 해당 지방자치단체의 조례로 정한다.

제76조(재정지원) ① 문화체육관광부 장관은 관광에 관한 사업을 하는 지방자치단체, 관광사업자 단체 또는 관광사업자에게 대통령령으로 정하는 바에 따라 보조금을 지급할 수 있다. <개정 2008.2.29.>

② 지방자치단체는 그 관할 구역 안에서 관광에 관한 사업을 하는 관광사업자 단체 또는 관광사업자에게 조례로 정하는 바에 따라 보조금을 지급할 수 있다.

③ 국가 및 지방자치단체는 「국유재산법」, 「공유재산 및 물품 관리법」, 그 밖의 다른 법령에도 불구하고 관광지등의 사업시행자에 대하여 국유·공유 재산의 임대료를 대통령령으로 정하는 바에 따라 감면할 수 있다. <신설 2011.4.5.>

제76조의2(감염병 확산 등에 따른 지원) 국가와 지방자치단체는 감염병 확산 등으로 관광사업자에게 경영상 중대한 위기가 발생한 경우 필요한 지원을 할 수 있다.

[본조신설 2021.8.10.]

2. 청문·보고·검사

담당 등록기관장은 국외여행 인솔자 자격의 취소, 관광사업의 등록 등이나 사업계획 승인의 취소, 관광종사원 자격의 취소, 한국관광 품질인증의 취소, 조성계획 승인의 취소, 카지노 기구의 검사 등의 위탁 취소 등에 해당하는 처분을 하려면 청문을 해야 한다. 지방자치단체의 장은 관광사업의 등록 현황, 사업계획의 승인 현황, 권역계획에 포함된 관광자원 개발의 추진 현황, 관광지 등의 지정 현황, 관광지 등의 조성계획 승인 현황 등 관광진흥 정책의 수립·집행에 필요한 사항을 문화체육관광부 장관에게 보고해야 한다. 담당 등록기관장은 관광진흥 시책의 수립·집행과 이 법의 시행을 위하여 필요하다고 인정하면 소속 공무원에게 관광사업자 단체 또는 관광사업자의 사무소·사업장 또는 영업소 등에 출입하여 장부·서류나 그 밖의 물건을 검사하게 할 수 있다.

제77조(청문) 관할 등록기관등의 장은 다음 각 호의 어느 하나에 해당하는 처분을 하려면 청문을 하여야 한다. <개정 2011.4.5., 2018.3.13., 2018.12.11., 2019.12.3.>

1. 제13조의2에 따른 국외여행 인솔자 자격의 취소

2. 제24조제2항·제31조제2항 또는 제35조제1항에 따른 관광사업의 등록등이
   나 사업계획승인의 취소

3. 제40조에 따른 관광종사원 자격의 취소

4. 제48조의11에 따른 한국관광 품질인증의 취소

5. 제56조 제3항에 따른 조성계획 승인의 취소

6. 제80조제5항에 따른 카지노기구의 검사 등의 위탁 취소

제78조(보고·검사) ① 지방자치단체의 장은 문화체육관광부령으로 정하는 바에
따라 관광진흥정책의 수립·집행에 필요한 사항과 그 밖에 이 법의 시행에 필
요한 사항을 문화체육관광부장관에게 보고하여야 한다. <개정 2008.2.29.>

② 관할 등록기관등의 장은 관광진흥시책의 수립·집행 및 이 법의 시행을 위
하여 필요하면 관광사업자 단체 또는 관광사업자에게 그 사업에 관한 보고를
하게 하거나 서류를 제출하도록 명할 수 있다.

③ 관할 등록기관등의 장은 관광진흥시책의 수립·집행 및 이 법의 시행을 위
하여 필요하다고 인정하면 소속 공무원에게 관광사업자 단체 또는 관광사업자
의 사무소·사업장 또는 영업소 등에 출입하여 장부·서류나 그 밖의 물건을
검사하게 할 수 있다.

④ 제3항의 경우 해당 공무원은 그 권한을 표시하는 증표를 지니고 이를 관계
인에게 내보여야 한다.

3. 수수료

① 여행업, 관광숙박업, 관광객 이용시설업, 국제회의업의 등록 또는 변경등록을 신청
하는 자, ② 카지노업의 허가 또는 변경 허가를 신청하는 자, ③ 테마파크업의 허가 또는
변경 허가를 신청하거나 테마파크업의 신고 또는 변경 신고를 하는 자, ④ 관광 편의시

설업 지정을 신청하는 자, ⑤ 지위 승계를 신고하는 자, ⑥ 관광숙박업, 관광객 이용시설업 및 국제회의업에 대한 사업계획의 승인 또는 변경승인을 신청하는 자, ⑦ 관광숙박업의 등급 결정을 신청하는 자, ⑧ 카지노 시설의 검사를 받으려는 자, ⑨ 카지노 기구의 검정을 받으려는 자, ⑩ 카지노 기구의 검사를 받으려는 자, ⑪ 안전성 검사 또는 안전성 검사 대상에 해당하지 아니함을 확인하는 검사를 받으려는 자, ⑫ 관광종사원 자격시험에 응시하려는 자, ⑬ 관광종사원의 등록을 신청하는 자, ⑭ 관광종사원 자격증의 재교부를 신청하는 자, ⑮ 한국관광 품질인증을 받으려는 자 등은 「관광진흥법 시행규칙」 [별표 23]에 나타나 있는 수수료를 내야 한다. ③ 유원시설업의 허가·변경 허가·신고 또는 변경 신고에 관한 수수료는 해당 시·군·구의 조례로 정하며, ⑧ 카지노 시설의 검사에 관한 수수료는 카지노 전산 시설 검사기관의 검사공정별로 필요한 경비를 산출하여 이에 대한 직접인건비, 직접경비, 제 경비 및 기술료를 합한 금액으로 한다. ⑪ 유기시설 또는 유기기구의 안전성 검사 또는 안전성 검사 대상에 해당하지 아니함을 확인하는 검사에 관한 수수료는 '유기시설 또는 유기기구 안전성 검사 등의 기준 및 절차'에 고시하되, 「엔지니어링산업 진흥법」 제31조제2항에 따른 엔지니어링사업의 대가 기준을 고려하여 검사의 난이도, 검사에 걸린 시간 등에 따른 유기기구 종류별 금액을 정해야 한다.

제79조(수수료) 다음 각 호의 어느 하나에 해당하는 자는 문화체육관광부령으로 정하는 바에 따라 수수료를 내야 한다. <개정 2007.7.19., 2008.2.29., 2009.3.25., 2011.4.5., 2018.3.13., 2018.6.12.>

1. 제4조제1항 및 제4항에 따라 여행업, 관광숙박업, 관광객 이용시설업 및 국제회의업의 등록 또는 변경등록을 신청하는 자

2. 제5조제1항 및 제3항에 따라 카지노업의 허가 또는 변경허가를 신청하는 자

3. 제5조제2항부터 제4항까지의 규정에 따라 테마파크업의 허가 또는 변경허가를 신청하거나 테마파크업의 신고 또는 변경신고를 하는 자

4. 제6조에 따라 관광 편의시설업 지정을 신청하는 자

5. 제8조제4항 및 제6항에 따라 지위 승계를 신고하는 자

6. 제15조제1항 및 제2항에 따라 관광숙박업, 관광객 이용시설업 및 국제회의 업에 대한 사업계획의 승인 또는 변경승인을 신청하는 자

7. 제19조에 따라 관광숙박업의 등급 결정을 신청하는 자

8. 제23조제2항에 따라 카지노시설의 검사를 받으려는 자

9. 제25조제2항에 따라 카지노기구의 검정을 받으려는 자

10. 제25조제3항에 따라 카지노기구의 검사를 받으려는 자

11. 제33조제1항에 따라 안전성검사 또는 안전성검사 대상에 해당되지 아니함을 확인하는 검사를 받으려는 자

12. 제38조제2항에 따라 관광종사원 자격시험에 응시하려는 자

13. 제38조제2항에 따라 관광종사원의 등록을 신청하는 자

14. 제38조제4항에 따라 관광종사원 자격증의 재교부를 신청하는 자

15. 삭제 <2018.12.11.>

16. 제48조의10에 따라 한국관광 품질인증을 받으려는 자

■ 관광진흥법 시행규칙 [별표 23] 〈개정 2020.6.4.〉

수수료(제69조제1항 관련)

납부자	금액
1. 법 제4조제1항부터 제4항까지의 규정에 따른 관광사업을 등록하는 자	
가. 관광사업의 신규등록	1) 외국인관광 도시민박업의 경우: 20,000원 2) 그 밖의 관광사업의 경우: 30,000원(숙박시설이 있는 경우 매 실당 700원을 가산한 금액으로 한다)
나. 관광사업의 변경등록	1) 외국인관광 도시민박업의 경우: 15,000원 2) 그 밖의 관광사업의 경우:

	15,000원(숙박시설 중 객실변경등록을 하는 경우 매 실당 600원을 가산한 금액으로 한다)
2. 법 제5조제1항 및 제3항에 따른 카지노업의 허가를 신청하는 자	
가. 신규허가	100,000원 (온라인으로 신청하는 경우 90,000원)
나. 변경허가	50,000원 (온라인으로 신청하는 경우 45,000원)
3. 법 제6조에 따른 관광편의시설업의 지정을 신청하는 자	20,000원
4. 법 제8조제4항 및 제5항에 따른 관광사업의 지위승계를 신고하는 자	20,000원
5. 법 제15조에 따른 사업계획의 승인을 신청하는 자	
가. 신규사업계획의 승인	50,000원 (숙박시설이 있는 경우 매 실당 500원을 가산한 금액)
나. 사업계획 변경승인	50,000원 (숙박시설 중 객실변경이 있는 경우 매 실당 500원을 가산한 금액)
6. 법 제19조에 따라 관광숙박업의 등급결정을 신청하는 자	등급결정에 관한 평가요원의 수 및 지급 수당 등을 고려하여 문화체육관광부장관이 정하여 고시하는 기준에 따른 금액
7. 법 제25조제3항에 따라 카지노기구(별표 8 제2호 및 제3호에 따른 전자테이블게임 및 머신게임만 해당한다)의 검사를 신청하는 자	
가. 신규로 반입·사용하거나 검사유효기간이 만료되어 신청하는 경우	대당 189,000원
나. 가목 외의 경우	기본료 100,000원 + 대당 25,000원

8. 법 제38조제2항에 따라 관광종사원 자격시험에 응시하려는 자	20,000원
9. 법 제38조제2항에 따라 관광종사원의 등록을 신청하는 자	5,000원
10. 법 제38조제4항에 따라 관광종사원 자격증의 재발급을 신청하는 자	3,000원
11. 삭제 <2019.4.25.>	
12. 법 제48조의10제1항에 따라 한국관광 품질인증을 신청하는 자	품질인증에 관한 평가·심사 인원의 수 및 지급 수당 등을 고려하여 문화체육관광부장관이 정하여 고시하는 기준에 따른 금액

4. 권한의 위임·위탁

문화체육관광부 장관의 권한은 그 일부를 시·도지사에게 위임할 수 있고, 시·도지사(특별자치시장 제외)는 문화체육관광부 장관으로부터 위임받은 권한 일부를 문화체육관광부 장관의 승인을 받아 시장·군수·구청장에게 재위임할 수 있다. 문화체육관광부 장관 또는 시·도지사, 시장·군수·구청장은 권한의 전부 또는 일부를 한국관광공사, 협회, 지역별·업종별 관광협회나 전문 연구·검사기관, 자격검정 기관이나 교육기관에 위탁할 수 있으며 자세한 내용은 다음과 같고, 카지노 기구 검사기관의 지정요건과 안전성 검사기관의 지정요건은 각각 「관광진흥법 시행규칙」 [별표 7의2]와 [별표 24]와 같다.

제80조(권한의 위임·위탁 등) ① 이 법에 따른 문화체육관광부장관의 권한은 대통령령으로 정하는 바에 따라 그 일부를 시·도지사에게 위임할 수 있다. <개정 2008.2.29.>

② 시·도지사(특별자치시장은 제외한다)는 제1항에 따라 문화체육관광부장관

으로부터 위임받은 권한의 일부를 문화체육관광부장관의 승인을 받아 시장(「제주특별자치도 설치 및 국제자유도시 조성을 위한 특별법」 제11조제2항에 따른 행정시장을 포함한다)·군수·구청장에게 재위임할 수 있다.

<개정 2008.2.29., 2018.6.12.>

③ 문화체육관광부장관 또는 시·도지사 및 시장·군수·구청장은 다음 각 호의 권한의 전부 또는 일부를 대통령령으로 정하는 바에 따라 한국관광공사, 협회, 지역별·업종별 관광협회 및 대통령령으로 정하는 전문 연구·검사기관, 자격검정기관이나 교육기관에 위탁할 수 있다. <개정 2007.7.19., 2008.2.29., 2008.6.5., 2009.3.25., 2011.4.5., 2015.2.3., 2018.3.13., 2018.12.11., 2018.12.24., 2019.12.3.>

1. 제6조에 따른 관광 편의시설업의 지정 및 제35조에 따른 지정 취소

1의2. 제13조제2항 및 제3항에 따른 국외여행 인솔자의 등록 및 자격증 발급

2. 제19조제1항에 따른 관광숙박업의 등급 결정

2의2. 삭제 <2018.3.13.>

3. 제25조제3항에 따른 카지노기구의 검사

4. 제33조제1항에 따른 안전성검사 또는 안전성검사 대상에 해당되지 아니함을 확인하는 검사

4의2. 제33조제3항에 따른 안전관리자의 안전교육

5. 제38조제2항에 따른 관광종사원 자격시험 및 등록

6. 제47조의7에 따른 사업의 수행

7. 제48조의6제1항에 따른 문화관광해설사 양성을 위한 교육과정의 개설·운영

8. 제48조의10 및 제48조의11에 따른 한국관광 품질인증 및 그 취소

9. 제73조제3항에 따른 관광특구에 대한 평가

④ 제3항에 따라 위탁받은 업무를 수행하는 한국관광공사, 협회, 지역별·업종별 관광협회 및 전문 연구·검사기관이나 자격검정기관의 임원 및 직원과 제23조제2항·제25조제2항에 따라 검사기관의 검사·검정 업무를 수행하는 임원 및 직원은 「형법」 제129조부터 제132조까지의 규정을 적용하는 경우 공무원으로 본다. <개정 2008.6.5.>

⑤ 문화체육관광부장관 또는 특별자치시장·특별자치도지사·시장·군수·구청장은 제3항제3호 및 제4호에 따른 검사에 관한 권한을 위탁받은 자가 다음 각 호의 어느 하나에 해당하면 그 위탁을 취소하거나 6개월 이내의 기간을 정하여 업무의 전부 또는 일부의 정지를 명하거나 업무의 개선을 명할 수 있다. 다만, 제1호에 해당하는 경우에는 그 위탁을 취소하여야 한다. <신설 2019.12.3.>

1. 거짓이나 그 밖의 부정한 방법으로 위탁사업자로 선정된 경우

2. 거짓이나 그 밖의 부정한 방법으로 제25조제3항 또는 제33조제1항에 따른 검사를 수행한 경우

3. 정당한 사유 없이 검사를 수행하지 아니한 경우

4. 문화체육관광부령으로 정하는 위탁 요건을 충족하지 못하게 된 경우

⑥ 제5항에 따른 위탁 취소, 업무 정지의 기준 및 절차 등에 필요한 사항은 문화체육관광부령으로 정한다. <신설 2019.12.3.>

〈표 Ⅲ-22〉 기관별 권한의 위탁 내용

위탁 기관	권한 항목	비고
지역별 관광협회	관광 편의시설업의 지정과 지정 취소	• 관광식당업 • 관광사진업 • 여객자동차터미널시설업
업종별 관광협회	국외여행인솔자의 등록 및 자격증 발급에 관한 권한	
한국관광협회중앙회	관광숙박업의 등급 결정	
카지노기구 검사기관	카지노기구의 검사	
• (재)한국기계전기전자시험연구원 • (사)안전보건진흥원	안전성 검사 또는 안전성 검사 대상에 해당되지 아니함을 확인하는 검사	
한국종합유원시설협회	안전관리자의 안전교육	

한국관광공사	관광종사원 자격시험, 등록 및 자격증의 발급	관광통역안내사 · 호텔경영사 및 호텔관리사
	문화관광해설사 양성을 위한 교육과정의 개설 · 운영	가. 기본소양, 전문지식, 현장실무 등 문화관광해설사 양성교육(이하 이 호에서 "양성교육"이라 한다)에 필요한 교육과정 및 교육내용을 갖추고 있을 것 나. 강사 등 양성교육에 필요한 인력과 조직을 갖추고 있을 것 다. 강의실, 회의실 등 양성교육에 필요한 시설과 장비를 갖추고 있을 것 가.나.다. 요건을 모두 갖춘 관광 관련 교육 기관
	한국관광 품질인증 및 그 취소	
한국관광협회중앙회 및 시도관광협회	관광종사원 자격시험, 등록 및 자격증의 발급	국내여행안내사 · 호텔서비스사
한국산업인력공단	관광종사원 자격시험 출제, 시행, 채점 등 자격시험의 관리	관광통역안내사 · 호텔경영사 및 호텔관리사 · 국내여행안내사 · 호텔서비스사
• 한국문화관광연구원 • 정부출연연구기관으로서 관광정책 및 관광산업에 관한 연구를 수행하는 기관	관광특구에 대한 평가	가. 관광특구 지정신청에 대한 조사 · 분석 업무를 수행할 조직을 갖추고 있을 것 나. 관광특구 지정신청에 대한 조사 · 분석 업무와 관련된 분야의 박사학위를 취득한 전문인력을 확보하고 있을 것 다. 관광특구 지정신청에 대한 조사 · 분석 업무와 관련하여 전문적인 조사 · 연구 · 평가 등을 한 실적이 있을 것 가.나.다. 요건을 모두 갖춘 기관 또는 단체

■ 관광진흥법 시행규칙 [별표 7의2] 〈신설 2024.11.25.〉

카지노기구검사기관의 지정 요건(제33조의2제3항 관련)

구분	지정 요건
1. 인력	다음 각 목의 자격기준에 해당하는 사람 중 8명 이상을 채용하되, 기계 분야의 자격을 가진 사람 2명, 전기 분야의 자격을 가진 사람 2명, 전자 분야의 자격을 가진 사람 2명 및 정보기술 분야의 자격을 가진 사람 2명을 포함해야 한다. 가. 「국가기술자격법」에 따른 기계·전기·전자 또는 정보기술 분야의 기술사 자격을 취득한 사람 나. 「국가기술자격법」에 따른 기계·전기·전자 또는 정보기술 분야의 기사 이상의 자격을 취득한 후 해당 분야의 실무경력이 3년 이상인 사람 다. 기계·전기·전자 또는 정보기술 분야의 석사 이상의 학위를 취득한 후 해당 분야의 실무경력이 3년 이상인 사람 라. 「국가기술자격법」에 따른 기계·전기·전자 또는 정보기술 분야의 산업기사 이상의 자격을 취득한 후 해당 분야의 실무경력이 5년 이상인 사람 마. 「고등교육법」에 따른 대학에서 기계·전기·전자 또는 정보기술 관련 분야 전공으로 학사학위를 취득(이와 같은 수준 이상의 학력이 인정되는 경우를 포함한다)한 후 해당 분야의 실무경력이 5년 이상인 사람 바. 「고등교육법」에 따른 전문대학에서 기계·전기·전자 또는 정보기술 관련 분야 전공으로 전문학사학위를 취득(이와 같은 수준 이상의 학력이 인정되는 경우를 포함한다)한 후 해당 분야의 실무경력이 7년 이상인 사람 사. 가목부터 바목까지의 규정에 해당하는 사람과 같은 수준 이상의 자격이 있다고 문화체육관광부장관이 정하여 고시하는 사람
2. 장비	다음 각 목의 검사를 위한 장비를 보유해야 한다. 가. 검사기기: 소비전력계, 절연저항계(일정 전압을 흘려보내 절연 부위의 저항을 측정하는 장비), 내전압시험기, 스펙트럼분석기(기구 작동 시 발생하는 전자파의 양을 측정하는 장비), 전압조정장치 나. 컴퓨터프로그램: 카지노기구 소프트웨어 분석 프로그램
3. 그 밖의 요건	다음 각 목의 요건을 갖추어야 한다. 가. 「민법」 제32조에 따라 설립된 비영리법인일 것 나. 사무실을 보유(임차하거나 공동사용하는 경우를 포함한다)하고 2명 이상의 상시 근무하는 관리직원을 둘 것 다. 검사신청 및 절차, 검사조직 운영, 카지노기구별 검사기준 및 방법 등이 포함된 카지노기구 검사를 위한 업무규정을 마련하고 있을 것

■ 관광진흥법 시행규칙 [별표 24] 〈개정 2024.11.25.〉

<u>안전성검사기관의 지정 요건</u>(제70조 관련)

구분	등록요건
1. 인력 기준	다음 각 목의 자격기준에 해당하는 사람 중 7명 이상을 채용하되, 기계 분야의 자격을 가진 사람 4명(가목에 해당하는 사람 1명 이상을 포함해야 한다), 전기 분야의 자격을 가진 사람 2명 및 산업안전 분야의 자격을 가진 사람 1명을 포함해야 한다. 가. 「국가기술자격법」에 따른 기계·전기 또는 기계안전 분야의 기술사 또는 공학박사 나. 「국가기술자격법」에 따른 기계·전기·전자 또는 산업안전 분야의 기사 이상의 자격을 취득한 후 해당 분야의 실무경력이 3년 이상인 사람 다. 기계·전기·전자 또는 산업안전 분야의 석사 이상의 학위를 취득한 후 해당 분야의 실무경력이 3년 이상인 사람 라. 「국가기술자격법」에 따른 기계·전기·전자 또는 산업안전 분야의 산업기사 이상의 자격을 취득한 후 해당 분야의 실무경력이 5년 이상인 사람 마. 「고등교육법」에 따른 대학에서 기계·전기·전자 또는 산업안전 관련 분야 전공으로 학사학위를 취득(이와 같은 수준 이상의 학력이 인정되는 경우를 포함한다)한 후 유원시설 관련 실무경력이 5년 이상인 사람 바. 「고등교육법」에 따른 전문대학에서 기계·전기·전자 또는 산업안전 관련 분야 전공으로 전문학사학위를 취득(이와 같은 수준 이상의 학력이 인정되는 경우를 포함한다)한 후 유원시설 관련 실무경력이 7년 이상인 사람 사. 가목부터 바목까지의 규정에 해당하는 사람과 같은 수준 이상의 자격이 있다고 문화체육관광부장관이 인정하는 사람
2. 장비 기준	다음 각 목의 검사·시험 등을 위한 장비를 각각 1대 이상 보유하여야 한다. 가. 검사기기: 회전속도계, 절연저항계, 전류계, 전압계, 소음계, 온도계, 와이어로프결함테스터, 초음파두께측정기, 조도계, 접지저항계, 광파거리측정기, 경도측정기, 오실로스코프(입력전압의 변화를 화면에 출력하는 장치), 베어링검사기, 가속도측정기, 토크렌치(볼트와 너트를 규정된 회전력에 맞춰 조이는데 사용하는 공구), 유압테스터, 레이저거리측정기 나. 시험기기: 자분탐상시험기(자기를 이용한 결함 조사기), 초음파탐상시험기(초음파를 이용한 결함 조사기), 진동계, 진동분석장비[FFT분석기·임팩트해머(충격 효과를 주는 망치) 및 모달(modal)프로그램(진동 분석 프로그램) 포함] 다. 컴퓨터프로그램: 구조해석용 프로그램

3. 그 밖의 기준	다음 각 목의 요건을 갖추어야 한다. 가. 「민법」 제32조에 따라 설립된 비영리법인일 것 나. 사무실을 보유(임차하거나 공동사용하는 경우를 포함한다)하고 2명 이상의 상시 근무하는 관리직원을 둘 것 다. 안전성검사와 관련하여 유원시설업 관광객에게 피해를 준 경우 그 손해를 배상할 것을 내용으로 하는 보험 또는 공제에 가입할 것 라. 검사 신청 및 절차, 검사조직 운영, 검사결과 통지, 검사수수료 등이 포함된 안전성검사를 위한 세부규정을 마련하고 있을 것

제2절 벌칙

벌칙(罰則)은 법령의 실효성을 담보하기 위한 목적으로 보충적이며 최종적으로 사용되어야 할 수단으로서, 행정법에서는 '행정벌'이라고 불리며 처벌 내용을 기준으로 행정형벌과 행정질서벌(과태료)로 크게 구별된다(https://www.lawmaking.go.kr).

행정상의 의무위반에 대하여 과(科)하는 제재로서의 벌을 행정벌이라고 한다. 행정벌로서 「형법」에 정해진 형이 과하는 것이 행정형벌이며, 과태료가 부과될 때는 행정질서벌이다. 행정형벌은 행정상의 의무를 위반함으로써 직접적으로 행정 목적을 침해할 때 과해지며, 9가지 형벌(사형, 무기징역, 징역, 금고, 자격상실, 자격정지, 벌금, 구류, 과료, 몰수, 추징)이 있다. 행정질서벌은 행정상의 신고, 등록 등의 의무를 게을리하는 것과 같이 간접적으로 행정 목적의 달성에 장해를 미칠 위험성이 있는 행위에 과해지는데, 과태료, 영업정지, 단수·단전, 공표, 개선명령, 폐쇄 명령, 부과금, 과징금 등이 있다.

과태료는 행정법상 의무위반에 대한 제재로서 부과·징수되는 금전을 말한다. 형벌이 아니므로 원칙적으로 형법이 적용되지 않으며, 과태료를 받으면서도 전과로 되지 않고 다른 형벌과 누범 관계가 생기지 않는다(https://easylaw.go.kr). 과태료는 관광할 등록기관장이 부과·징수하며, 부과 기준은 징역 또는 벌금에 관한 내용으로 「관광진흥법」 제81조부터 제84조까지 해당한다. 같은 법 제85조 양벌규정에는 법인의 대표자나 법인 또는 개인의 대리인, 사용인, 그 밖의 종업원이 그 법인 또는 개인의 업무에 관하여 제81조부터 제84조까지의 어느 하나에 해당하는 위반행위를 하면 그 행위자를 벌하는 것 외에 그 법인 또는 개인에게도 해당 조문의 벌금형을 과하지만, 법인 또는 개인이 그 위반행위를 방지하기 위하여 해당 업무에 관하여 상당한 주의와 감독을 게을리하지 아니한 경우에는 그렇지 않다. 「관광진흥법 시행령」 [별표 5]와 같다.

1. 7년 이하의 징역 또는 7천만 원 이하의 벌금

제81조(벌칙) 다음 각 호의 어느 하나에 해당하는 자는 7년 이하의 징역 또는 7천만원 이하의 벌금에 처한다. 이 경우 징역과 벌금은 병과(倂科)할 수 있다.

<개정 2024.2.27.>

1. 제5조제1항에 따른 카지노업의 허가를 받지 아니하고 카지노업을 경영한 자

2. 제26조의2를 위반한 자(제1호에 해당하는 자는 제외한다)

② 제28조제1항제1호 또는 제2호를 위반한 자는 5년 이하의 징역 또는 5천만원 이하의 벌금에 처한다. 이 경우 징역과 벌금은 병과할 수 있다. <신설 2024.2.27.>

③ 제1항의 미수범은 처벌한다. <신설 2024.2.27.>

2. 3년 이하의 징역 또는 3천만 원 이하의 벌금

제82조(벌칙) 다음 각 호의 어느 하나에 해당하는 자는 3년 이하의 징역 또는 3천만원 이하의 벌금에 처한다. 이 경우 징역과 벌금은 병과할 수 있다.

<개정 2009.3.25., 2015.5.18., 2024.2.27.>

1. 제4조제1항에 따른 등록을 하지 아니하고 여행업·관광숙박업(제15조제1항에 따라 사업계획의 승인을 받은 관광숙박업만 해당한다)·국제회의업 및

제3조제1항제3호나목의 관광객 이용시설업을 경영한 자

2. 제5조제2항에 따른 허가를 받지 아니하고 테마파크업을 경영한 자

3. 제20조제1항 및 제2항을 위반하여 시설을 분양하거나 회원을 모집한 자

4. 제33조의2제3항에 따른 사용중지 등의 명령을 위반한 자 [시행일 : 2025.8.28.]

3. 2년 이하의 징역 또는 2천만 원 이하의 벌금

제83조(벌칙) ① 다음 각 호의 어느 하나에 해당하는 카지노사업자(제28조제1항 본문에 따른 종사원을 포함한다)는 2년 이하의 징역 또는 2천만원 이하의 벌금에 처한다. 이 경우 징역과 벌금은 병과할 수 있다. <개정 2007.7.19., 2011.4.5., 2015.2.3.>

1. 제5조제3항에 따른 변경허가를 받지 아니하거나 변경신고를 하지 아니하고 영업을 한 자

2. 제8조제4항을 위반하여 지위승계신고를 하지 아니하고 영업을 한 자

3. 제11조제1항을 위반하여 관광사업의 시설 중 부대시설 외의 시설을 타인에게 경영하게 한 자

4. 제23조제2항에 따른 검사를 받아야 하는 시설을 검사를 받지 아니하고 이를 이용하여 영업을 한 자

5. 제25조제3항에 따른 검사를 받지 아니하거나 검사 결과 공인기준등에 맞지 아니한 카지노기구를 이용하여 영업을 한 자

6. 제25조제4항에 따른 검사합격증명서를 훼손하거나 제거한 자

7. 제28조제1항제3호부터 제8호까지의 규정을 위반한 자

8. 제35조제1항 본문에 따른 사업정지처분을 위반하여 사업정지 기간에 영업을 한 자

9. 제35조제1항 본문에 따른 개선명령을 위반한 자

10. 제35조제1항제19호를 위반한 자

11. 제78조제2항에 따른 보고 또는 서류의 제출을 하지 아니하거나 거짓으로 보

고를 한 자나 같은 조 제3항에 따른 관계 공무원의 출입·검사를 거부·방해하거나 기피한 자

② 제4조제1항에 따른 등록을 하지 아니하고 야영장업을 경영한 자는 2년 이하의 징역 또는 2천만원 이하의 벌금에 처한다. 이 경우 징역과 벌금은 병과할 수 있다. <신설 2015.2.3.>

4. 1년 이하의 징역 또는 1천만 원 이하의 벌금

제84조(벌칙) 다음 각 호의 어느 하나에 해당하는 자는 1년 이하의 징역 또는 1천만원 이하의 벌금에 처한다. <개정 2007.7.19., 2009.3.25., 2019.12.3., 2020.6.9., 2023.8.8., 2024.2.27.>

1. 제5조제3항에 따른 테마파크업의 변경허가를 받지 아니하거나 변경신고를 하지 아니하고 영업을 한 자

2. 제5조제4항 전단에 따른 테마파크업의 신고를 하지 아니하고 영업을 한 자

2의2. 제13조제4항을 위반하여 자격증을 빌려주거나 빌린 자 또는 이를 알선한 자

2의3. 거짓이나 그 밖의 부정한 방법으로 제25조제3항 또는 제33조제1항에 따른 검사를 수행한 자

3. 제33조를 위반하여 안전성검사를 받지 아니하고 테마파크시설을 설치한 자

3의2. 거짓이나 그 밖의 부정한 방법으로 제33조제1항에 따른 검사를 받은 자

4. 제34조제2항을 위반하여 테마파크시설 또는 테마파크시설의 부분품(部分品)을 설치하거나 사용한 자

4의2. 제35조제1항제14호에 해당되어 관할 등록기관등의 장이 내린 명령을 위반한 자

5. 제35조제1항제20호에 해당되어 관할 등록기관등의 장이 내린 개선명령을 위반한 자

5의2. 제38조제8항을 위반하여 자격증을 빌려주거나 빌린 자 또는 이를 알선한 자

5의3. 제52조의2제1항에 따른 허가 또는 변경허가를 받지 아니하고 같은 항에
　　　규정된 행위를 한 자

5의4. 제52조의2제1항에 따른 허가 또는 변경허가를 거짓이나 그 밖의 부정한
　　　방법으로 받은 자

5의5. 제52조의2제4항에 따른 원상회복명령을 이행하지 아니한 자

　6. 제55조제3항을 위반하여 조성사업을 한 자 [시행일 : 2025.8.28.]

5. 500만 원 이하의 과태료

제86조(과태료) ① 다음 각 호의 어느 하나에 해당하는 자에게는 500만원 이하의
과태료를 부과한다. <신설 2015.5.18., 2019.12.3.>

1. 제33조의2제1항에 따른 통보를 하지 아니한 자

2. 제38조제6항을 위반하여 관광통역안내를 한 자

6. 100만 원 이하의 과태료

제86조(과태료) ② 다음 각 호의 어느 하나에 해당하는 자에게는 100만원 이하의
과태료를 부과한다. <개정 2011.4.5., 2014.3.11., 2015.2.3., 2015.5.18., 2016.2.3., 2018.3.13.,
2023.8.8.>

1. 삭제 <2011.4.5.>

2. 제10조제3항을 위반한 자

3. 삭제 <2011.4.5.>

4. 제28조제2항 전단을 위반하여 영업준칙을 지키지 아니한 자

4의2. 제33조제3항을 위반하여 안전교육을 받지 아니한 자

4의3. 제33조제4항을 위반하여 안전관리자에게 안전교육을 받도록 하지 아니
    한 자

4의4. 삭제 <2019.12.3.>

4의5. 제38조제7항을 위반하여 자격증을 달지 아니한 자

5. 삭제 <2018.12.11.>

6. 제48조의10제3항을 위반하여 인증표지 또는 이와 유사한 표지를 하거나 한
   국관광 품질인증을 받은 것으로 홍보한 자

③ 제1항 및 제2항에 따른 과태료는 대통령령으로 정하는 바에 따라 관할 등록
기관등의 장이 부과·징수한다. <개정 2015.5.18.>

④ 삭제 <2009.3.25.>

⑤ 삭제 <2009.3.25.>

■ 관광진흥법 시행령 [별표 5] 〈개정 2020.6.2.〉

과태료의 부과기준(제67조 관련)

1. 일반기준

　가. 위반행위의 횟수에 따른 과태료의 가중된 부과기준은 최근 2년간 같은 위반행위로 과태
　　료 부과처분을 받은 경우에 적용한다. 이 경우 기간의 계산은 위반행위에 대하여 과태
　　료 부과처분을 받은 날과 그 처분 후 다시 같은 위반행위를 하여 적발된 날을 기준으로
　　한다.

　나. 가목에 따라 가중된 부과처분을 하는 경우 가중처분의 적용 차수는 그 위반행위 전 부과
　　처분 차수(가목에 따른 기간 내에 과태료 부과처분이 둘 이상 있었던 경우에는 높은 차수
　　를 말한다)의 다음 차수로 한다.

　다. 부과권자는 다음의 어느 하나에 해당하는 경우에는 제2호의 개별기준에 따른 과태료 금
　　액의 2분의 1의 범위에서 그 금액을 줄일 수 있다. 다만, 과태료를 체납하고 있는 위반행
　　위자에 대해서는 그렇지 않다.

　　1) 위반행위자가 「질서위반행위규제법 시행령」 제2조의2제1항 각 호의 어느 하나에 해
　　　당하는 경우

2) 위반행위자가 처음 해당 위반행위를 한 경우로서 5년 이상 해당 업종을 모범적으로 영위한 사실이 인정되는 경우

3) 위반행위자가 자연재해·화재 등으로 재산에 현저한 손실이 발생하거나 사업여건의 악화로 사업이 중대한 위기에 처하는 등의 사정이 있는 경우

4) 위반행위가 사소한 부주의나 오류로 인한 것으로 인정되는 경우

5) 위반행위자가 같은 위반행위로 벌금이나 사업정지 등의 처분을 받은 경우

6) 위반행위자가 법 위반상태를 시정하거나 해소하기 위하여 노력한 것으로 인정되는 경우

7) 그 밖에 위반행위의 정도, 위반행위의 동기와 그 결과 등을 고려하여 과태료의 금액을 줄일 필요가 있다고 인정되는 경우

2. 개별기준

(단위: 만원)

위반행위	근거 법조문	과태료 금액		
		1차 위반	2차 위반	3차 이상 위반
가. 법 제10조제3항을 위반하여 관광표지를 사업장에 붙이거나 관광사업의 명칭을 포함하는 상호를 사용한 경우	법 제86조 제2항제2호	30	60	100
나. 법 제28조제2항 전단을 위반하여 영업준칙을 지키지 않은 경우	법 제86조 제2항제4호	100	100	100
다. 법 제33조제3항을 위반하여 안전교육을 받지 않은 경우	법 제86조 제2항 제4호의2	30	60	100
라. 법 제33조제4항을 위반하여 안전관리자에게 안전교육을 받도록 하지 않은 경우	법 제86조 제2항 제4호의3	50	100	100
마. 법 제33조의2제1항을 위반하여 유기시설 또는 유기기구로 인한 중대한 사고를 통보하지 않은 경우	법 제86조 제1항제1호	100	200	300
바. 법 제38조제6항을 위반하여 관광통역안내를 한 경우	법 제86조 제1항제2호	150	300	500
사. 법 제38조제7항을 위반하여 자격증을 패용하지 않은 경우	법 제86조 제2항 제4호의5	3	3	3

아. 삭제 <2019.4.9.>				
자. 법 제48조의10제3항을 위반하여 인증표지 또는 이와 유사한 표지를 하거나 한국관광 품질인증을 받은 것으로 홍보한 경우	법 제86조 제2항제6호	30	60	100

관 광 법 규

IV

관광진흥개발기금법

관광법규

1

제정 목적과 기금 관리

관광법규 제**1**장

제정 목적과 기금 관리

제1절 제정 목적

「관광진흥개발기금법」은 1972년 12월 29일 제정[법률 제2402호]되었으며 약칭 관광기금법이라고 하며, 지금까지 21회에 걸쳐 개정되었다. 이 법의 제정 목적은 '관광사업을 효율적으로 발전시키고 관광을 통한 외화 수입의 증대에 이바지하기 위하여 관광진흥개발기금을 설치하는 것'이다.

> 제1조(목적) 이 법은 관광사업을 효율적으로 발전시키고 관광을 통한 외화 수입의 증대에 이바지하기 위하여 관광진흥개발기금을 설치하는 것을 목적으로 한다.

제2절   기금의 설치와 재원

　정부는 이 법의 목적을 달성하는 데에 필요한 자금을 확보하기 위하여 관광진흥개발기금을 설치하였다. 기금의 재원(財源)은 정부로부터 받은 출연금, 카지노사업자의 매출액에 따른 납부금, 국내 공항과 항만을 통하여 출국하는 자의 납부금, 보세판매장 특허수수료의 100분의 50, 기금의 운용에 따라 생기는 수익금 등이다.

　출국납부금은 7천 원이며, 선박을 이용하는 경우는 1천 원이다. 출국납부금 대상에서 제외되는 사람은 ① 외교관여권이 있는 자, ② 12세 미만인 어린이, ③ 국외로 입양되는 어린이와 그 호송인, ④ 대한민국에 주둔하는 외국의 군인과 군무원, ⑤ 입국이 허용되지 아니하거나 거부되어 출국하는 자, ⑥ 「출입국관리법」 제46조에 따른 강제퇴거 대상자 중 국비로 강제 출국당하는 외국인, ⑦ 공항 통과 여객 중 1) 항공기 탑승이 불가능하여 어쩔 수 없이 당일이나 그다음 날 출국하는 경우, 2) 공항이 폐쇄되거나 기상이 악화하여 항공기의 출발이 지연되는 경우, 3) 항공기의 고장·납치, 긴급환자 발생 등 부득이한 사유로 항공기가 불시착한 경우, 4) 관광을 목적으로 보세구역을 벗어난 후 24시간 이내에 다시 보세구역으로 들어오는 경우, ⑧ 국제선 항공기와 국제선 선박을 운항하는 승무원과 승무 교대를 위하여 출국하는 승무원 등이다.

제2조(기금의 설치 및 재원) ① 정부는 이 법의 목적을 달성하는 데에 필요한 자금을 확보하기 위하여 관광진흥개발기금(이하 "기금"이라 한다)을 설치한다.

② 기금은 다음 각 호의 재원(財源)으로 조성한다. <개정 2017.11.28.>

1. 정부로부터 받은 출연금

2. 「관광진흥법」 제30조에 따른 납부금

3. 제3항에 따른 출국납부금

4. 「관세법」 제176조의2제4항에 따른 보세판매장 특허수수료의 100분의 50

5. 기금의 운용에 따라 생기는 수익금과 그 밖의 재원

③ 국내 공항과 항만을 통하여 출국하는 자로서 대통령령으로 정하는 자는 1만 원의 범위에서 대통령령으로 정하는 금액을 기금에 납부하여야 한다.

④ 제3항에 따른 납부금을 부과받은 자가 부과된 납부금에 대하여 이의가 있는 경우에는 부과받은 날부터 60일 이내에 문화체육관광부장관에게 이의를 신청할 수 있다. <신설 2011.4.5.>

⑤ 문화체육관광부장관은 제4항에 따른 이의신청을 받았을 때에는 그 신청을 받은 날부터 15일 이내에 이를 검토하여 그 결과를 신청인에게 서면으로 알려야 한다. <신설 2011.4.5.>

⑥ 제3항에 따른 납부금의 부과·징수의 절차 등에 필요한 사항은 대통령령으로 정한다. <개정 2011.4.5.>

⑦ 제4항 및 제5항에서 규정한 사항 외에 이의신청에 관한 사항은 「행정기본법」 제36조(제2항 단서는 제외한다)에 따른다. <신설 2023.5.16.>

[전문개정 2007.12.21.]

제3절 기금의 관리

관광진흥개발기금은 문화체육관광부 장관이 관리하며, 집행·평가·결산 및 여유자금 관리 등을 효율적으로 수행하기 위하여 10명 이내의 민간전문가를 고용한다. 민간전문가는 계약직으로 하며, 그 계약기간은 2년을 원칙으로 하되, 1년 단위로 연장할 수 있다. 민간전문가의 업무분장·채용·복무·보수 및 그 밖의 인사관리에 필요한 사항은 '관광진흥개발기금 관리단 운영규정'에 따른다.

제3조(기금의 관리) ① 기금은 문화체육관광부장관이 관리한다. <개정 2008.2.29.>

② 문화체육관광부장관은 기금의 집행·평가·결산 및 여유자금 관리 등을 효

율적으로 수행하기 위하여 10명 이내의 민간 전문가를 고용한다. 이 경우 필요
한 경비는 기금에서 사용할 수 있다. <개정 2008.2.29.>

③ 제2항에 따른 민간 전문가의 고용과 운영에 필요한 사항은 대통령령으로 정
한다.

[전문개정 2007.12.21.]

 ## 제4절 기금의 용도

　관광진흥개발기금은 대여(貸與), 출연(出捐), 보조(補助), 출자(出資) 또는 대여하거나
보조할 수 있다. 대여에 해당하는 것은 호텔을 비롯한 각종 관광시설의 건설 또는 개수
(改修), 관광을 위한 교통수단의 확보 또는 개수, 관광사업의 발전을 위한 기반시설의
건설 또는 개수, 관광지·관광단지, 관광특구에서 관광 편의시설의 건설 또는 개수 등이
며, 출연 또는 보조 대상은 기금에서 관광정책을 조사·연구하는 법인의 기본재산 형성
과 조사·연구사업 등이며, 신용보증을 통한 대여를 활성화하기 위하여 예산의 범위에
서 신용보증기금, 신용보증재단중앙회에 출연할 수 있다. 대여하거나 보조할 수 있는 사
업은 국외 여행자의 건전한 관광을 위한 교육과 관광 정보 제공 사업, 국내외 관광 안내
체계의 개선과 관광 홍보 사업, 관광사업 종사자나 관계자에 대한 교육훈련 사업, 국민
관광 진흥사업과 외래관광객 유치 지원 사업, 관광상품 개발과 지원 사업, 관광지·관광
단지, 관광특구에서의 공공편익시설 설치 사업, 국제회의의 유치와 개최 사업, 장애인
등 소외계층에 대한 국민관광 복지 사업, 전통 관광자원 개발과 지원 사업, 감염병 확산
등으로 관광사업자에게 발생한 경영상 중대한 위기 극복을 위한 지원 사업, 관광사업의
발전을 위하여 필요한 사업(종합여행업 또는 카지노업, 업종별 또는 지역별 관광협회의
국외지사 설치, 관광사업체 운영의 활성화, 관광진흥에 이바지하는 문화예술사업, 지방
자치단체나 관광단지개발자 등의 관광지와 관광단지 조성사업, 관광지·관광단지, 관광

특구의 문화 · 체육시설, 숙박시설, 상가시설로서 관광객 유치를 위하여 특히 필요하다고 문화체육관광부 장관이 인정하는 시설의 조성, 관광 관련 국제기구의 설치) 등이다.

민간자본의 유치를 위하여 관광지와 관광단지의 조성사업, 국제회의시설의 건립과 확충 사업, 관광사업에 투자하는 것을 목적으로 하는 투자조합, 관광사업의 발전을 위하여 집합투자기구, 사모집합투자기구, 부동산투자회사 등이 투자하는 관광지와 관광단지의 조성사업, 「관광진흥법」에 따른 관광사업 등의 사업이나 투자조합에 출자도 할 수 있다.

제5조(기금의 용도) ① 기금은 다음 각 호의 어느 하나에 해당하는 용도로 대여 (貸與)할 수 있다.

1. 호텔을 비롯한 각종 관광시설의 건설 또는 개수(改修)

2. 관광을 위한 교통수단의 확보 또는 개수

3. 관광사업의 발전을 위한 기반시설의 건설 또는 개수

4. 관광지 · 관광단지 및 관광특구에서의 관광 편의시설의 건설 또는 개수

② 문화체육관광부장관은 기금에서 관광정책에 관하여 조사 · 연구하는 법인의 기본재산 형성 및 조사 · 연구사업, 그 밖의 운영에 필요한 경비를 출연 또는 보조할 수 있다. <개정 2008.2.29., 2021.6.15.>

③ 기금은 다음 각 호의 어느 하나에 해당하는 사업에 대여하거나 보조할 수 있다. <개정 2009.3.5., 2021.8.10.>

1. 국외 여행자의 건전한 관광을 위한 교육 및 관광정보의 제공사업

2. 국내외 관광안내체계의 개선 및 관광홍보사업

3. 관광사업 종사자 및 관계자에 대한 교육훈련사업

4. 국민관광 진흥사업 및 외래관광객 유치 지원사업

5. 관광상품 개발 및 지원사업

6. 관광지 · 관광단지 및 관광특구에서의 공공 편익시설 설치사업

7. 국제회의의 유치 및 개최사업

8. 장애인 등 소외계층에 대한 국민관광 복지사업

9. 전통관광자원 개발 및 지원사업

9의2. 감염병 확산 등으로 관광사업자(「관광진흥법」 제2조제2호에 따른 관광사업자를 말한다)에게 발생한 경영상 중대한 위기 극복을 위한 지원사업

10. 그 밖에 관광사업의 발전을 위하여 필요한 것으로서 대통령령으로 정하는 사업

④ 기금은 민간자본의 유치를 위하여 필요한 경우 다음 각 호의 어느 하나의 사업이나 투자조합에 출자(出資)할 수 있다.

1. 「관광진흥법」 제2조제6호 및 제7호에 따른 관광지 및 관광단지의 조성사업

2. 「국제회의산업 육성에 관한 법률」 제2조제3호에 따른 국제회의시설의 건립 및 확충 사업

3. 관광사업에 투자하는 것을 목적으로 하는 투자조합

4. 그 밖에 관광사업의 발전을 위하여 필요한 것으로서 대통령령으로 정하는 사업

⑤ 기금은 신용보증을 통한 대여를 활성화하기 위하여 예산의 범위에서 다음 각 호의 기관에 출연할 수 있다. <신설 2018.12.24.>

1. 「신용보증기금법」에 따른 신용보증기금

2. 「지역신용보증재단법」에 따른 신용보증재단중앙회

[전문개정 2007.12.21.]

관광법규

2

기금 운용

관광법규 제**2**장

기금 운용

제1절 기금운용위원회

기금의 운용에 관한 종합적인 사항을 심의하기 위하여 문화체육관광부 장관 소속으로 기금운용위원회를 둔다. 위원회는 위원장 1명을 포함한 10명 이내의 위원으로 구성하며, 위원장은 문화체육관광부 제1차관이 되고, 위원은 기획재정부와 문화체육관광부의 고위 공무원단에 속하는 공무원, 관광 관련 단체 또는 연구기관의 임원, 공인회계사의 자격이 있는 사람, 그 밖에 기금의 관리·운용에 관한 전문 지식과 경험이 풍부하다고 인정되는 사람 중에서 문화체육관광부 장관이 임명하거나 위촉한다.

> **제6조(기금운용위원회의 설치)** ① 기금의 운용에 관한 종합적인 사항을 심의하기 위하여 문화체육관광부장관 소속으로 기금운용위원회(이하 "위원회"라 한다)를 둔다.
> <개정 2008.2.29.>
> ② 위원회의 조직과 운영에 필요한 사항은 대통령령으로 정한다.
> [전문개정 2007.12.21.]

제2절 기금운용계획

　문화체육관광부 장관은 매년 「국가재정법」에 따라 기금 운용계획안을 수립해야 하며, 기금운용계획을 변경할 때도 마찬가지이며, 위원회의 심의를 거쳐야 한다. 기금의 수입은 제2조제2항 각 호의 재원으로 하며, 기금의 지출은 제5조에 따른 기금의 용도를 위한 지출과 기금의 운용에 부수(附隨)되는 경비로 한다. 문화체육관광부 장관은 기금의 수입과 지출에 관한 사무를 하게 하려면 소속 공무원 중에서 기금수입징수관, 기금재무관, 기금지출관 및 기금출납 공무원을 임명하며, 감사원장, 기획재정부 장관 및 한국은행총재에 알려야 한다. 또한, 문화체육관광부 장관은 기금지출관에게 한국은행에 관광진흥개발기금의 계정(計定)을 설치하도록 하고, 수입 계정과 지출 계정으로 구분한다.

제7조(기금운용계획안의 수립 등) ① 문화체육관광부장관은 매년 「국가재정법」에 따라 기금운용계획안을 수립하여야 한다. 기금운용계획을 변경하는 경우에도 또한 같다. <개정 2008.2.29.>

② 제1항에 따른 기금운용계획안을 수립하거나 기금운용계획을 변경하려면 위원회의 심의를 거쳐야 한다.

[전문개정 2007.12.21.]

제8조(기금의 수입과 지출) ① 기금의 수입은 제2조제2항 각 호의 재원으로 한다.

② 기금의 지출은 제5조에 따른 기금의 용도를 위한 지출과 기금의 운용에 따르는 경비로 한다. <개정 2023.8.8.>

[전문개정 2007.12.21.]

제9조(기금의 회계 기관) 문화체육관광부장관은 기금의 수입과 지출에 관한 사무를 하게 하기 위하여 소속 공무원 중에서 기금수입징수관, 기금재무관, 기금지출관 및 기금출납 공무원을 임명한다. <개정 2008.2.29.>

[전문개정 2007.12.21.]

제10조(기금 계정의 설치) 문화체육관광부장관은 기금지출관으로 하여금 한국은행에 관광진흥개발기금의 계정(計定)을 설치하도록 하여야 한다. <개정 2008.2.29.>

[전문개정 2007.12.21.]

제3절 기금사용금지

기금을 대여받거나 보조받은 자는 대여받거나 보조받을 때 지정된 목적 외의 용도에 기금을 사용하지 못하며, 대여받거나 보조받은 기금을 목적 외의 용도에 사용하였을 때는 대여 또는 보조를 취소하고 이를 회수한다.

문화체육관광부 장관은 거짓이나 그 밖의 부정한 방법으로 대여를 신청하였을 때 또는 대여를 받았을 때, 잘못 지급되었을 때, 「관광진흥법」에 따른 등록·허가·지정 또는 사업계획 승인 등의 취소 또는 실효 등으로 기금의 대여 자격을 잃었을 때, 대여 조건을 이행하지 않았을 때, 기금을 대여받은 후 「관광진흥법」 제4조에 따른 등록 또는 변경등록이나 같은 법 제15조에 따른 사업계획 변경승인을 받지 못하여 기금을 대여받을 때, 지정된 목적 사업을 계속하여 수행하는 것이 현저히 곤란하거나 불가능할 때 등에 해당하면 대여 신청을 거부하거나, 대여를 취소하고 지출된 기금의 전부 또는 일부를 회수한다.

제11조(목적 외의 사용 금지 등) ① 기금을 대여받거나 보조받은 자는 대여받거나 보조받을 때에 지정된 목적 외의 용도에 기금을 사용하지 못한다.

② 대여받거나 보조받은 기금을 목적 외의 용도에 사용하였을 때에는 대여 또는 보조를 취소하고 이를 회수한다.

③ 문화체육관광부장관은 기금의 대여를 신청한 자 또는 기금의 대여를 받은 자가 다음 각 호의 어느 하나에 해당하면 그 대여 신청을 거부하거나, 그 대여

를 취소하고 지출된 기금의 전부 또는 일부를 회수한다. <신설 2011.4.5.>

1. 거짓이나 그 밖의 부정한 방법으로 대여를 신청한 경우 또는 대여를 받은 경우

2. 잘못 지급된 경우

3. 「관광진흥법」에 따른 등록·허가·지정 또는 사업계획 승인 등의 취소 또는 실효 등으로 기금의 대여자격을 상실하게 된 경우

4. 대여조건을 이행하지 아니한 경우

5. 그 밖에 대통령령으로 정하는 경우

④ 다음 각 호의 어느 하나에 해당하는 자는 해당 기금을 대여받거나 보조받은 날부터 3년 이내에 기금을 대여받거나 보조받을 수 없다. <신설 2011.4.5.>

1. 제2항에 따라 기금을 목적 외의 용도에 사용한 자

2. 거짓이나 그 밖의 부정한 방법으로 기금을 대여받거나 보조받은 자

[전문개정 2007.12.21.]

[제목개정 2011.4.5.]

제4절 납부금 부과·징수 업무의 위탁

문화체육관광부 장관은 납부금의 부과·징수의 업무를 지방해양수산청장, 항만공사, 공항운영자에게 위탁하여 그 업무에 필요한 경비를 보조하는 경우 관계 중앙행정기관장과 협의하며, 기금의 집행·평가·결산 및 여유자금 관리 등을 효율적으로 수행하기 위하여 10명 이내의 민간전문가로 고용된 자는 「형법」 제129조부터 제132조까지의 규정(수뢰, 사전수뢰, 제삼자뇌물제공, 수뢰후부정처사, 사후수뢰, 알선수뢰)을 적용할 때는 공무원으로 본다.

제12조(납부금 부과·징수 업무의 위탁) ① 문화체육관광부장관은 제2조제3항에 따른 납부금의 부과·징수의 업무를 대통령령으로 정하는 바에 따라 관계 중앙 행정기관의 장과 협의하여 지정하는 자에게 위탁할 수 있다. <개정 2008.2.29.>

② 문화체육관광부장관은 제1항에 따라 납부금의 부과·징수의 업무를 위탁한 경우에는 기금에서 납부금의 부과·징수의 업무를 위탁받은 자에게 그 업무에 필요한 경비를 보조할 수 있다. <개정 2008.2.29.>

[전문개정 2007.12.21.]

제13조(벌칙 적용 시의 공무원 의제) 제3조제2항에 따라 고용된 자는 「형법」 제 129조부터 제132조까지의 규정을 적용할 때에는 공무원으로 본다.

[전문개정 2007.12.21.]

V

국제회의산업 육성에
관한 법률

관 광 법 규

1

개요

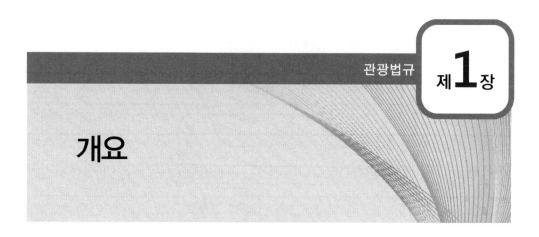

관광법규 제**1**장

개요

제1절 제정 목적

　1996년 12월 30일 법률 제5210호로 제정된 「국제회의산업 육성에 관한 법률」은 국제회의의 유치를 촉진하고 그 원활한 개최를 지원하여 국제회의산업을 육성·진흥함으로써 관광산업의 발전과 국민경제의 향상 등에 이바지함을 목적으로 하고 있다.

　대규모의 국제회의를 개최하면 직·간접적으로 고용이 증가하고, 국제회의와 관련된 산업이 발전하며, 각종 정보의 교류로 인한 산업의 경쟁력이 향상하는 등 국제회의 자체가 하나의 산업적인 의미가 있으나 1988년 서울올림픽을 통해 세계에 알려지기 시작한 우리나라는 대규모 국제회의 개최에 필요한 인적·물적자원을 강화하고, 제3차 ASEM 서울 정상회의, 2002한일월드컵 등 각종 행사와 관련하여 국제회의 유치를 촉진하고 원활한 개최를 지원하여 국내 기반이 약한 국제회의산업을 육성·진흥함으로써 관광산업의 발전과 국민경제의 향상에 이바지하고자 이 법을 제정하였다.

제1조(목적) 이 법은 국제회의의 유치를 촉진하고 그 원활한 개최를 지원하여 국제회의산업을 육성 · 진흥함으로써 관광산업의 발전과 국민경제의 향상 등에 이바지함을 목적으로 한다.

[전문개정 2007.12.21.]

제2절 용어 정의

국제회의산업을 이해하기 위해서는 이 법에서 정의한 용어를 잘 알아야 한다. 「국제회의산업 육성에 관한 법률」(이하 국제회의산업법) 제2조 정의에서는 8가지를 설명하고 있다. 먼저, "국제회의"란 상당수의 외국인이 참가하는 회의(세미나 · 토론회 · 전시회 등 포함)로서 대통령령으로 정하는 종류와 규모에 해당하는 것, "국제회의산업"이란 국제회의의 유치와 개최에 필요한 국제회의시설, 서비스 등과 관련된 산업, "국제회의시설"이란 국제회의의 개최에 필요한 회의 시설, 전시시설 및 이와 관련된 부대시설 등으로서 대통령령으로 정하는 종류와 규모에 해당하는 것, "국제회의도시"란 국제회의산업의 육성 · 진흥을 위하여 제14조(국제회의도시의 지정)에 따라 지정된 특별시 · 광역시 또는 시, "국제회의 전담조직"이란 국제회의산업의 진흥을 위하여 각종 사업을 수행하는 조직, "국제회의산업 육성기반"이란 국제회의시설, 국제회의 전문인력, 전자국제회의체제, 국제회의 정보 등 국제회의의 유치 · 개최를 지원하고 촉진하는 시설, 인력, 체제, 정보 등, "국제회의복합지구"란 국제회의시설 및 국제회의집적시설이 집적되어 있는 지역으로서 제15조의2(국제회의복합지구의 지정)에 따라 지정된 지역, "국제회의집적시설"이란 국제회의복합지구 안에서 국제회의시설의 집적화 및 운영 활성화에 이바지하는 숙박시설, 판매시설, 공연장 등 대통령령으로 정하는 종류와 규모에 해당하는 시설로서 제15조의3(국제회의집적시설의 지정)에 따라 지정된 시설을 말한다.

제2조(정의) 이 법에서 사용하는 용어의 뜻은 다음과 같다. <개정 2015.3.27., 2022.9.27.>

1. "국제회의"란 상당수의 외국인이 참가하는 회의(세미나·토론회·전시회·기업회의 등을 포함한다)로서 대통령령으로 정하는 종류와 규모에 해당하는 것을 말한다.

2. "국제회의산업"이란 국제회의의 유치와 개최에 필요한 국제회의시설, 서비스 등과 관련된 산업을 말한다.

3. "국제회의시설"이란 국제회의의 개최에 필요한 회의시설, 전시시설 및 이와 관련된 지원시설·부대시설 등으로서 대통령령으로 정하는 종류와 규모에 해당하는 것을 말한다.

4. "국제회의도시"란 국제회의산업의 육성·진흥을 위하여 제14조에 따라 지정된 특별시·광역시 또는 시를 말한다.

5. "국제회의 전담조직"이란 국제회의산업의 진흥을 위하여 각종 사업을 수행하는 조직을 말한다.

6. "국제회의산업 육성기반"이란 국제회의시설, 국제회의 전문인력, 전자국제회의체제, 국제회의 정보 등 국제회의의 유치·개최를 지원하고 촉진하는 시설, 인력, 체제, 정보 등을 말한다.

7. "국제회의복합지구"란 국제회의시설 및 국제회의집적시설이 집적되어 있는 지역으로서 제15조의2에 따라 지정된 지역을 말한다.

8. "국제회의집적시설"이란 국제회의복합지구 안에서 국제회의시설의 집적화 및 운영 활성화에 기여하는 숙박시설, 판매시설, 공연장 등 대통령령으로 정하는 종류와 규모에 해당하는 시설로서 제15조의3에 따라 지정된 시설을 말한다.

[전문개정 2007.12.21.]

국제회의의 종류와 규모는 「국제회의산업법 시행령」 제2조에 구체적으로 나타나 있는데 다음과 같다.

〈표 V-1〉 국제회의의 종류와 규모

구분	요건
국제기구, 기관 또는 법인·단체가 개최하는 회의	• 해당 회의에 3개국 이상의 외국인이 참가할 것 • 회의 참가자가 100명 이상이고 그 중 외국인이 50명 이상일 것 • 2일 이상 진행되는 회의일 것
국제기구, 기관, 법인 또는 단체가 개최하는 회의	• 「감염병의 예방 및 관리에 관한 법률」 제2조제2호에 따른 제1급 감염병 확산으로 외국인이 회의장에 직접 참석하기 곤란한 회의로서 개최일이 문화체육관광부장관이 정하여 고시하는 기간 내일 것 • 회의 참가자 수, 외국인 참가자 수 및 회의일 수가 문화체육관광부장관이 정하여 고시하는 기준에 해당할 것

국제회의시설의 종류와 규모는 「국제회의산업법 시행령」 제3조에서 설명하고 있는데, 국제회의시설은 전문회의시설, 준회의시설, 전시시설, 부대시설로 구분하며 상세한 내용은 다음과 같다.

〈표 V-2〉 국제회의시설의 종류와 규모

구분	요건
전문회의시설	• 2천명 이상의 인원을 수용할 수 있는 대회의실이 있을 것 • 30명 이상의 인원을 수용할 수 있는 중·소회의실이 10실 이상 있을 것 • 옥내와 옥외의 전시면적을 합쳐서 2천제곱미터 이상 확보하고 있을 것
준회의시설	국제회의 개최에 필요한 회의실로 활용할 수 있는 호텔연회장·공연장·체육관 등의 시설 • 200명 이상의 인원을 수용할 수 있는 대회의실이 있을 것 • 30명 이상의 인원을 수용할 수 있는 중·소회의실이 3실 이상 있을 것
전시시설	• 옥내와 옥외의 전시면적을 합쳐서 2천제곱미터 이상 확보하고 있을 것 • 30명 이상의 인원을 수용할 수 있는 중·소회의실이 5실 이상 있을 것
부대시설	국제회의 개최와 전시의 편의를 위하여 전문회의시설과 전시시설에 부속된 숙박시설·주차시설·음식점시설·휴식시설·판매시설 등
지원시설	• 컴퓨터, 카메라 및 마이크 등 원격영상회의에 필요한 설비 • 칸막이 또는 방음시설 등 이용자의 정보 노출방지에 필요한 설비 • 설비의 설치와 이용에 사용되는 면적을 합한 면적이 80제곱미터 이상

국제회의집적시설의 종류와 규모는「관광진흥법」제3조제1항제2호에 따른 관광숙박업의 시설로서 100실 이상의 객실(4성급 또는 5성급으로 등급결정을 받은 호텔업의 경우에는 30실)을 보유한 시설,「유통산업발전법」제2조제3호에 따른 대규모 점포,「공연법」제2조제4호에 따른 공연장으로서 300석 이상의 객석을 보유한 공연장 등을 말한다.

제3절 국가의 책무

국가는 국제회의산업의 육성·진흥을 위하여 필요한 계획의 수립 등 행정상·재정상의 지원조치를 세워야 하며, 지원조치에는 국제회의 참가자가 이용할 숙박시설, 교통시설 및 관광 편의시설 등의 설치·확충 또는 개선을 위하여 필요한 사항을 포함해야 한다.

> 제3조(국가의 책무) ① 국가는 국제회의산업의 육성·진흥을 위하여 필요한 계획의 수립 등 행정상·재정상의 지원조치를 강구하여야 한다.
> ② 제1항에 따른 지원조치에는 국제회의 참가자가 이용할 숙박시설, 교통시설 및 관광 편의시설 등의 설치·확충 또는 개선을 위하여 필요한 사항이 포함되어야 한다.
> [전문개정 2007.12.21.]

2

국제회의산업 육성

관광법규

제2장

국제회의산업 육성

제1절 국제회의

1. 기본계획 수립

문화체육관광부 장관은 국제회의산업의 육성·진흥을 위하여 국제회의 유치와 촉진, 국제회의의 원활한 개최, 국제회의에 필요한 인력의 양성, 국제회의시설의 설치와 확충, 국제회의시설의 감염병 등에 대한 안전·위생·방역 관리, 그 밖에 국제회의산업의 육성·진흥 등의 사항이 포함되는 국제회의산업육성기본계획("기본계획")을 5년마다 수립·시행해야 하며, 기본계획에 따라 연도별 국제회의산업육성시행계획("시행계획")을 수립·시행해야 한다. 기본계획·시행계획의 수립·변경하는 경우 국제회의산업과 관련이 있는 기관 또는 단체 등의 의견을 들어야 하며, 기본계획의 실적을 평가할 때는 연도별 국제회의산업육성시행계획의 추진실적을 종합하여 평가하고, 추진실적 평가에 필요한 조사·분석 등을 전문 기관에 의뢰할 수 있다.

제6조(국제회의산업육성기본계획의 수립 등) ① 문화체육관광부장관은 국제회의산업의 육성·진흥을 위하여 다음 각 호의 사항이 포함되는 국제회의산업육성기본계획(이하 "기본계획"이라 한다)을 5년마다 수립·시행하여야 한다.

<개정 2008.2.29., 2017.11.28., 2020.12.22., 2022.9.27.>

1. 국제회의의 유치와 촉진에 관한 사항

2. 국제회의의 원활한 개최에 관한 사항

3. 국제회의에 필요한 인력의 양성에 관한 사항

4. 국제회의시설의 설치와 확충에 관한 사항

5. 국제회의시설의 감염병 등에 대한 안전·위생·방역 관리에 관한 사항

6. 국제회의산업 진흥을 위한 제도 및 법령 개선에 관한 사항

7. 그 밖에 국제회의산업의 육성·진흥에 관한 중요 사항

② 문화체육관광부장관은 기본계획에 따라 연도별 국제회의산업육성시행계획(이하 "시행계획"이라 한다)을 수립·시행하여야 한다. <신설 2017.11.28.>

③ 문화체육관광부장관은 기본계획 및 시행계획의 효율적인 달성을 위하여 관계 중앙행정기관의 장, 지방자치단체의 장 및 국제회의산업 육성과 관련된 기관의 장에게 필요한 자료 또는 정보의 제공, 의견의 제출 등을 요청할 수 있다. 이 경우 요청을 받은 자는 정당한 사유가 없으면 이에 따라야 한다.

<개정 2017.11.28.>

④ 문화체육관광부장관은 기본계획의 추진실적을 평가하고, 그 결과를 기본계획의 수립에 반영하여야 한다. <신설 2017.11.28.>

⑤ 기본계획·시행계획의 수립 및 추진실적 평가의 방법·내용 등에 필요한 사항은 대통령령으로 정한다. <개정 2017.11.28.>

[전문개정 2007.12.21.] [시행일 : 2021.6.23.] 제6조

2. 육성기반 조성

　문화체육관광부 장관은 국제회의산업 육성기반을 조성하기 위하여 관계 중앙행정기관의 장과 협의하여 국제회의시설의 건립, 국제회의 전문인력의 양성, 국제회의산업 육성기반의 조성을 위한 국제협력, 인터넷 등 정보통신망을 통하여 수행하는 전자국제회의 기반의 구축, 국제회의산업에 관한 정보와 통계의 수집 · 분석 및 유통, 그 밖에 국제회의산업 육성기반의 조성을 위하여 필요하다고 인정되는 국제회의 전담조직의 육성, 국제회의산업에 관한 국외 홍보 사업 등을 추진해야 한다.

　그리고, 국제회의 전담조직, 국제회의 도시, 한국관광공사, 대학 · 산업대학 및 전문대학 등의 기관 · 법인 또는 단체("사업시행기관") 등에게 국제회의산업 육성기반의 조성을 위한 사업을 하게 할 수 있다.

제8조(국제회의산업 육성기반의 조성) ① 문화체육관광부 장관은 국제회의산업 육성기반을 조성하기 위하여 관계 중앙행정기관의 장과 협의하여 다음 각 호의 사업을 추진하여야 한다. <개정 2008.2.29., 2022.9.27.>

1. 국제회의시설의 건립

2. 국제회의 전문인력의 양성

3. 국제회의산업 육성기반의 조성을 위한 국제협력

4. 인터넷 등 정보통신망을 통하여 수행하는 전자국제회의 기반의 구축

5. 국제회의산업에 관한 정보와 통계의 수집 · 분석 및 유통

6. 국제회의 기업 육성 및 서비스 연구 개발

7. 그 밖에 국제회의산업 육성기반의 조성을 위하여 필요하다고 인정되는 사업으로서 대통령령으로 정하는 사업

② 문화체육관광부장관은 다음 각 호의 기관 · 법인 또는 단체(이하 "사업시행기관"이라 한다) 등으로 하여금 국제회의산업 육성기반의 조성을 위한 사업을 실시하게 할 수 있다. <개정 2008.2.29.>

1. 제5조제1항 및 제2항에 따라 지정 · 설치된 전담조직

---

2. 제14조제1항에 따라 지정된 국제회의도시

3. 「한국관광공사법」에 따라 설립된 한국관광공사

4. 「고등교육법」에 따른 대학·산업대학 및 전문대학

5. 그 밖에 대통령령으로 정하는 법인·단체

   [전문개정 2007.12.21.]

이러한 국제회의산업 육성기반의 조성을 통하여 국제회의시설의 건립과 운영 촉진(제9조), 국제회의 전문인력의 교육·훈련(제10조), 국제협력 촉진(제11조), 전자국제회의 기반의 확충(제12조), 국제회의 정보의 유통 촉진(제13조) 등을 위해 필요한 시책을 마련해야 한다. 사업시행기관이 추진하는 국제회의시설의 건립과 운영 및 국외 홍보활동, 국제회의 전문인력의 교육·훈련, 국제회의 전문인력 교육과정의 개발·운영, 국제회의 전문인력 양성을 위한 인턴사원제도 등 현장실습의 기회 제공, 국제회의 관련 국제협력을 위한 조사·연구, 국제회의 전문인력 및 정보의 국제교류, 외국의 국제회의 관련 기관·단체의 국내 유치, 국제회의 관련 국제행사에의 참가, 외국의 국제회의 관련 기관·단체에의 인력 파견 등에 관한 사업을 지원한다.

정부는 전자국제회의 기반의 확충과 국제회의 정보의 원활한 공급·활용 및 유통을 촉진하는 데 필요한 시책을 강구하고, 문화체육관광부 장관은 전자국제회의 기반의 구축을 촉진하기 위하여 사업시행기관이 추진하는 인터넷 등 정보통신망을 통한 사이버 공간에서 국제회의 개최, 전자국제회의 개최를 위한 관리체제의 개발과 운영, 전자국제회의 개최를 위한 국내외 기관 간의 협력사업, 국제회의 정보와 통계의 수집·분석, 국제회의 정보의 가공과 유통, 국제회의 정보망의 구축과 운영, 국제회의 정보의 활용을 위한 자료의 발간과 배포 등에 관한 사업을 지원한다.

3. 국제회의 전담조직

국제회의 전담조직(CVB: Convention & Visitors Bureau)은 국제회의 개최를 희망하는 지역과 국제회의 주최자의 중간에서 서로에 대한 정보 제공과 기획, 관리에 관한 전문적인 지식을 제공하여 국제회의가 성공적으로 개최될 수 있도록 중요한 역할을 담당하고 있다. 해당 도시나 지역을 대표해 사업상 혹은 즐거움 추구의 목적을 가진 방문객의 유치와 고객서비스를 제공하는 조직이다. 해당 지역의 광범위한 홍보를 통해 국제회의와 관광객의 유치가 주목적으로 국제회의와 관광목적지의 마케팅을 포함한 상품개발과 운영업무를 수행하고 있다. 방문객과 해당 도시 내의 국제회의산업 관련 업체 간의 가교 구실을 하면서 공동협력을 유도한다. 또한, 국제회의, 전시, 인센티브 여행, 이벤트 등의 유치와 개최 지원, 홍보, 마케팅 등을 효과적으로 수행하는 조직으로서 잠재방문객과 도시 내에 관련 업계 간의 중재자 역할을 한다.

　문화체육관광부 장관은 국제회의산업의 육성을 위하여 필요하면 '국제회의 전담조직'을 지정할 수 있고, 국제회의시설을 보유·담당하는 지방자치단체장은 국제회의 관련 업무를 효율적으로 추진하는 데 필요하다고 인정하면 전담 조직을 설치·운영할 수 있으며, 그에 필요한 비용의 전부 또는 일부를 지원할 수 있다. 국제회의 전담조직의 업무는 국제회의의 유치와 개최 지원, 국제회의산업의 국외 홍보, 국제회의 관련 정보의 수집과 배포, 국제회의 전문인력의 교육과 수급(需給), 지방자치단체장이 설치한 전담 조직에 대한 지원과 상호 협력, 그 밖에 국제회의산업의 육성과 관련된 업무 등이다.

[그림 V-1] 국제회의 전담조직 현황

제5조(국제회의 전담조직의 지정 및 설치) ① 문화체육관광부장관은 국제회의산업의 육성을 위하여 필요하면 국제회의 전담조직(이하 "전담조직"이라 한다)을 지정할 수 있다. <개정 2008.2.29.>

② 국제회의시설을 보유·관할하는 지방자치단체의 장은 국제회의 관련 업무를 효율적으로 추진하기 위하여 필요하다고 인정하면 전담조직을 설치·운영할 수 있으며, 그에 필요한 비용의 전부 또는 일부를 지원할 수 있다. <개정 2016.12.20.>

③ 전담조직의 지정·설치 및 운영 등에 필요한 사항은 대통령령으로 정한다.

[전문개정 2007.12.21.]

4. 국제회의도시

문화체육관광부 장관은 국제회의도시 지정 기준에 맞는 특별시·광역시와 시를 국제회의도시로 지정할 수 있고, 국제회의도시를 지정하는 경우 지역 간의 균형 발전을 고려해야 한다. 국제회의도시의 지정 기준은 지정 대상 도시에 국제회의시설이 있고, 해당특별시·광역시 또는 시에서 이를 활용한 국제회의산업 육성에 관한 계획을 수립하고있을 것, 지정 대상 도시에 숙박시설·교통시설·교통안내체계 등 국제회의 참가자를위한 편의시설이 갖추어져 있을 것, 지정 대상 도시 또는 그 주변에 풍부한 관광자원이있을 것 등이다. 또한, 지정된 국제회의도시에 대해서「관광진흥개발기금법」제5조의용도에 해당하는 사업, 제16조(재정지원)제2항 각 호의 어느 하나에 해당하는 사업에 우선 지원할 수 있다. 재정지원에 관한 내용은 제2절에서 자세하게 다루고자 한다.

서울특별시·부산광역시·대구광역시·제주특별자치도(2005년), 광주광역시(2007년),
대전광역시·창원시(2009년), 인천광역시(2011년), 고양시·경주시·평창군(2014년)

[그림 V-2] 국제회의도시 지정 현황

제14조(국제회의도시의 지정 등) ① 문화체육관광부 장관은 대통령령으로 정하는 국제회의도시 지정기준에 맞는 특별시·광역시 및 시를 국제회의도시로 지정할 수 있다. <개정 2008.2.29., 2009.3.18.>

② 문화체육관광부장관은 국제회의도시를 지정하는 경우 지역 간의 균형적 발전을 고려하여야 한다. <개정 2008.2.29.>

③ 문화체육관광부장관은 국제회의도시가 제1항에 따른 지정기준에 맞지 아니하게 된 경우에는 그 지정을 취소할 수 있다. <개정 2008.2.29., 2009.3.18.>

④ 문화체육관광부장관은 제1항과 제3항에 따른 국제회의도시의 지정 또는 지정취소를 한 경우에는 그 내용을 고시하여야 한다. <개정 2008.2.29.>

⑤ 제1항과 제3항에 따른 국제회의도시의 지정 및 지정취소 등에 필요한 사항은 대통령령으로 정한다.

[전문개정 2007.12.21.]

제15조(국제회의도시의 지원) 문화체육관광부장관은 제14조제1항에 따라 지정된 국제회의도시에 대하여는 다음 각 호의 사업에 우선 지원할 수 있다. <개정 2008.2.29.>

1. 국제회의도시에서의 「관광진흥개발기금법」 제5조의 용도에 해당하는 사업

2. 제16조제2항 각 호의 어느 하나에 해당하는 사업

[전문개정 2007.12.21.]

5. 국제회의복합지구

특별시장·광역시장·특별자치시장·도지사·특별자치도지사(시·도지사)는 국제회의산업의 진흥을 위하여 필요한 경우에는 담당 구역의 일정 지역을 국제회의복합지구로 지정할 수 있으며, 지정요건은 국제회의복합지구 지정대상 지역 내에 전문회의시설이 있을 것, 국제회의복합지구 지정대상 지역 내에서 개최된 회의에 참여한 외국인이 국제회의복합지구 지정일이 속한 연도의 전년도 기준 5천 명 이상이거나 국제회의복합지구

지정일이 속한 연도의 직전 3년간 평균 5천 명 이상일 것, 국제회의복합지구 지정대상 지역에 제4조 각 호(숙박시설, 판매시설, 공연장)의 어느 하나에 해당하는 시설이 1개 이상 있을 것, 국제회의복합지구 지정대상 지역이나 그 인근 지역에 교통시설·교통안내체계 등 편의시설이 갖추어져 있을 것 등이며, 지정 면적은 400만㎡ 이내로 한다.

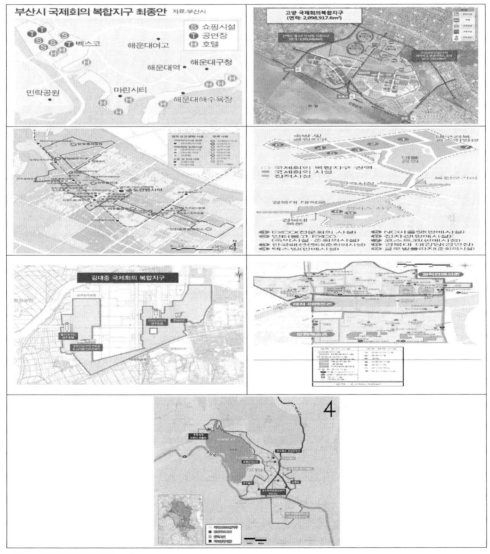

자료 : 문화체육관광부(2023)

[그림 V-3] 국제회의복합지구 지정 현황

또한, 시·도지사는 국제회의복합지구를 지정할 때는 국제회의복합지구 육성·진흥계획을 수립하여 문화체육관광부 장관의 승인을 받아야 하며, 지정된 국제회의복합지구는 관광특구로 보고, 수립된 국제회의복합지구 육성·진흥계획에 관하여 5년마다 그 타당성을 검토하고 국제회의복합지구 육성·진흥계획의 변경 등 필요한 조치를 해야 한다.

국제회의복합지구 육성·진흥계획에는 국제회의복합지구의 명칭, 위치, 면적, 국제회의복합지구의 지정 목적, 국제회의시설 설치와 개선 계획, 국제회의집적시설의 조성계획, 회의 참가자를 위한 편의시설의 설치·확충 계획, 해당 지역의 관광자원 조성·개발계획, 국제회의복합지구 내 국제회의 유치·개최 계획, 담당 지역 내의 국제회의업과 전시사업자 육성계획, 그 밖에 국제회의복합지구의 육성과 진흥을 위하여 필요한 사항 등이 포함되어야 한다.

제15조의2(국제회의복합지구의 지정 등) ① 특별시장·광역시장·특별자치시장·도지사·특별자치도지사(이하 "시·도지사"라 한다)는 국제회의산업의 진흥을 위하여 필요한 경우에는 관할 구역의 일정 지역을 국제회의복합지구로 지정할 수 있다.

② 시·도지사는 국제회의복합지구를 지정할 때에는 국제회의복합지구 육성·진흥계획을 수립하여 문화체육관광부장관의 승인을 받아야 한다. 대통령령으로 정하는 중요한 사항을 변경할 때에도 또한 같다.

③ 시·도지사는 제2항에 따른 국제회의복합지구 육성·진흥계획을 시행하여야 한다.

④ 시·도지사는 사업의 지연, 관리 부실 등의 사유로 지정목적을 달성할 수 없는 경우 국제회의복합지구 지정을 해제할 수 있다. 이 경우 문화체육관광부장관의 승인을 받아야 한다.

⑤ 시·도지사는 제1항 및 제2항에 따라 국제회의복합지구를 지정하거나 지정을 변경한 경우 또는 제4항에 따라 지정을 해제한 경우 대통령령으로 정하는 바에 따라 그 내용을 공고하여야 한다.

⑥ 제1항에 따라 지정된 국제회의복합지구는 「관광진흥법」 제70조에 따른 관

광특구로 본다.

⑦ 제2항에 따른 국제회의복합지구 육성·진흥계획의 수립·시행, 국제회의복합지구 지정의 요건 및 절차 등에 필요한 사항은 대통령령으로 정한다.

[본조신설 2015.3.27.]

6. 국제회의집적시설

문화체육관광부 장관은 국제회의복합지구에서 국제회의시설의 집적화와 운영 활성화를 위하여 필요한 경우 시·도지사와 협의를 거쳐 국제회의집적시설을 지정할 수 있고, 국제회의집적시설로 지정을 받으려는 자(지방자치단체 포함)는 문화체육관광부 장관에게 지정을 신청해야 한다. 국제회의집적시설의 지정요건은 해당 시설(설치 예정 시설 포함)이 국제회의복합지구 내에 있을 것, 해당 시설 내에 외국인 이용자를 위한 안내체계와 편의시설을 갖출 것, 해당 시설과 국제회의복합지구 내 전문회의시설 간의 업무제휴 협약이 체결되어 있어야 한다.

제15조의3(국제회의집적시설의 지정 등) ① 문화체육관광부장관은 국제회의복합지구에서 국제회의시설의 집적화 및 운영 활성화를 위하여 필요한 경우 시·도지사와 협의를 거쳐 국제회의집적시설을 지정할 수 있다.

② 제1항에 따른 국제회의집적시설로 지정을 받으려는 자(지방자치단체를 포함한다)는 문화체육관광부장관에게 지정을 신청하여야 한다.

③ 문화체육관광부장관은 국제회의집적시설이 지정요건에 미달하는 때에는 대통령령으로 정하는 바에 따라 그 지정을 해제할 수 있다.

④ 그 밖에 국제회의집적시설의 지정요건 및 지정신청 등에 필요한 사항은 대통령령으로 정한다.

[본조신설 2015.3.27.]

〈표 V-3〉 국제회의집적시설 지정 현황

지역	전문회의시설	구분	시설명
인천시	송도 컨벤시아 (10개) 2019.1.7.	숙박(6)	오크우드 프리미어 인천호텔, 송도 센트럴파크 호텔, 쉐라톤 그랜드 인천 호텔, 오라카이 송도 파크호텔, 홀리데이인 인천송도호텔, ㈜스카이파크호텔앤리조트
		판매(3)	롯데마트(롯데몰)송도, 트리플 스트리트몰, 현대 프리미엄아울렛
		공연(1)	아트센터 인천
광주시	김대중 컨벤션센터 (4개) 2019.1.7.	숙박(2)	라마다 플라자 광주호텔, 홀리데이인 광주
		판매(2)	이마트 상무점(폐점), 롯데마트 상무점
경기 고양	킨텍스 (3개) 2020.6.17.	숙박(1)	소노호텔앤리조트 소노캄 고양
		판매(2)	현대백화점 킨텍스점, 원마운트
부산	벡스코 (7개) 2020.6.17.	숙박(4)	HDC현대산업개발 부산호텔, 신세계조선호텔 부산, 그랜드조선 부산, 파라다이스호텔 부산
		판매(2)	신세계 센텀시티점, 롯데쇼핑 센텀시티점
		공연(1)	영화의전당 하늘연극장
대구	엑스코 (2개) 2020.6.17.	숙박(1)	호텔인터불고 엑스코
		판매(1)	이랜드리테일 엑스코점
대전	대전컨벤션센터 (8개) 2023.2.	숙박(2)	롯데시티호텔 대전, 호텔 오노마
		판매(1)	대전신세계 Art & Science
		공연(3)	대전예술의전당, 대전시립연정국악원, 대전평송 청소년문화센터
		미술관(2)	대전광역시립미술관, 대전이응노미술관
경주	경주화백컨벤션센터 2023.2.	숙박(3)	힐튼경주, 코모도호텔경주, 라한셀렉트
		공연(1)	(재)문화엑스포
		박물관(1)	한국대중음악박물관
		미술관(1)	우양미술관

자료 : 문화체육관광부(2023)

제2절 재정지원

1. 부담금 감면

국가와 지방자치단체는 국제회의복합지구 육성·진흥사업을 원활하게 시행하는 데 필요한 경우에는 국제회의복합지구의 국제회의시설과 국제회의집적시설에 대하여 관련 법률에서 정하는 바에 따라 「개발이익 환수에 관한 법률」 제3조에 따른 개발부담금, 「산지관리법」 제19조에 따른 대체산림자원조성비, 「농지법」 제38조에 따른 농지보전부담금, 「초지법」 제23조에 따른 대체초지조성비, 「도시교통정비 촉진법」 제36조에 따른 교통유발부담금 등의 부담금을 감면할 수 있다. 그리고, 지방자치단체의 장은 국제회의복합지구의 육성·진흥을 위하여 필요한 경우 국제회의복합지구를 「국토의 계획 및 이용에 관한 법률」 제51조에 따른 지구단위계획구역으로 지정하고 같은 법 제52조제3항에 따라 용적률을 완화하여 적용할 수 있다.

제15조의4(부담금의 감면 등) ① 국가 및 지방자치단체는 국제회의복합지구 육성·진흥사업을 원활하게 시행하기 위하여 필요한 경우에는 국제회의복합지구의 국제회의시설 및 국제회의집적시설에 대하여 관련 법률에서 정하는 바에 따라 다음 각 호의 부담금을 감면할 수 있다.

1. 「개발이익 환수에 관한 법률」 제3조에 따른 개발부담금

2. 「산지관리법」 제19조에 따른 대체산림자원조성비

3. 「농지법」 제38조에 따른 농지보전부담금

4. 「초지법」 제23조에 따른 대체초지조성비

5. 「도시교통정비 촉진법」 제36조에 따른 교통유발부담금

② 지방자치단체의 장은 국제회의복합지구의 육성·진흥을 위하여 필요한 경우 국제회의복합지구를 「국토의 계획 및 이용에 관한 법률」 제51조에 따른 지

구단위계획구역으로 지정하고 같은 법 제52조제3항에 따라 용적률을 완화하여 적용할 수 있다.

[본조신설 2015.3.27.]

2. 재정지원

문화체육관광부 장관은 이 법의 목적을 달성하기 위하여 「관광진흥개발기금법」 제2조제2항제3호에 따른 국외 여행자의 출국납부금 총액의 100분의 10에 해당하는 금액의 범위에서 국제회의산업의 육성 재원을 지원할 수 있으며, 위 내용에 따른 금액의 범위에서 아래에 해당하는 사업에 필요한 비용의 전부 또는 일부를 지원할 수 있다.

<표 V-4> 국제회의산업 육성 재원 해당 사업

근거	항목
제5조 (국제회의 전담조직의 지정 및 설치)	국제회의전담조직
제7조 (국제회의 유치 · 개최 지원)	국제회의 유치 또는 그 개최자에 대한 지원
제8조 (국제회의산업 육성기반의 조성)	사업시행기관(국제회의도시, 한국관광공사, 대학 · 산업대학 및 전문대학 등)에서 실시하는 국제회의산업 육성기반 조성사업
제10조 (국제회의 전문인력의 교육 · 훈련 등)	• 국제회의 전문인력의 교육 · 훈련 • 국제회의 전문인력 교육과정의 개발 · 운영 • 그 밖에 국제회의 전문인력의 교육 · 훈련과 관련하여 필요한 사업으로서 문화체육관광부령으로 정하는 사업
제11조 (국제협력의 촉진)	• 국제회의 관련 국제협력을 위한 조사 · 연구 • 국제회의 전문인력 및 정보의 국제 교류 • 외국의 국제회의 관련 기관 · 단체의 국내 유치 • 그 밖에 국제회의 육성기반의 조성에 관한 국제협력을 촉진하기 위하여 필요한 사업으로서 문화체육관광부령으로 정하는 사업

제12조 (전자국제회의 기반의 확충)	• 인터넷 등 정보통신망을 통한 사이버 공간에서의 국제회의 개최 • 전자국제회의 개최를 위한 관리체제의 개발 및 운영 • 그 밖에 전자국제회의 기반의 구축을 위하여 필요하다고 인정하는 사업으로서 문화체육관광부령으로 정하는 사업
제13조 (국제회의 정보의 유통 촉진)	• 국제회의 정보 및 통계의 수집·분석 • 국제회의 정보의 가공 및 유통 • 국제회의 정보망의 구축 및 운영 • 그 밖에 국제회의 정보의 유통 촉진을 위하여 필요한 사업으로 문화체육관광부령으로 정하는 사업
제15조의2 (국제회의복합지구의 지정 등)	국제회의복합지구의 육성·진흥을 위한 사업
제15조의3 (국제회의집적시설의 지정 등)	국제회의집적시설에 대한 지원 사업

제16조(재정 지원) ① 문화체육관광부장관은 이 법의 목적을 달성하기 위하여 「관광진흥개발기금법」 제2조제2항제3호에 따른 국외 여행자의 출국납부금 총액의 100분의 10에 해당하는 금액의 범위에서 국제회의산업의 육성재원을 지원할 수 있다. <개정 2008.2.29.>

② 문화체육관광부장관은 제1항에 따른 금액의 범위에서 다음 각 호에 해당되는 사업에 필요한 비용의 전부 또는 일부를 지원할 수 있다. <개정 2008.2.29., 2015.3.27.>

1. 제5조제1항 및 제2항에 따라 지정·설치된 전담조직의 운영

2. 제7조제1항에 따른 국제회의 유치 또는 그 개최자에 대한 지원

3. 제8조제2항제2호부터 제5호까지의 규정에 따른 사업시행기관에서 실시하는 국제회의산업 육성기반 조성사업

4. 제10조부터 제13조까지의 각 호에 해당하는 사업

4의2. 제15조의2에 따라 지정된 국제회의복합지구의 육성·진흥을 위한 사업

4의3. 제15조의3에 따라 지정된 국제회의집적시설에 대한 지원 사업

5. 그 밖에 국제회의산업의 육성을 위하여 필요한 사항으로서 대통령령으로 정하는 사업

③ 제2항에 따른 지원금의 교부에 필요한 사항은 대통령령으로 정한다.

④ 제2항에 따른 지원을 받으려는 자는 대통령령으로 정하는 바에 따라 문화체육관광부장관 또는 제18조에 따라 사업을 위탁받은 기관의 장에게 지원을 신청하여야 한다. <개정 2008.2.29.>

[전문개정 2007.12.21.]

참 / 고 / 문 / 헌

REFERENCE

공윤주(2020). 세계관광과 문화, 백산출판사

국가법령정보센터 누리집. https://www.law.go.kr

국가지표체계(2022). https://www.index.go.kr/unify/idx-info.do?idxCd=4221

국립국어원 표준국어대사전 누리집. https://stdict.korean.go.kr

남해관광문화재단 누리집. https://www.namhaetour.org

문화체육관광부 누리집. https://www.mcst.go.kr

문화체육관광부(2018). 제5차 관광진흥 5개년 계획 수립 연구

문화체육관광부(2024). 2023년 기준 관광 동향에 관한 연차보고서

문화체육관광부(2024). 2024-2025 문화관광축제

문화체육관광부(2021). 보도자료: 유원시설업의 새로운 업종명칭을 지어주세요. (2021.10.27.)

문화체육관광부(2022). 2022 문화관광축제 평가 및 지정 편람

문화체육관광부. 제1차 관광개발기본계획.

문화체육관광부. 제2차 관광개발기본계획.

문화체육관광부. 제3차 관광개발기본계획.

문화체육관광부. 제4차 관광개발기본계획.

법제처. 찾기쉬운생활법령정보(https://easylaw.go.kr)

서울관광재단 누리집. https://www.sto.or.kr/index

정부입법지원센터(2021). https://www.lawmaking.go.kr/lmKnlg/jdgStd/info?astSeq=2232&astClsCd=

정부입법지원센터, https://www.lawmaking.go.kr

정희천(2016). 최신 관광법규론(제16판), 대왕사

한국관광공사 누리집. https://knto.or.kr

한국관광공사(2019). 스마트관광도시 시범사업 기본계획 수립

한국관광협회중앙회 누리집. http://www.ekta.kr

한국문화관광연구원(2017). 연휴가 관광수요에 미치는 영향

저자 소개

공윤주

e-mail : tour71@bau.ac.kr

現 백석예술대학교 호텔관광학부 교수
前 동양미래대학교 관광컨벤션과 교수
　　서울호서직업전문학교 관광경영과 교수
　　서울신학대학교 관광경영학과 외래강사
　　신한대학교 글로벌관광경영학과 외래강사
　　서영대학교 외래강사
　　(주)올리브항공여행사 과장
　　(수)사소인터내셔날 여행사업부 과징
　　(주)경기항공여행사 과장

(사)한국관광레저학회 평생회원
(사)한국국외여행인솔자협회 감사
(사)한국관광레저개발원 이사
• SQF 여행·숙박 검토위원
• 서울특별시 지방보조금관리위원회 위원
• 서울특별시 민간축제 평가위원
• 서울특별시 임기제 공무원 심사위원
• 서울관광재단 심사평가위원
• 경기도지사 표창
• 경기관광공사 심사평가위원
• 경기도 지역축제 현장 평가단
• 경기도 평화누리길 주민홍보단
• 관광통역안내사 정답심사위원
• 조달청 관광레저분야 평가위원
• 한국관광공사 생태녹색관광 중간 점검 평가위원
• 호텔업 등급평가요원

[저서]
- 관광법규, 백산출판사(2025, 2022)
- 관광자원론, 백산출판사(2024, 2023)
- 여행사 경영과 실무, 백산출판사(2023, 2020)
- 세계관광과 문화, 백산출판사(2023, 2020, 2018)
- Tour Conductor 서비스실무, 대왕사(2015)

[논문]
- 항공사의 환경변화에 따른 여행사 전략 연구(박사학위논문)
- 여행사의 축제여행상품 개발전략에 관한 연구(석사학위논문)
- 여행업 종사자의 디지털전환 역량이 디지털전환 혁신 행동에 미치는 영향 연구(2024)
- 확장된 계획행동이론(ETPB)을 적용한 여행관여도와 국외여행 의도 연구(2023)
- 계획행동이론을 적용한 국외여행 의도 연구(2022)
- 여행사 종사원의 네트워킹 행동이 직무만족과 조직몰입에 미치는 영향(2021)
- 관광기업의 소셜 미디어 마케팅 사례 연구(2021)
- 국외여행상품의 분쟁사례 연구(2020)
- 여행업 종사자의 네트워킹 행동이 이직의도와 조직성과에 미치는 영향(2020)
- NCS 기반 국외여행인솔자의 직무분석에 관한 탐색적 연구(2019)
- 여행사 직원의 유리천장 인식이 조직공정성 지각에 미치는 영향(2019)
- 대학생의 성격특성이 진로결정 자기효능감과 진로준비 행동에 미치는 영향(2018)
- 여행사 페이스북 팬페이지 지속적 사용의도(2017)
- 커뮤니케이션 브랜드 이미지 고객만족 간의 구조적 관계(2016)
- 객실승무원의 비언어적 커뮤니케이션과 브랜드 이미지 관계에서 고객만족의 매개효과(2016)
- 여행사 직원의 개인 환경 적합성과 조직몰입 간 자기효능감의 조절효과(2015)

저자와의
합의하에
인지첩부
생략

관광법규

2022년 7월 20일 초 판 1쇄 발행
2025년 3월 10일 제2판 1쇄 발행

지은이 공윤주
펴낸이 진욱상
펴낸곳 (주)백산출판사
교 정 박시내
본문디자인 오행복
표지디자인 오정은

등 록 2017년 5월 29일 제406-2017-000058호
주 소 경기도 파주시 회동길 370(백산빌딩 3층)
전 화 02-914-1621(代)
팩 스 031-955-9911
이메일 edit@ibaeksan.kr
홈페이지 www.ibaeksan.kr

ISBN 979-11-6567-993-4 93980
값 23,000원